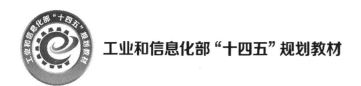 工业和信息化部"十四五"规划教材

射频与微波电路

主　编：李兆龙　　王　贵
参　编：韩居正　　廖轶明
主　审：陈如山

电子工业出版社·

Publishing House of Electronics Industry

北京·BEIJING

内 容 简 介

本书为工业和信息化部"十四五"规划教材。全书以传输线理论为钥匙，试图打开射频与微波电路"场"与"路"相互交织的大门，通过深入剖析具有高度学习价值的经典射频与微波电路，促使读者快速掌握射频与微波无源电路和有源电路的基本设计原理、方法，以及一定的使用经验，使得不具备高深电磁理论的读者也能在短期内掌握这一不遵循摩尔定律的电路设计艺术。全书共 8 章，涵盖经典传输线理论、典型无源器件和有源器件，以及各种器件在射频与微波系统中的应用三大主题。

本书适合作为通信、电子信息类专业的教材，也适合相关工程技术人员参考。

图书在版编目（CIP）数据

射频与微波电路 / 李兆龙，王贵主编. —北京：电子工业出版社，2022.4

ISBN 978-7-121-43288-0

Ⅰ. ①射… Ⅱ. ①李… ②王… Ⅲ. ①射频电路－高等学校－教材②微波电路－高等学校－教材 Ⅳ.①TN710

中国版本图书馆 CIP 数据核字（2022）第 061134 号

责任编辑：杜　军　　　　特约编辑：田学清
印　　刷：北京雁林吉兆印刷有限公司
装　　订：北京雁林吉兆印刷有限公司
出版发行：电子工业出版社
　　　　　北京市海淀区万寿路 173 信箱　　　　邮编：100036
开　　本：787×1092　　1/16　　印张：15.75　　字数：423 千字
版　　次：2022 年 4 月第 1 版
印　　次：2023 年 5 月第 3 次印刷
定　　价：59.00 元

凡所购买电子工业出版社图书有缺损问题，请向购买书店调换。若书店售缺，请与本社发行部联系，联系及邮购电话：（010）88254888，88258888。

质量投诉请发邮件至 zlts@phei.com.cn，盗版侵权举报请发邮件至 dbqq@phei.com.cn。

本书咨询联系方式：dujun@phei.com.cn。

前　言

在射频与微波/毫米波技术飞速发展的今天，优秀的射频与微波电路教材可以说层出不穷，是否有必要再编写一本来锦上添花呢？在长期的教学实践中，我们确实也尝试使用了若干经典的教材。在使用过程中，经常能感受到，如果有一本书能把各书中最经典、最优美的部分集结到一起，并修改为采用现代射频与微波语言进行描述，通过提供多角度的思维视角来提高教材的高阶性和挑战度，适合我国学生应用，那么阅读起来对初学者定会大有裨益。

在编写过程中，我们坚持的理念是着重培养学生分析问题和解决问题的能力，而不是单纯的知识点的积累。因为我们相信，对于人的成长，重要的是对知识理解的积累，而不仅仅是知识库容的扩大。所以，本书不追求大而全的包含射频与微波电路学科的全部知识点，而是侧重深度分析和应用具有极高学习价值的射频与微波典型电路及结构，从而达到提高学生分析问题与解决问题能力的教学目标。

同时，我们坚决避免通过改变常用符号而"创新"出经典理论的写法，而是大胆借鉴国内外优秀作品，并且深刻融入十多年来在课程建设和课堂教学实践过程中积累、总结的经验，努力在此基础上进行更为深入的探讨与挖掘，着重表达我们自身对这门学科从学习到掌握的感知方式和体验，通过自底向顶全面、系统地掌握一个知识点，达到触类旁通、举一反三的学习效果。通过将我们总结的写作体验和教改经验（如 *Effective Learning and Teaching Strategies for Microwave Engineering* 等）发表在 *IEEE Microwave Magazine* 上，我们的成果受到了本专业国内外学者的关注和应用，真正做到了在更宽广的国际舞台上讲好中国故事。

本书具体分工如下：李兆龙编写第 1、3、6、8 章，并统稿全书；王贵编写第 2、5 章；韩居正编写第 7 章；廖轶明编写第 4 章；陈如山主审稿件。

在此特别感谢为本书成书给予大力支持的南京理工大学电光学院的领导、同事和电磁仿真与射频感知工业和信息化部重点实验室全体成员，以及为本书部分录入工作提供帮助的研究生李可欣、赵颖、郭沐洺、李亚梅等，还要感谢本书借鉴的所有优秀作品的作者、译者、编者。本书在编写过程中接受国家自然科学基金（61571227）和南京理工大学教务处的资助，并入选工业和信息化部"十四五"规划教材，在此一并致谢。

同时，本书配套开发了由李兆龙主讲的全媒体视频公开课资源和精良电子教案，发布在"中国大学 MOOC"网站，搜索与书同名课程即可加入学习。对于本书的全部习题答案，欢迎拟采用本书及配套资源的高校主讲教师通过邮件索取：zhaolong.li@njust.edu.cn。

由于时间仓促，书中难免存在不足之处，恳请读者批评指正，以让我们在将米做得更好。

编者

2022 年 3 月

目　录

第1章　传输线—波导—集成与互连 1

　　1.1　麦克斯韦和基尔霍夫 1

　　1.2　传输线理论 3

　　　　1.2.1　均匀传输线及其等效电路 3

　　　　1.2.2　端接负载的无耗传输线 6

　　　　1.2.3　史密斯圆图 12

　　1.3　射频与微波传输线 14

　　　　1.3.1　TE 波和 TM 波的通解 15

　　　　1.3.2　矩形波导 20

　　　　1.3.3　微带线 28

　　　　1.3.4　射频电路的制作 31

　　1.4　基片集成波导 32

　　参考文献 33

　　习题 34

第2章　射频与微波网络 36

　　2.1　阻抗参量与导纳参量 37

　　　　2.1.1　非归一化阻抗参量与导纳参量 37

　　　　2.1.2　归一化阻抗参量与导纳参量 39

　　　　2.1.3　阻抗矩阵与导纳矩阵的性质 40

　　2.2　散射参量 42

　　　　2.2.1　散射矩阵及其性质 42

　　　　2.2.2　散射矩阵与阻抗矩阵及导纳矩阵的关系 48

　　2.3　功率波与广义散射参量 48

　　2.4　二端口网络 52

　　　　2.4.1　ABCD 矩阵与 T 矩阵 52

　　　　2.4.2　二端口网络散射矩阵的特性 59

　　　　2.4.3　二端口单元电路的网络矩阵 61

　　2.5　网络的组合 63

　　2.6　网络的信号流图表示 72

　　参考文献 77

　　习题 78

第3章　典型无源器件——功率分配/合成器、90°/180°耦合器 80

　　3.1　三端口与四端口器件的网络分析与表征 81

　　　3.1.1　三端口 T 型结及特性 ··· 81

　　　3.1.2　四端口网络及定向耦合器的测量 ··· 83

　　3.2　无耗功分器和威尔金森功分器 ·· 87

　　　3.2.1　无耗功分器 ·· 88

　　　3.2.2　威尔金森功分/合成器 ·· 90

　　3.3　正交（90°）混合结 ··· 97

　　3.4　180°混合结 ··· 109

　　参考文献 ·· 115

　　习题 ··· 115

第 4 章　射频与微波半导体器件 ··· 117

　　4.1　新型半导体材料 ··· 117

　　4.2　射频与微波二极管 ··· 118

　　　4.2.1　肖特基二极管 ··· 119

　　　4.2.2　PIN 二极管 ·· 121

　　4.3　射频晶体管 ·· 123

　　　4.3.1　金属氧化物半导体晶体管 ·· 124

　　　4.3.2　高电子迁移率晶体管 ·· 125

　　　4.3.3　异质结双极性晶体管 ·· 126

　　参考文献 ·· 128

　　习题 ··· 128

第 5 章　射频与微波放大器 ·· 130

　　5.1　放大器的功率增益与驻波比 ··· 131

　　　5.1.1　放大器的功率增益 ·· 131

　　　5.1.2　驻波比的计算 ·· 137

　　5.2　放大器的稳定性 ··· 141

　　5.3　单向晶体管放大器 ··· 146

　　5.4　双向晶体管放大器 ··· 149

　　　5.4.1　最大增益设计（双共轭匹配） ··· 149

　　　5.4.2　等增益圆与等驻波比圆 ·· 152

　　5.5　低噪声放大器 ··· 158

　　5.6　功率放大器 ·· 159

　　　5.6.1　功率放大器的效率与类型 ·· 160

　　　5.6.2　功率放大器的设计 ··· 161

　　5.7　宽带放大器 ·· 162

　　参考文献 ·· 164

　　习题 ··· 165

第 6 章　典型有源器件——混频器 ·· 167

　　6.1　混频器的基本工作原理、特性及表征 ·· 169

6.2 混频器电路 180

6.2.1 单端混频器 182

6.2.2 单平衡混频器 182

6.2.3 双平衡混频器 190

参考文献 190

习题 191

第 7 章 RF MEMS 开关和移相器 192

7.1 RF MEMS 器件的力学模型 193

7.1.1 RF MEMS 开关的机械性能 193

7.1.2 静态特性分析 195

7.1.3 动态特性分析 198

7.2 RF MEMS 开关的电磁模型 200

7.2.1 MEMS 电容并联开关的电磁模型 200

7.2.2 MEMS 电容串联开关的电磁模型 204

7.3 RF MEMS 移相器 206

7.3.1 反射线型移相器 206

7.3.2 开关线型移相器 208

7.3.3 负载线型移相器 209

参考文献 210

习题 211

第 8 章 射频与微波系统导论 212

8.1 天线 212

8.1.1 天线的 4 种分类 213

8.1.2 天线的方向图 214

8.1.3 天线的方向性和增益 217

8.2 无线通信系统 219

8.2.1 Friis 公式 220

8.2.2 无线接收机结构 222

8.2.3 系统前端级联噪声系数计算 223

8.2.4 增益压缩、最小可检测功率及动态范围 227

8.2.5 前端系统三阶交调及级联系统三阶交调的计算 229

8.3 雷达系统 232

8.3.1 雷达方程 233

8.3.2 脉冲雷达 234

8.3.3 多普勒雷达 236

8.3.4 调频连续波雷达 237

8.3.5 人体生命体征检测 240

参考文献 242

习题 243

第 1 章

传输线—波导—集成与互连

传输线理论是打开射频与微波电路技术大门的一把钥匙，也是电磁场理论与微波技术之间的桥梁。当电路与系统工作的频率足够高时，它们的尺寸就变得重要，这是在学习低频电子线路时不曾遇到的新现象。因为在低频电路里，起基本作用的理论是基尔霍夫电压定律和基尔霍夫电流定律，电路元器件都是集总参数元器件。而当电路与系统的工作频率达到射频与微波频段时，或者数字电路的速度突破某个限量之后，一段普通的传输线的输入阻抗就会与其长度相关，有可能包含电感，有可能包含电容，有可能是纯电阻，称为分布参数电路。本章就讨论这一基本物理现象背后的数学原理，并通过介绍一种最具有学习价值的经典传输线结构——波导，以引导大家了解现代学术界的新晋热点，即基片集成波导，以及各种集成电路和数字高速互连结构背后的物理规律。

1.1 麦克斯韦和基尔霍夫

现代射频与微波理论的基础基于由 4 个电场与磁场的关系式构成的方程组，称为麦克斯韦方程组。1873 年，麦克斯韦将这组方程发表在一篇经典论文中，由此建立了第一个统一的电磁理论。这组方程基于库仑、高斯、安培、法拉第和其他科学家的实验观测报告推导而来，不仅揭示了电场与电荷，以及磁场与电流之间的关系，还描述了电磁场及其通量之间的双边耦合关系。同其他辅助方程（本构方程）一起，麦克斯韦方程组构成了电磁理论的框架。

下面简单回顾一下自由空间微分形式的麦克斯韦方程组及其物理意义。

（1）$\nabla \cdot \mu_0 \boldsymbol{H} = 0$，磁场的散度为零：不存在纯粹的磁荷（磁单极子）。

（2）$\nabla \cdot \varepsilon_0 \boldsymbol{E} = \rho$，高斯定律：存在纯电荷，空间的电荷分布是电场散度的来源。

（3）$\nabla \times \boldsymbol{H} = \boldsymbol{J} + \varepsilon_0 \dfrac{\partial \boldsymbol{E}}{\partial t}$，安培定律：麦克斯韦对此进行了著名的修正，说明无论是"通常"的传导电流，还是电场对时间的变化率（位移电流），都会产生磁场。其中涉及电场导数的那一项，即位移电流项，是麦克斯韦发明出来以推导波动方程的。

（4）$\nabla \times \boldsymbol{E} = -\mu_0 \dfrac{\partial \boldsymbol{H}}{\partial t}$，法拉第电磁感应定律：时变磁场是电场旋度的根源。

以上这些量的定义如下：

$\mu_0 = 4\pi \times 10^{-7}$ H/m，是真空磁导率。

$\varepsilon_0 \approx 8.854 \times 10^{-12}$ F/m，是真空介电常数。

$\boldsymbol{E}$ 是电场强度，单位为 V/m。

$\boldsymbol{H}$ 是磁场强度，单位为 A/m。

$\boldsymbol{J}$ 是电流密度，单位为 A/m^2。

正是由于（3）、（4）两个方程的相互耦合，才产生了电磁波：时变电场产生了时变磁场，而时变磁场又会产生电场，如此周而复始，相互耦合，产生了"波动"，理论上允许自我维持的电磁波传播于空间。然而许多工程师常常忽视了电路理论里常用的基尔霍夫电压定律（Kirchhoff Voltage Law，KVL）和基尔霍夫电流定律（Kirchhoff Current Law，KCL），它们其实是麦克斯韦方程在宏观、低速条件下的近似。若令 μ_0 和 ε_0 等于 0，那么电和磁之间的相互耦合将会消失，并且不会产生波动方程，此时电路分析就可以在准静态的基础上进行了[1]。

例如，既然 μ_0 已经很小了，若令 $\mu_0=0$，根据法拉第电磁感应定律，电场的旋度为 0，那么电场沿闭合路径的线积分（电压之和）为 0，即

$$\underbrace{\int_S \nabla \times \boldsymbol{E} \cdot \mathrm{d}\boldsymbol{S}}_{\text{斯托克斯定理}} = \oint \boldsymbol{E} \cdot \mathrm{d}\boldsymbol{l} = \oint (-\nabla \phi) \cdot \mathrm{d}\boldsymbol{l} = 0 \qquad (1.1)$$

也就是说，$V = \oint \boldsymbol{E} \cdot \mathrm{d}\boldsymbol{l} = 0$，这正是 KVL 的场论形式的表达式。

再如，若令 $\varepsilon_0=0$，则磁场的旋度只取决于传导电流密度 $\boldsymbol{J}$（$\partial \boldsymbol{D}/\partial t$ 项系数为零，消失了）。又因为磁场的旋度的散度等于 0，所以可得

$$\nabla \cdot \boldsymbol{J} = \nabla \cdot (\nabla \times \boldsymbol{H}) = 0 \qquad (1.2)$$

传导电流密度 $\boldsymbol{J}$ 的散度等于 0，即电路的节点上没有任何净电流产生或丢失，得到 KCL，即对于电路中的任意一个节点，在任意时刻，流入该节点的电流之和等于流出该节点的电流之和。

已知光速为

$$c = \frac{1}{\sqrt{\mu_0 \varepsilon_0}} \qquad (1.3)$$

由前述讨论可知，将 μ_0 和 ε_0 近似为 0，等价于将光速看作无穷大，通过这种近似方法，从麦克斯韦方程组得到 KVL 和 KCL，因此，KVL 和 KCL 是假设电磁波无限快速传播的结果。换句话说，在真实的世界里，如果电路元器件的物理尺寸 l 与其传播的电磁波的波长相比很小（$l \ll \lambda$），则光速虽然很大，但是其有限性不十分明显（光速为 3×10^8m/s），此时就可以近似认为 KVL 和 KCL 是成立的。

可以这样说，KVL 和 KCL 是麦克斯韦方程在集总参数①情况下的近似。工作频率提高意

---

① 集总参数理论：电路元器件的空间分布尺度为零（点状）。分布参数理论：电路元器件相对于工作波长具有可比拟的空间分布尺度。

味着波长减小，当波长与分立电路元器件的几何尺寸可以相比拟时（一般来说是电路元器件的特征尺寸超过电磁波波长的 1/10 左右），电压和电流都将随着空间位置的不同而变化，因此，需要把它们看作传输的波，在这种情况下，集总参数的基尔霍夫电路理论必须由分布参数的波动理论替代。为了对这一论述在数值上有些感觉，考虑一个最长尺度为 1cm 的电路元器件，如果假设"小很多"意味着"小 10 倍"，则当信号的最高频率对应的波长大于 10cm 时，该元器件可以被当成集总元器件来处理，10cm 波长对应的频率为 3GHz，即这个 1cm 的电路元器件对 3GHz 或以下频率的信号都可以认为是集总的。如果深入这个计算实例，则可以发现：在几个 GHz 的频率范围内，人体大小的物体不能按集总元器件来处理。

综上所述，集总电路理论和分布电路理论之间的界限取决于电路元器件尺寸与所感兴趣的最短波长之间的相对大小。如果电路元器件尺寸与波长相比非常小，如日常用的照明电路，则可以采用集总参数电路理论（KCL 和 KVL 均成立），不会引起误差；如果电路元器件尺寸与所传播的信号波长可以相比拟，则必须用分布参数理论，也称为传输线理论。

1.2　传输线理论

1.2.1　均匀传输线及其等效电路

如前所述，当射频与微波电路的工作频率提高到一定程度时，集总参数的基尔霍夫电路理论必须由分布参数的波动理论替代。传输线理论事实上是集总参数电路模型和分布参数电路模型之间的桥梁。这里需要说明的是，传统的电路理论和传输线理论的根本差别在于电尺寸，集总参数电路理论是假定电路的尺寸比波长小很多，而传输线理论则强调射频与微波电路的尺寸可以和波长相比拟或在同一个数量级上。因此，传输线是分布参数网络，在整个电路所占空间不同位置的电压和电流的幅值与相位都可能不同。

为了解决 KVL 和 KCL 不能用于较长传输线的问题，传输线理论的基本思想是将传输线分割成一段一段的长度为无穷小的线段并级联起来，这些线段包含传输线的所有电特性，如损耗、电感和电容效应，通过将无限长的均匀传输线进行微分来引入分布参数的概念，在这一小段上可以使用基尔霍夫定律进行分析。

因为传输 TEM 波的传输线一般为双导体或多导体传输线，所以关于传输线理论的分析，通常用双线来示意。如图 1.1 所示，长度为 Δz 的一段传输线可以模拟为一个集总元器件电路，有限长的传输线可以认为是若干如图 1.1（b）所示的电路的级联。

构建如图 1.1 所示的等效电路模型有其内在的物理意义：当工作频率提高后，传输线将出现新的物理效应，导线中流过的高频电流会由于趋肤效应而使导线有效面积缩小，高频电阻加大，称为分布效应电阻 R，单位为 Ω/m；通过高频电流的导线周围存在高频磁场，会出现分布效应电感 L，单位为 H/m；又由于两导线间有电压，存在高频电场，因而有分布效应电容 C，单位为 F/m；两线间的介质并非理想介质，因而存在漏电流，相当于并联了一个电导，这就是分布效应电导 G，单位为 S/m[2]。

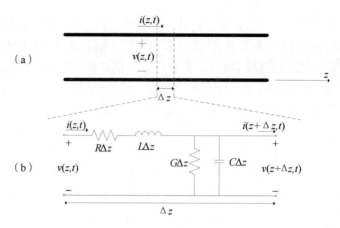

图 1.1　传输线的一个长度增量（a）电压电流定义（b）集总参数元件等效电路

对于如图 1.1（b）所示的电路，利用 KVL 可得

$$v(z,t) - R\Delta z i(z,t) - L\Delta z \frac{\partial i(z,t)}{\partial t} - v(z+\Delta z,t) = 0 \tag{1.4a}$$

利用 KCL 可得

$$i(z,t) - G\Delta z v(z+\Delta z,t) - C\Delta z \frac{\partial v(z+\Delta z,t)}{\partial t} - i(z+\Delta z,t) = 0 \tag{1.4b}$$

将式（1.4a）和式（1.4b）都除以 Δz 并取 $\Delta z \to 0$ 时的极限，且假设 $\dfrac{\partial v(z+\Delta z,t)}{\partial t} \approx \dfrac{\partial v(z,t)}{\partial t}$，得到以下微分方程：

$$\frac{\partial v(z,t)}{\partial z} = -Ri(z,t) - L\frac{\partial i(z,t)}{\partial t} \tag{1.5a}$$

$$\frac{\partial i(z,t)}{\partial z} = -Gv(z,t) - C\frac{\partial v(z,t)}{\partial t} \tag{1.5b}$$

这就是传输线方程（或称电报方程）的时域形式。

当电路处于时谐稳态（Time Harmonic）时，采用余弦型的相量形式，式（1.5）可用复相/矢量表示为

$$\frac{\mathrm{d}V(z)}{\mathrm{d}z} = -(R + \mathrm{j}\omega L)I(z) \tag{1.6a}$$

$$\frac{\mathrm{d}I(z)}{\mathrm{d}z} = -(G + \mathrm{j}\omega C)V(z) \tag{1.6b}$$

传输线参量（L、C、R、G）值的确定则需要根据具体的传输线类型，通过求解传输线上电磁场的麦克斯韦方程来得到，具体可参考文献[3-5]。表 1.1 列出了常见传输线的传输线参量（假定导体具有表面电阻 R_S，两导体间的填充材料具有复介电常数 $\varepsilon = \varepsilon' - \mathrm{j}\varepsilon''$ 和磁导率 $\mu = \mu_0\mu_r$）。

表 1.1　常见传输线的传输线参量

类　型	同　轴　线	双　线	平　行　板
L	$\dfrac{\mu}{2\pi}\ln\dfrac{b}{a}$	$\dfrac{\mu}{\pi}\mathrm{arcosh}(\dfrac{D}{2a})$	$\dfrac{\mu d}{w}$
C	$\dfrac{2\pi\varepsilon'}{\ln b/a}$	$\dfrac{\pi\varepsilon'}{\mathrm{arcosh}(D/2a)}$	$\dfrac{\varepsilon' w}{d}$
R	$\dfrac{R_{\mathrm{S}}}{2\pi}(\dfrac{1}{a}+\dfrac{1}{b})$	$\dfrac{R_{\mathrm{S}}}{\pi a}$	$\dfrac{2R_{\mathrm{S}}}{w}$
G	$\dfrac{2\pi\omega\varepsilon''}{\ln b/a}$	$\dfrac{\pi\omega\varepsilon''}{\mathrm{arcosh}(D/2a)}$	$\dfrac{\omega\varepsilon'' w}{d}$

为了进一步求解传输线（电报）方程，将式（1.6a）等号两边对空间位置变量 z 求导数，再代入电流对空间的导数式（1.6b），可得

$$\frac{\mathrm{d}^2 V(z)}{\mathrm{d}z^2} - \gamma^2 V(z) = 0 \tag{1.7a}$$

同理可得

$$\frac{\mathrm{d}^2 I(z)}{\mathrm{d}z^2} - \gamma^2 I(z) = 0 \tag{1.7b}$$

式（1.7a）和式（1.7b）分别是关于 $V(z)$ 和 $I(z)$ 的波动方程，与从麦克斯韦方程出发得到的自由空间波动方程在形式上完全一样，可见，传输线理论确实在场波理论和基本电路理论之间充当着不可替代的桥梁角色。其中，复传播常数为

$$\gamma = \alpha + \mathrm{j}\beta = \sqrt{(R + \mathrm{j}\omega L)(G + \mathrm{j}\omega C)} \tag{1.8}$$

它是频率的函数。式（1.7）的解为

$$V(z) = V^+ \mathrm{e}^{-\gamma z} + V^- \mathrm{e}^{+\gamma z} \tag{1.9a}$$

$$I(z) = I^+ \mathrm{e}^{-\gamma z} + I^- \mathrm{e}^{+\gamma z} \tag{1.9b}$$

式（1.9）为沿 z 轴取向的传输线方程的通解。其中，$\mathrm{e}^{-\gamma z}$ 项表示沿 $+z$ 方向的波传播，$\mathrm{e}^{+\gamma z}$ 项表示沿 $-z$ 方向的波传播。当传输线终端接负载时，式（1.9）的物理意义可以理解成 $\mathrm{e}^{-\gamma z}$ 项为入射的电压波（电流波），$\mathrm{e}^{+\gamma z}$ 项为反射的电压波（电流波）。因为 $\alpha \geq 0$，所以 γ 前面的符号保证了沿 $+z$ 和 $-z$ 方向传播的波的幅度是不变或衰减的。把式（1.9a）代入式（1.6a），可得传输线上的电流，为

$$I(z) = \frac{\gamma}{R + \mathrm{j}\omega L}(V^+\mathrm{e}^{-\gamma z} - V^-\mathrm{e}^{+\gamma z}) \tag{1.10}$$

电压和电流通常用阻抗联系起来，因此引入特性阻抗（也称特征阻抗）Z_0，可将 Z_0 定义为

$$Z_0 = \frac{V^+}{I^+} = \frac{V^-}{-I^-} \tag{1.11}$$

将式（1.9b）与式（1.10）进行比较，得到特性阻抗：

$$Z_0 = \frac{R + \mathrm{j}\omega L}{\gamma} = \sqrt{\frac{R + \mathrm{j}\omega L}{G + \mathrm{j}\omega C}} \tag{1.12}$$

根据特性阻抗的定义，即式（1.11），式（1.9b）可写为

$$I(z) = \frac{1}{Z_0}(V^+\mathrm{e}^{-\gamma z} - V^-\mathrm{e}^{+\gamma z}) \tag{1.13}$$

这里要注意 Z_0 的定义，它是传输线上正向行进的电压波与电流波之比，或反向行进的电压波与电流波之比，与低频电路里的总电压与总电流之比的概念是不同的。

由电磁场和电磁波的相关理论可知，传输线上的波长为

$$\lambda = \frac{2\pi}{\beta} \tag{1.14}$$

相速为

$$v_\mathrm{p} = \frac{\omega}{\beta} = \lambda f \tag{1.15}$$

1.2.2 端接负载的无耗传输线

1. 传播常数和相速

一般来说，实际的传输线总是有损耗的，即传播常数为复数，但是，在射频与微波电路工程实际中，许多情况下损耗可以忽略不计，即认为 $R=G=0$，从而上述结果可以简化。因此，无耗传输线的传播常数是纯虚数，即

$$\gamma = \alpha + \mathrm{j}\beta = \mathrm{j}\omega\sqrt{LC} \tag{1.16}$$

或

$$\alpha = 0, \quad \beta = \omega\sqrt{LC} \tag{1.17}$$

此时的特性阻抗为

$$Z_0 = \sqrt{L/C} \tag{1.18}$$

即 Z_0 与频率无关，只与传输线的类型有关，将具体传输线参量（见表 1.1）代入公式即可求得其特性阻抗的确定值。

因此，可得无耗传输线上的电压和电流的一般解为

$$V(z) = V^+ e^{-j\beta z} + V^- e^{j\beta z} \qquad (1.19a)$$

$$I(z) = \frac{V^+}{Z_0} e^{-j\beta z} - \frac{V^-}{Z_0} e^{j\beta z} \qquad (1.19b)$$

波长为

$$\lambda = \frac{2\pi}{\beta} = \frac{2\pi}{\omega\sqrt{LC}} \qquad (1.20)$$

相速为

$$v_p = \frac{\omega}{\beta} = \frac{1}{\sqrt{LC}} \qquad (1.21)$$

2. 电压反射系数与电压驻波比

图 1.2 为端接负载 Z_L 的无耗传输线示意图，假定负载位于 $z=0$ 处。

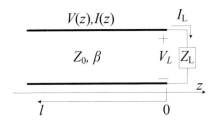

图 1.2   端接负载 Z_L 的无耗传输线示意图

一般情况下，传输线上任意一点的电压由式（1.19a）给出。当传输线终端所接负载 $Z_L \neq Z_0$ 时，传输线上传播的除了有从 $z<0$ 处向负载传送的入射波，还有由于负载不匹配产生的反射波，通过式（1.19a）的 $e^{j\beta z}$ 项的物理意义体现出来。在 $z=0$ 处，传输线上的总电压和总电流为

$$V(0) = V^+ e^{-j\beta 0} + V^- e^{j\beta 0} = V^+ + V^- \qquad (1.22a)$$

$$I(0) = \frac{V^+}{Z_0} e^{-j\beta 0} - \frac{V^-}{Z_0} e^{j\beta 0} = \frac{V^+ - V^-}{Z_0} \qquad (1.22b)$$

负载的总电压和总电流通过负载阻抗相联系，有

$$Z_L = \frac{V(0)}{I(0)} = \frac{V^+ + V^-}{V^+ - V^-} Z_0 \qquad (1.23)$$

因此，反射电压波的振幅为

$$V^- = \frac{Z_L - Z_0}{Z_L + Z_0} V^+ \qquad (1.24)$$

这里定义负载处的电压反射系数 Γ_0（$0 \leqslant |\Gamma_0| \leqslant 1$）为反射电压波与入射电压波在负载端 $z=0$ 处的比值，即

$$\Gamma_0 = \frac{V^-}{V^+} \qquad (1.25)$$

更为一般的情况是，传输线上任意一点 $z=-l$ 处的电压反射系数为

$$\Gamma(l) = \frac{V^{-}e^{-j\beta l}}{V^{+}e^{j\beta l}} = \Gamma_0 e^{-2j\beta l} \tag{1.26}$$

将式（1.24）代入式（1.25），得到负载处的电压反射系数：

$$\Gamma_0 = \frac{Z_L - Z_0}{Z_L + Z_0} \tag{1.27}$$

因此，无耗传输线上的总电压和总电流又可写为

$$V(z) = V^{+}(e^{-j\beta z} + \Gamma_0 e^{j\beta z}) \tag{1.28a}$$

$$I(z) = \frac{V^{+}}{Z_0}(e^{-j\beta z} - \Gamma_0 e^{j\beta z}) \tag{1.28b}$$

传输线上的电压和电流是由入射波与反射波叠加组成的。只有当 $\Gamma_0 = 0$ 时，传输线上才不会有反射波，这样的波状态称为行波。为此，必须使负载阻抗 Z_L 等于传输线特性阻抗 Z_0（完全匹配）。此时，传输线上的电压幅值 $|V(z)| = |V^{+}|$ 为常数。当负载失配，即 $Z_L \neq Z_0$ 时，存在反射波，会产生驻波，这时传输线上 $z = -l$ 处的电压幅值为

$$|V(z)| = |V^{+}||1 + \Gamma_0 e^{2j\beta z}| = |V^{+}||1 + \Gamma_0 e^{-2j\beta l}| = |V^{+}||1 + |\Gamma_0|e^{j(\theta - 2\beta l)}| \tag{1.29}$$

其中，l 为由负载处开始测量的正距离；θ 为终端负载反射系数的相位（$\Gamma_0 = |\Gamma_0|e^{j\theta}$）。这里需要注意的是，为了后续学习方便，引入了用 l 表述的新坐标系。新坐标系与用 z 表述的坐标系的原点相同，但正方向相反。

可以看到，当负载失配时，沿线电压幅值并不是一个常数，而是随 z 的改变而有最大值和最小值的起伏，即

$$V_{\max} = |V^{+}|(1 + |\Gamma_0|) \tag{1.30a}$$

$$V_{\min} = |V^{+}|(1 - |\Gamma_0|) \tag{1.30b}$$

当电压反射系数增大时，$V_{\max}$ 和 $V_{\min}$ 之比增大，为了量度传输线的失配量，引入电压驻波比（Voltage Standing Wave Ratio，VSWR），定义为

$$\text{VSWR} = \frac{V_{\max}}{V_{\min}} = \frac{1 + |\Gamma_0|}{1 - |\Gamma_0|} \tag{1.31}$$

VSWR 的范围是 $1 \leqslant \text{VSWR} \leqslant \infty$，当 VSWR=1 或 $\Gamma_0 = 0$ 时，意味着负载阻抗匹配；当 VSWR$\rightarrow \infty$ 或 $|\Gamma_0| = 1$ 时，意味着全反射。从式（1.29）可以看出，相邻的两个电压幅值最大值（最小值）之间的距离为 $l = 2\pi/2\beta = \lambda/2$，相邻的电压最大值和最小值之间的距离为 $l = \lambda/4$，其中 λ 为传输线的波长。

根据式（1.28），在距离负载 l 处，朝着负载看过去的输入阻抗为

$$Z_{\text{in}} = \frac{V(-l)}{I(-l)} = \frac{V^{+}(e^{j\beta l} + \Gamma_0 e^{-j\beta l})}{V^{+}(e^{j\beta l} - \Gamma_0 e^{-j\beta l})/Z_0} = \frac{1 + \Gamma_0 e^{-2j\beta l}}{1 - \Gamma_0 e^{-2j\beta l}} Z_0 \tag{1.32}$$

又可写为

$$Z_{\text{in}} = \frac{1 + \Gamma(l)}{1 - \Gamma(l)} Z_0 \tag{1.33}$$

将式（1.27）代入式（1.32），得

$$
\begin{aligned}
Z_{in} &= Z_0 \frac{(Z_L + Z_0)\mathrm{e}^{\mathrm{j}\beta l} + (Z_L - Z_0)\mathrm{e}^{-\mathrm{j}\beta l}}{(Z_L + Z_0)\mathrm{e}^{\mathrm{j}\beta l} - (Z_L - Z_0)\mathrm{e}^{-\mathrm{j}\beta l}} \\
&= Z_0 \frac{Z_L \cos\beta l + \mathrm{j}Z_0 \sin\beta l}{Z_0 \cos\beta l + \mathrm{j}Z_L \sin\beta l} \\
&= Z_0 \frac{Z_L + \mathrm{j}Z_0 \tan\beta l}{Z_0 + \mathrm{j}Z_L \tan\beta l}
\end{aligned}
\tag{1.34}
$$

这是一个具有基础意义的重要结果，在分析负载阻抗沿传输线的变换规律时十分重要。它事实上是射频与微波电路理论里阻抗匹配技术的根本核心，因为它表明一个选定的负载阻抗配合上某一特定长度的传输线几乎可以转化为任意输入阻抗。

例 1.1　一个无耗传输线端接一个 100Ω 的负载，若传输线上的 VSWR 为 1.5，求该传输线的两个可能的特征值。

解： 由式（1.31）可得，$|\varGamma_0| = \dfrac{\text{VSWR} - 1}{\text{VSWR} + 1} = \dfrac{0.5}{2.5} = 0.2$。

（1）当 $\varGamma_0 = 0.2$ 时，有

$$
Z_0 = Z_L \frac{1 - \varGamma_0}{1 + \varGamma_0} = 100 \times \frac{0.8}{1.2}\Omega = 66.7\Omega
$$

（2）当 $\varGamma_0 = -0.2$ 时，有

$$
Z_0 = Z_L \frac{1 - \varGamma_0}{1 + \varGamma_0} = 100 \times \frac{1.2}{0.8}\Omega = 150\Omega
$$

3. 回波损耗和插入损耗

在实际的电路中，负载并不总是匹配的，即不是所有来自源的功率都传给了负载。这种由反射引起的损耗定义为回波损耗（Return Loss，RL），是反射功率 P_r 与入射功率 P_i 之比，一般以 dB 为单位，取负号，即

$$
\text{RL (dB)} = -10\log\left(\frac{P_r}{P_i}\right) = -10\log|\varGamma_{in}|^2 = -20\log|\varGamma_{in}|
\tag{1.35}
$$

回波损耗可以用矢量网络分析仪测量，反映了传输线负载与源之间的阻抗失配程度。请注意：对该概念的理解关键要抓住其是衡量由于不匹配而反射回来的波的损耗，所以叫回波（Return）损耗。举个数值的例子：回波损耗为 20dB 的负载，其与源的匹配程度要优于回波损耗为 5dB 的负载。

除了回波损耗，插入损耗（Insertion Loss，IL）也经常用到，它是传输功率 P_t 与入射功率 P_i 之比，一般以 dB 为单位，取负号，即

$$
\text{IL (dB)} = -10\log\frac{P_t}{P_i}
\tag{1.36}
$$

当系统无耗且不存在各种误差，仅存在负载阻抗失配时，有

$$\text{IL (dB)} = -10\log\frac{P_{\text{i}} - P_{\text{r}}}{P_{\text{i}}} = -10\log(1 - \left|\varGamma_{\text{in}}\right|^2) \tag{1.37}$$

例 1.2 一无线发射机通过 50Ω 的同轴线连接到阻抗为(80+j40)Ω 的天线。若 50Ω 的无线发射机连接 50Ω 的负载时可以传输 30W 的功率，那么连接天线时有多少功率传送到天线？

解： 由题意可得

$$\varGamma_0 = \frac{Z_{\text{L}} - Z_0}{Z_{\text{L}} + Z_0} = \frac{30 + \text{j}40}{130 + \text{j}40} = \frac{50\angle 53°}{136\angle 17°} \approx 0.367\angle 36°$$

因此有

$$P_{\text{L}} = P_{\text{i}} - P_{\text{r}} = P_{\text{i}}\left(1 - \left|\varGamma_0\right|^2\right) = 30 \times (1 - 0.367^2)\text{W} \approx 25.96\text{W}$$

4．特殊条件终端及长度

（1）终端短路（$Z_{\text{L}}=0$）。

终端短路传输线电路如图 1.3 所示。

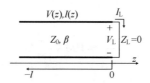

图 1.3　终端短路传输线电路

由式（1.27）可知，短路负载的电压反射系数为 $\varGamma_0=-1$；由式（1.31）可知，此时的电压驻波比为无穷大；由式（1.28）可知，传输线上的总电压和总电流为

$$V(z) = V^+(\text{e}^{-\text{j}\beta z} - \text{e}^{\text{j}\beta z}) = -2\text{j}V^+\sin\beta z \tag{1.38a}$$

$$I(z) = \frac{V^+}{Z_0}(\text{e}^{-\text{j}\beta z} + \text{e}^{\text{j}\beta z}) = \frac{2V^+}{Z_0}\cos\beta z \tag{1.38b}$$

可以看出，在负载 $z=0$ 处，电压为 0，而电流为极大值，符合短路负载的常识。由式（1.34）可得距离负载 l 处的输入阻抗：

$$Z_{\text{in}} = \text{j}Z_0\tan\beta l \tag{1.39}$$

沿终端短路传输线的电压、电流和输入阻抗的示意图如图 1.4 所示。

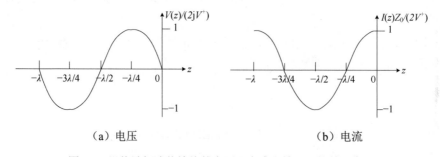

（a）电压　　　　　　　　　　　　（b）电流

图 1.4　沿终端短路传输线的电压、电流和输入阻抗的示意图

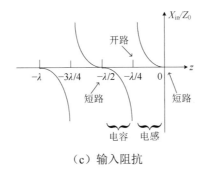

（c）输入阻抗

图 1.4　沿终端短路传输线的电压、电流和输入阻抗的示意图（续）

从图 1.4（c）可以发现，随着输入阻抗与短路点的距离的变化，输入阻抗会呈现周期性变化，这是在集总参数电路里没有的现象。当 $l=0$ 时，输入阻抗值是 0，为短路；随着远离负载而靠近波源，阻抗为正的纯虚数，表示输入阻抗为感性，且感抗逐渐增大；当 $l=\lambda/4$ 时，阻抗值无穷大，等效为开路；继续远离负载，输入阻抗为负的纯虚数，表示输入阻抗为容性，且容抗逐渐减小；当 $l=\lambda/2$ 时，阻抗值是 0，等效为短路，之后是上述的周期性重复，阻抗随传输线长度变化的周期为 $\lambda/2$。

（2）终端开路（$Z_L=\infty$）。

开路负载的终端电压反射系数为 $\varGamma_0=1$，由式（1.31）可知，电压驻波比为无穷大。由式（1.28）可得传输线上的总电压和总电流为

$$V(z) = V^+(\mathrm{e}^{-\mathrm{j}\beta z} + \mathrm{e}^{\mathrm{j}\beta z}) = 2V^+ \cos\beta z \qquad (1.40a)$$

$$I(z) = \frac{V^+}{Z_0}(\mathrm{e}^{-\mathrm{j}\beta z} - \mathrm{e}^{\mathrm{j}\beta z}) = \frac{-2\mathrm{j}V^+}{Z_0}\sin\beta z \qquad (1.40b)$$

可以看出，在负载 $z=0$ 处，电压为极大值，而电流为 0，符合开路负载的常识。由式（1.34）可得输入阻抗为

$$Z_{in} = -\mathrm{j}Z_0 \cot\beta l \qquad (1.41)$$

与终端短路一样，读者可以把终端开路传输线的电压、电流和输入阻抗函数随传输线长度的改变而改变的示意图画出，在此不再重复，仅画出输入阻抗沿终端开路传输线的变化规律，如图 1.5 所示。可以看出，终端开路传输线和终端短路传输线的周期性规律相同，只是向左（向右）平移了 $\lambda/4$。

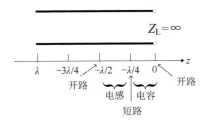

图 1.5　输入阻抗沿终端开路传输线的变化规律

（3）半波长线。

当$l=\lambda/2$时，由式（1.34）可得输入阻抗为

$$Z_{in} = Z_L \qquad\qquad (1.42)$$

可以看出，对于经过长度为半波长或半波长的整数倍的传输线，输入阻抗一定等于负载阻抗，而与传输线的特性阻抗无关，这也印证了刚刚所说的以$\lambda/2$为周期的传输线输入阻抗的变化规律。

（4）1/4 波长阻抗变换器。

当$l=\lambda/4$时，由式（1.34）可得输入阻抗为

$$Z_{in} = \frac{Z_0^2}{Z_L} \qquad\qquad (1.43)$$

这一结果在工程上具有重要的应用，通过对 1/4 波长传输线进行设计，可以使一个已知的实数负载阻抗变换为所需值，如图 1.6 所示。

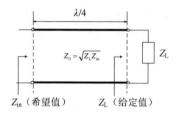

图 1.6　1/4 波长阻抗变换器实现阻抗匹配

此时这段传输线的特性阻抗应设计为

$$Z_0 = \sqrt{Z_L Z_{in}} \qquad\qquad (1.44)$$

其中，Z_{in}为所需的负载阻抗值，即希望值；Z_L为已知负载阻抗，即给定值。该结果的物理意义为通过对传输线的特性阻抗进行设计，令其等于负载阻抗和输入阻抗的几何平均值，即可使一个实数负载阻抗与一个需要的实数输入阻抗相匹配。

1.2.3　史密斯圆图

由前面得到的描述传输线有载输入阻抗的公式（1.34）可以发现，这个公式将传输线的特性阻抗、负载阻抗，以及传输线的长度和工作频率联系了起来，输入阻抗可以等效地用与位置相关的电压反射系数来计算。为了简化电压反射系数的计算，史密斯创立了以映射原理为基础的图解法，即史密斯圆图。这个方法可以使我们在一个图中直接找到传输线的输入阻抗、电压反射系数和驻波比等重要参数。虽然这种图解法在计算机时代之前就已经被提出，但是几乎所有现代计算机辅助设计程序都采用史密斯圆图进行电路阻抗的分析和匹配网络的设计，掌握史密斯圆图这种图形化工具的思维方法对射频与微波工程具有重要的学习价值，因为从本质上来说，史密斯圆图就是在电压反射系数平面（也称Γ平面）关于式（1.27）和归一化阻抗$z=r+jx$的一一映射关系。

由式（1.26）可知，传输线上任意一点的电压反射系数都可以用实部Γ_r和虚部Γ_i表示：

$$\Gamma(l) = |\Gamma_0| e^{j\theta_L} e^{-j2\beta l} = \Gamma_r + j\Gamma_i \tag{1.45}$$

其中，θ_L 为终端负载电压反射系数的相位，因此有

$$Z_{in} = Z_0 \frac{1 + \Gamma_r + j\Gamma_i}{1 - \Gamma_r - j\Gamma_i} \tag{1.46}$$

用传输线的特性阻抗将式（1.46）进行归一化，得

$$z_{in} = Z_{in} / Z_0 = \frac{1 + \Gamma_r + j\Gamma_i}{1 - \Gamma_r - j\Gamma_i} = r + jx \tag{1.47}$$

式（1.47）即从归一化阻抗 z_{in} 平面到电压反射系数 Γ 平面的映射关系。将式（1.47）的分母有理化，得

$$r + jx = \frac{1 - \Gamma_r^2 - \Gamma_i^2 + 2j\Gamma_i}{(1 - \Gamma_r)^2 + \Gamma_i^2} \tag{1.48}$$

即

$$r = \frac{1 - \Gamma_r^2 - \Gamma_i^2}{(1 - \Gamma_r)^2 + \Gamma_i^2} \tag{1.49a}$$

$$x = \frac{2\Gamma_i}{(1 - \Gamma_r)^2 + \Gamma_i^2} \tag{1.49b}$$

为了清晰地建立映射关系，我们的目标是找出一种计算输入阻抗的方法，即将 z_{in} 平面的实部 r 和虚部 x 映射到 Γ 平面，并用电压反射系数的实部 Γ_r 和虚部 Γ_i 表示。

整理式（1.49），可以得到 Γ 平面上以归一化电阻 r 为参变量的一簇圆的方程，圆心位于 Γ 平面的 $(r/(r+1), 0)$ 处，半径为 $1/(r+1)$〔见图 1.7（a）〕：

$$\left(\Gamma_r - \frac{r}{r+1}\right)^2 + \Gamma_i^2 = \left(\frac{1}{r+1}\right)^2 \tag{1.50a}$$

另外，还可以得到 Γ 平面上以归一化电抗 x 为参变量的一簇圆的方程，圆心位于 Γ 平面的 $(1, 1/x)$ 处，半径为 $1/x$〔见图 1.7（b）〕：

$$(\Gamma_r - 1)^2 + \left(\Gamma_i - \frac{1}{x}\right)^2 = \left(\frac{1}{x}\right)^2 \tag{1.50b}$$

通过观察几个特殊点和某些有代表意义的直线/线条可以清晰地认识这种映射关系。例如，当负载阻抗和传输线特性阻抗匹配时，如 $Z_L=50\Omega$ 且 $Z_0=50\Omega$，即 $z_{in}=1$，对应的电压反射系数为 0，为 Γ 平面的圆心，即归一化阻抗平面（z_{in} 平面）的 $(1,0)$ 点映射到 Γ 平面的圆心，旋即得到 $z=0$ 点映射到 Γ 平面的 $\Gamma=-1$（$\Gamma_r=-1$，$\Gamma_i=0$）。在归一化阻抗平面上，所有电阻值为 1 的阻抗即归一化阻抗平面上的 $z=1+jx$ 直线，映射为 Γ 平面上一个圆心为 $(0.5, 0)$、半径为 $1/2$，且与 $(0, 0)$、$(1,0)$ 两点相切的圆，类似的这簇圆都称为等电阻圆，如图 1.7（a）所示。事实上，所有的无源阻抗（阻抗的电阻部分大于或等于 0）都被映射在 Γ 平面的单位圆（半径为 1 的圆）内；而所有电抗值为 1，电阻值大于 0 的阻抗，即归一化阻抗平面上的 $z=r+j1$（$r\geq 0$）的线条，映射为 Γ 平面上圆心为 $(\Gamma_r=1, \Gamma_i=1)$、半径为 1 的圆，在 $|\Gamma|\leq 1$ 的圆内部分，这样的圆称为等电抗圆，如图 1.7（b）所示。将两幅图合成到一起，就得到了通常见到的史密斯圆图，如图 1.7（c）所示。这里需要声明的是，$r<0$ 的阻抗也可以在史密斯圆图上表示，称为压缩史密斯圆图，本书对此暂不讨论。

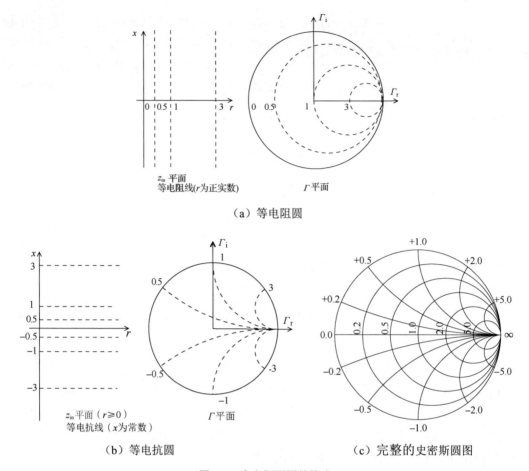

（a）等电阻圆

（b）等电抗圆　　　　（c）完整的史密斯圆图

图 1.7　史密斯圆图的构成

　　从史密斯圆图上还可以发现由电压反射系数表达式（1.26）的指数幂（$-2\mathrm{j}\beta l$）决定的两个要点：①$2\beta l=2\pi$，因此，圆图外围圆周上有以电长度为基准的刻度，刻度覆盖了 0～0.5 个波长，这隐含了史密斯圆图包含传输线的半波长周期性，即一个长度为 $\lambda/2$（或任意整数倍）的传输线要绕圆图中心转 $2\beta l=2\pi$；②负号表达的是，当计算输入阻抗的参考面远离负载而朝向观察点时，在史密斯圆图上表现为顺时针旋转，即传向波源的波长所指的方向（很多圆图上标注的是 Wavelength Toward Generator），这里的观察点即波源（Generator）；反之则为传向负载的波长所指的方向（很多圆图上标注的是 Wavelength Toward Load）。

　　关于史密斯圆图的更深一步的讨论及其应用，本节由于篇幅限制不做过多叙述，有兴趣的读者可参考文献[3,5]。

1.3　射频与微波传输线

　　传输线在射频与微波工程里起着基石的作用，客观地说，每次一种新的传输线的发明或发现，都会引起一场跨度 10 年或以上的射频与微波工业革命。事实上，对于今天被人们广为熟知的经典传输线——金属波导管，人们直到很迟才"再次"发现它。之所以说再次发现，是因为在 1897 年，瑞利已经在数学上证明了电磁波在空心金属管内传播的可能性，但由于当时没有相应的信号源，故没有实验验证。直到 20 世纪 30 年代，才又被人们发现[6]。早期的微波系统依靠波导和同轴线为传播媒介。波导功率容量高、损耗小，但是体积大、造价高。同轴线带宽宽，易于实验测量，但是用来制作实际的微波器件有困难。随着平面电路，特别是微带的再次发现，射频与微波集成电路迅速发展。由于平面传输线易于采用光刻工艺加工生产，且易于与其他有源器件集成，所以成为单片微波集成电路（Monolithic Microwave Integrated Circuits，MMIC）的主流。21 世纪初，随着基片集成波导（Substrate Integrated Waveguide，SIW）技术的再次发现[7]，一种同时包含了传统非平面波导电路优势与平面电路易于加工和集成优势的新型传输线再次带来新的射频与微波电路的革新浪潮。电子信息类专业数据库 IEEE Xplore 收录的关于基片集成波导的论文已经连续 19 年（截至 2020 年）保持增长趋势。本节内容专门讨论最常用的矩形波导及其导波模式，深入掌握这部分内容是理解后续多个章节的一把钥匙。

对于一般意义上的传输线，只有由两个或更多导体组成的传输线系统才能支持 TEM 波，单导体波导不能支持 TEM 波。这是因为，假如在波导内存在 TEM 波，由于磁场只有横向分量，所以磁力线应该在横截面内闭合，这时就要求在波导内存在纵向的传导电流或位移电流。但是因为是单导体传输系统，所以其内没有纵向的传导电流；又因为 TEM 波的纵向电场 $E_z=0$，所以也没有纵向的位移电流，故单导体传输系统不能支持 TEM 波，但可以支持 TE（Transverse Electric，横电）波和 TM（Transverse Magnetic，横磁）波。需要注意的是，TEM 波的电压、电流和特性阻抗的定义是唯一的，而 TE 波和 TM 波的特性阻抗的定义不唯一。

1.3.1　TE 波和 TM 波的通解

如图 1.8 所示，假设波导中填充有介电常数为 ε 和磁导率为 μ 的材料。

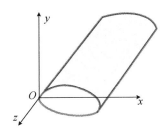

图 1.8　封闭式波导

本节分析的波导具有轴向均匀的特点，它们的截面形状及电特性沿轴向是不变的，这里以 z 轴为轴向。在不考虑源的情况下，波导内部的电场和磁场为亥姆霍兹波动方程的解，即

$$\nabla^2 \boldsymbol{E} + k^2 \boldsymbol{E} = 0 \qquad \nabla^2 \boldsymbol{H} + k^2 \boldsymbol{H} = 0 \qquad （1.51）$$

其中

$$k = \omega\sqrt{\mu\varepsilon} = 2\pi/\lambda \qquad （1.52）$$

是填充在波导中的材料的波数。

在式（1.51）中，z 变量是可以被分离出来的，因此可能会有 $f(z)g(x,y)$ 形式的解。假定一

个具有 $e^{j\omega t}$ 依赖关系的时谐场沿 z 轴传播，类似地，波动关于 z 轴的依赖关系也可以假定为 $e^{\pm j\beta z}$ 的形式。这个假设会产生 $\cos(\omega t \pm \beta z)$ 或 $\sin(\omega t \pm \beta z)$ 形式的波动方程的解。这两种解的形式适合描述沿 z 轴传播的波：$e^{-j\beta z}$ 代表沿 $+z$ 方向传播的波，$e^{+j\beta z}$ 代表沿 $-z$ 方向传播的波。现在假设波沿 $+z$ 方向传播，那么 ∇ 算子可以写为

$$\nabla = \nabla_t + \nabla_z = \nabla_t - j\beta \boldsymbol{a}_z \tag{1.53}$$

其中，纵向 ∇_z 算子和横向 ∇_t 算子分别为

$$\nabla_z = \boldsymbol{a}_z \partial / \partial z \qquad \nabla_t = \boldsymbol{a}_x \partial / \partial x + \boldsymbol{a}_y \partial / \partial y \tag{1.54}$$

电场和磁场可以写为

$$\boldsymbol{E}(x,y,z) = \boldsymbol{E}_t(x,y,z) + \boldsymbol{E}_z(x,y,z) = \boldsymbol{e}(x,y)e^{-j\beta z} + \boldsymbol{e}_z(x,y)e^{-j\beta z} \tag{1.55a}$$

$$\boldsymbol{H}(x,y,z) = \boldsymbol{H}_t(x,y,z) + \boldsymbol{H}_z(x,y,z) = \boldsymbol{h}(x,y)e^{-j\beta z} + \boldsymbol{h}_z(x,y)e^{-j\beta z} \tag{1.55b}$$

其中，$\boldsymbol{E}_t$ 和 $\boldsymbol{H}_t$ 为电场和磁场的横向分量；$\boldsymbol{E}_z$ 和 $\boldsymbol{H}_z$ 为纵向（轴向）分量；$\boldsymbol{e}(x,y)$ 和 $\boldsymbol{h}(x,y)$ 为横向矢量函数；$\boldsymbol{e}_z(x,y)$ 和 $\boldsymbol{h}_z(x,y)$ 为纵向矢量函数。

因此可以求出

$$\nabla \times \boldsymbol{E} = (\nabla_t - j\beta \boldsymbol{a}_z) \times (\boldsymbol{e} + \boldsymbol{e}_z)e^{-j\beta z}$$

又因为

$$\nabla \times \boldsymbol{E} = -j\omega\mu \boldsymbol{H} = -j\omega\mu(\boldsymbol{h} + \boldsymbol{h}_z)e^{-j\beta z}$$

所以可得

$$\underbrace{\nabla_t \times \boldsymbol{e}}_{1} - \underbrace{j\beta \boldsymbol{a}_z \times \boldsymbol{e} + \nabla_t \times \boldsymbol{e}_z}_{2} - \underbrace{j\beta \boldsymbol{a}_z \times \boldsymbol{e}_z}_{3} = -j\omega\mu \boldsymbol{h} - j\omega\mu \boldsymbol{h}_z$$

在上式中，第一项的结果只有 $\boldsymbol{a}_z$ 分量，第二项为包含 $\boldsymbol{a}_x$ 和 $\boldsymbol{a}_y$ 的分量，第三项的结果为 0。根据上式两端横向分量和纵向分量分别相等的原理，可以得到

$$\nabla_t \times \boldsymbol{e} = -j\omega\mu \boldsymbol{h}_z \tag{1.56a}$$

$$\nabla_t \times \boldsymbol{e}_z - j\beta \boldsymbol{a}_z \times \boldsymbol{e} = -\boldsymbol{a}_z \times \nabla_t e_z - j\beta \boldsymbol{a}_z \times \boldsymbol{e} = -j\omega\mu \boldsymbol{h} \tag{1.56b}$$

同理，对 $\nabla \times \boldsymbol{H}$ 进行计算可以得到

$$\nabla_t \times \boldsymbol{h} = j\omega\varepsilon \boldsymbol{e}_z \tag{1.56c}$$

$$\boldsymbol{a}_z \times \nabla_t h_z + j\beta \boldsymbol{a}_z \times \boldsymbol{h} = -j\omega\varepsilon \boldsymbol{e} \tag{1.56d}$$

由于磁感应强度的散度等于 0，所以有

$$\nabla \cdot \boldsymbol{B} = \nabla \cdot \mu \boldsymbol{H} = (\nabla_t - j\beta \boldsymbol{a}_z) \cdot (\boldsymbol{h} + \boldsymbol{h}_z)\mu e^{-j\beta z} = 0$$

即

$$\nabla_t \cdot \boldsymbol{h} = j\beta h_z \tag{1.56e}$$

同理，由于电位移矢量的散度等于 0，所以有

$$\nabla_t \cdot \boldsymbol{e} = j\beta e_z \tag{1.56f}$$

式（1.56）为麦克斯韦方程组的简化形式，这对求解波导系统有很大的帮助。下面就把这

一结果应用于特定波型[8]。

（1）TE 波。

TE 波（H 波）的特征是 E_z=0 和 $H_z \neq 0$，只有先求解 h_z 才能完整地求解剩余的场分量。磁场为亥姆霍兹波动方程 $\nabla^2 \boldsymbol{H} + k^2 \boldsymbol{H} = 0$ 的解。因为 $\nabla^2 = \nabla_t^2 - \beta^2$，所以有

$$(\nabla_t^2 - \beta^2)\boldsymbol{H} + k^2 \boldsymbol{H} = 0$$

令 $k^2 = k_c^2 + \beta^2$，本征值 k_c 定义为截止波数，于是分别得到纵向和横向磁场的亥姆霍兹波动方程：

$$\nabla_t^2 h_z(x,y) + k_c^2 h_z(x,y) = 0 （纵向）\tag{1.57a}$$

$$\nabla_t^2 \boldsymbol{h} + k_c^2 \boldsymbol{h} = 0 （横向）\tag{1.57b}$$

将 e_z=0 代入式（1.56），得

$$\nabla_t \times \boldsymbol{e} = -\mathrm{j}\omega\mu h_z \tag{1.58a}$$

$$\beta \boldsymbol{a}_z \times \boldsymbol{e} = \omega\mu\boldsymbol{h} \tag{1.58b}$$

$$\nabla_t \times \boldsymbol{h} = 0 \tag{1.58c}$$

$$\boldsymbol{a}_z \times \nabla_t h_z + \mathrm{j}\beta \boldsymbol{a}_z \times \boldsymbol{h} = -\mathrm{j}\omega\varepsilon\boldsymbol{e} \tag{1.58d}$$

$$\nabla_t \cdot \boldsymbol{h} = \mathrm{j}\beta h_z \tag{1.58e}$$

$$\nabla_t \cdot \boldsymbol{e} = 0 \tag{1.58f}$$

式（1.58c）的旋度为

$$\nabla_t \times (\nabla_t \times \boldsymbol{h}) = \nabla_t(\nabla_t \cdot h) - \nabla_t^2 h = 0$$

将上式与式（1.58e）和式（1.57b）联立，得

$$\boldsymbol{h} = -\frac{\mathrm{j}\beta}{k_c^2}\nabla_t h_z \tag{1.59}$$

将 $\boldsymbol{a}_z$ 与式（1.58b）叉乘，可得

$$\beta \boldsymbol{a}_z \times (\boldsymbol{a}_z \times \boldsymbol{e}) = \beta[(\boldsymbol{a}_z \cdot \boldsymbol{e})\boldsymbol{a}_z - (\boldsymbol{a}_z \cdot \boldsymbol{a}_z)\boldsymbol{e}] = -\beta\boldsymbol{e} = \omega\mu\boldsymbol{a}_z \times \boldsymbol{h}$$

即

$$\boldsymbol{e} = -\frac{\omega\mu}{\beta}\boldsymbol{a}_z \times \boldsymbol{h} = -\frac{k}{\beta}Z_0\boldsymbol{a}_z \times \boldsymbol{h} \tag{1.60}$$

其中，因子 kZ_0/β 具有阻抗的量纲，故定义其为波阻抗，即横向电场与磁场之比，即

$$Z_{\mathrm{TE}} = \frac{e_x}{h_y} = -\frac{e_y}{h_x} = \frac{\omega\mu}{\beta} = \frac{k\eta}{\beta} \tag{1.61}$$

其中

$$\eta = \sqrt{\frac{\mu}{\varepsilon}} \tag{1.62}$$

为波导填充材料的本征阻抗。

分析 TE 波的过程可以总结如下。

① 求解关于 h_z（纵向场）的亥姆霍兹方程：

$$\nabla_t^2 h_z(x,y) + k_c^2 h_z(x,y) = 0 \tag{1.63a}$$

② 求出横向磁场：

$$\boldsymbol{h} = -\frac{j\beta}{k_c^2}\nabla_t h_z \tag{1.63b}$$

③ 求出横向电场：

$$\boldsymbol{e} = -Z_{TE}\boldsymbol{a}_z \times \boldsymbol{h} \tag{1.63c}$$

④ 将特定波导的边界条件应用于场分量，求解未知常数 k_c（截止波数，也称本征值）。

⑤ 传播常数为

$$\beta = \sqrt{k^2 - k_c^2} \tag{1.64}$$

波阻抗为

$$Z_{TE} = \frac{k\eta}{\beta} \tag{1.65}$$

完整的场（沿+z 方向传播的波）表达式为

$$\boldsymbol{E} = \boldsymbol{e}\mathrm{e}^{-j\beta z} \tag{1.66a}$$

$$\boldsymbol{H} = \boldsymbol{h}\mathrm{e}^{-j\beta z} + \boldsymbol{h}_z\mathrm{e}^{-j\beta z} \tag{1.66b}$$

（2）TM 波。

分析 TM 波的过程其实和分析 TE 波的过程非常类似。TM 波（E 波）的特征是 H_z=0 和 E_z≠0，只有先求解 e_z 才能完备地求解剩余的场分量：

$$\nabla_t^2 e_z + k_c^2 e_z = 0 \tag{1.67}$$

将式（1.67）应用边界条件可以求出 k_c。横向电场和横向磁场为（假设波沿+z 方向传播）

$$\boldsymbol{E}_t = \boldsymbol{e}\mathrm{e}^{-j\beta z} = -\frac{j\beta}{k_c^2}\nabla_t e_z\mathrm{e}^{-j\beta z} \tag{1.68a}$$

$$\boldsymbol{H}_t = \boldsymbol{h}\mathrm{e}^{-j\beta z} = \frac{1}{Z_{TM}}\boldsymbol{a}_z \times \boldsymbol{e}\mathrm{e}^{-j\beta z} \tag{1.68b}$$

其中，传播常数为

$$\beta = \sqrt{k^2 - k_c^2} \tag{1.69}$$

TM 波的波阻抗为

$$Z_{TM} = \frac{\beta\eta}{k} \tag{1.70}$$

完整的场表达式为

$$\boldsymbol{E} = \boldsymbol{e}\mathrm{e}^{-j\beta z} + \boldsymbol{e}_z\mathrm{e}^{-j\beta z} \tag{1.71}$$

$$\boldsymbol{H} = (\boldsymbol{h} + \boldsymbol{h}_z)\mathrm{e}^{-\mathrm{j}\beta z} \tag{1.72}$$

上述求解方法的特征是把 ∇ 算子分解为纵向 ∇_z 算子和横向 ∇_t 算子。下面简单介绍另一种对 TE 波和 TM 波的求解方法，其思路与上述介绍的方法类似，都是以亥姆霍兹波动方程为工具，先求解纵向磁场（电场），然后以麦克斯韦方程为基础求解横向电/磁场，具体计算过程更加简洁。

假定波导区域是无源的，则麦克斯韦方程可以写为

$$\nabla \times \boldsymbol{E} = -\mathrm{j}\omega\mu\boldsymbol{H}$$

$$\nabla \times \boldsymbol{H} = \mathrm{j}\omega\varepsilon\boldsymbol{E}$$

由于具有 $\mathrm{e}^{-\mathrm{j}\beta z}$ 随 z 的变化关系，所以上述每个矢量方程的 3 个分量可以简化为

$$\frac{\partial E_z}{\partial y} + \mathrm{j}\beta E_y = -\mathrm{j}\omega\mu H_x \tag{1.73a}$$

$$-\mathrm{j}\beta E_x - \frac{\partial E_z}{\partial x} = -\mathrm{j}\omega\mu H_y \tag{1.73b}$$

$$\frac{\partial E_y}{\partial x} - \frac{\partial E_x}{\partial y} = -\mathrm{j}\omega\mu H_z \tag{1.73c}$$

$$\frac{\partial H_z}{\partial y} + \mathrm{j}\beta H_y = \mathrm{j}\omega\varepsilon E_x \tag{1.73d}$$

$$-\mathrm{j}\beta H_x - \frac{\partial H_z}{\partial x} = \mathrm{j}\omega\varepsilon E_y \tag{1.73e}$$

$$\frac{\partial H_y}{\partial x} - \frac{\partial H_x}{\partial y} = \mathrm{j}\omega\varepsilon E_z \tag{1.73f}$$

将 4 个横向场分量（E_x、E_y、H_x、H_y）用 2 个纵向场分量（E_z、H_z）来表达：

$$H_x = \frac{\mathrm{j}}{k_c^2}\left(\omega\varepsilon\frac{\partial E_z}{\partial y} - \beta\frac{\partial H_z}{\partial x}\right) \tag{1.74a}$$

$$H_y = \frac{-\mathrm{j}}{k_c^2}\left(\omega\varepsilon\frac{\partial E_z}{\partial x} + \beta\frac{\partial H_z}{\partial y}\right) \tag{1.74b}$$

$$E_x = \frac{-\mathrm{j}}{k_c^2}\left(\beta\frac{\partial E_z}{\partial x} + \omega\mu\frac{\partial H_z}{\partial y}\right) \tag{1.74c}$$

$$E_y = \frac{\mathrm{j}}{k_c^2}\left(-\beta\frac{\partial E_z}{\partial y} + \omega\mu\frac{\partial H_z}{\partial x}\right) \tag{1.74d}$$

式（1.74）可以用于各种波导系统。下面将这一结果应用到特定波型。

（1）TE 波。

TE 波的特征是 $E_z=0$，$H_z\neq0$，于是，式（1.74）化简为

$$H_x = \frac{-\mathrm{j}\beta}{k_c^2}\frac{\partial H_z}{\partial x} \tag{1.75a}$$

$$H_y = \frac{-\mathrm{j}\beta}{k_{\mathrm{c}}^2} \frac{\partial H_z}{\partial y} \tag{1.75b}$$

$$E_x = \frac{-\mathrm{j}\omega\mu}{k_{\mathrm{c}}^2} \frac{\partial H_z}{\partial y} \tag{1.75c}$$

$$E_y = \frac{\mathrm{j}\omega\mu}{k_{\mathrm{c}}^2} \frac{\partial H_z}{\partial x} \tag{1.75d}$$

可以看到，横向场可以由纵向场表达出来，为了求出横向场，接下来利用亥姆霍兹波动方程求出 H_z：

$$\left(\frac{\partial^2}{\partial x^2} + \frac{\partial^2}{\partial y^2} + \frac{\partial^2}{\partial z^2} + k^2 \right) H_z = 0$$

由于 $H_z(x,y,z)=h_z(x,y)\,\mathrm{e}^{-\mathrm{j}\beta z}$，所以上式可化简为 h_z 的二维波动方程：

$$\left(\frac{\partial^2}{\partial x^2} + \frac{\partial^2}{\partial y^2} + k_{\mathrm{c}}^2 \right) h_z = 0 \tag{1.76}$$

此方程需要根据特定的波导结构的边界条件求解。

（2）TM 波。

TM 波的特征是 $H_z=0$，$E_z\neq 0$，于是，式（1.74）化简为

$$H_x = \frac{\mathrm{j}\omega\varepsilon}{k_{\mathrm{c}}^2} \frac{\partial E_z}{\partial y} \tag{1.77a}$$

$$H_y = \frac{-\mathrm{j}\omega\varepsilon}{k_{\mathrm{c}}^2} \frac{\partial E_z}{\partial x} \tag{1.77b}$$

$$E_x = \frac{-\mathrm{j}\beta}{k_{\mathrm{c}}^2} \frac{\partial E_z}{\partial x} \tag{1.77c}$$

$$E_y = \frac{-\mathrm{j}\beta}{k_{\mathrm{c}}^2} \frac{\partial E_z}{\partial y} \tag{1.77d}$$

接下来利用亥姆霍兹波动方程求出 E_z：

$$\left(\frac{\partial^2}{\partial x^2} + \frac{\partial^2}{\partial y^2} + \frac{\partial^2}{\partial z^2} + k^2 \right) E_z = 0$$

由于 $E_z(x,y,z)=e_z(x,y)\,\mathrm{e}^{-\mathrm{j}\beta z}$，所以上式可化简为 e_z 的二维波动方程：

$$\left(\frac{\partial^2}{\partial x^2} + \frac{\partial^2}{\partial y^2} + k_{\mathrm{c}}^2 \right) e_z = 0 \tag{1.78}$$

类似地，此方程也需要根据特定的波导结构的边界条件求解。

1.3.2　矩形波导

中空矩形波导可以传播 TE 模和 TM 模，而不能传播 TEM 模，因为它是单导体导波系统。

沿 z 轴放置的矩形波导的几何结构如图 1.9 所示。假设波导中填充有介电常数为 ε 和磁导率为 μ 的材料。一般取波导的宽边沿 x 轴，即 $a > b$。

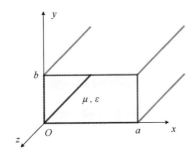

图 1.9   沿 z 轴放置的矩形波导的几何结构

（1）TE 模。

TE 模的特征是 $E_z=0$，H_z 满足简化后的波动方程，即式（1.76）：

$$\left(\frac{\partial^2}{\partial x^2}+\frac{\partial^2}{\partial y^2}+k_c^2\right)h_z(x,y)=0 \tag{1.79}$$

注意到 $h_z(x,y)\,\mathrm{e}^{-\mathrm{j}\beta z}=H_z(x,y,z)$；截止波数 $k_c^2=k^2-\beta^2$。偏微分方程，即式（1.79）可用分离变量法求解，令

$$h_z(x,y)=X(x)Y(y) \tag{1.80}$$

代入式（1.79），得

$$\frac{1}{X}\frac{\mathrm{d}^2 X}{\mathrm{d}x^2}+\frac{1}{Y}\frac{\mathrm{d}^2 Y}{\mathrm{d}y^2}+k_c^2=0 \tag{1.81}$$

对式（1.81）采用分离变量法，这里定义分离变量常数 k_x 和 k_y，使得

$$\frac{\mathrm{d}^2 X}{\mathrm{d}x^2}+k_x^2 X=0 \tag{1.82a}$$

$$\frac{\mathrm{d}^2 Y}{\mathrm{d}y^2}+k_y^2 Y=0 \tag{1.82b}$$

$$k_x^2+k_y^2=k_c^2 \tag{1.82c}$$

因此，X 和 Y 的通解可以分别写为

$$X=A\cos k_x x+B\sin k_x x$$

$$Y=C\cos k_y y+D\sin k_y y$$

此时有

$$h_z(x,y)=(A\cos k_x x+B\sin k_x x)(C\cos k_y y+D\sin k_y y) \tag{1.83}$$

为了计算式（1.83）中的常数，将边界条件应用于波导壁上的电场切向分量，即

$$e_x(x,y)=0,\ \text{在} y=0,b\text{处} \tag{1.84a}$$

$$e_y(x,y)=0,\ \text{在} x=0,a\text{处} \tag{1.84b}$$

此时，首先需要由 h_z 求解得到 e_x 和 e_y，可以利用式（1.75c）和式（1.75d），可得

$$e_x = \frac{-\mathrm{j}\omega\mu}{k_c^2} k_y (A\cos k_x x + B\sin k_x x)(-C\sin k_y y + D\cos k_y y) \tag{1.85a}$$

$$e_y = \frac{-\mathrm{j}\omega\mu}{k_c^2} k_x (-A\sin k_x x + B\cos k_x x)(C\cos k_y y + D\sin k_y y) \tag{1.85b}$$

比较式（1.84）和式（1.85），可以得到 $B=D=0$，$k_x = m\pi/a$（$m=0,1,2,\cdots$），$k_y = n\pi/b$（$n=0,1,2,\cdots$）。H_z 的最终解为

$$H_z(x,y,z) = A_{mn} \cos\frac{m\pi x}{a} \cos\frac{n\pi y}{b} \mathrm{e}^{-\mathrm{j}\beta z} \tag{1.86}$$

其中，A_{mn} 是常数 A 和 C 组成的任意振幅常数。TE_{mn} 模的横向场分量可以由式（1.75）和式（1.86）求得

$$E_x = \frac{\mathrm{j}\omega\mu n\pi}{k_c^2 b} A_{mn} \cos\frac{m\pi x}{a} \sin\frac{n\pi y}{b} \mathrm{e}^{-\mathrm{j}\beta z} \tag{1.87a}$$

$$E_y = \frac{-\mathrm{j}\omega\mu m\pi}{k_c^2 a} A_{mn} \sin\frac{m\pi x}{a} \cos\frac{n\pi y}{b} \mathrm{e}^{-\mathrm{j}\beta z} \tag{1.87b}$$

$$H_x = \frac{\mathrm{j}\beta m\pi}{k_c^2 a} A_{mn} \sin\frac{m\pi x}{a} \cos\frac{n\pi y}{b} \mathrm{e}^{-\mathrm{j}\beta z} \tag{1.87c}$$

$$H_y = \frac{\mathrm{j}\beta n\pi}{k_c^2 b} A_{mn} \cos\frac{m\pi x}{a} \sin\frac{n\pi y}{b} \mathrm{e}^{-\mathrm{j}\beta z} \tag{1.87d}$$

其中，截止波数 k_c 为

$$k_c = \sqrt{\left(\frac{m\pi}{a}\right)^2 + \left(\frac{n\pi}{b}\right)^2} \tag{1.88}$$

此时截止波长为

$$\lambda_c = \frac{2\pi}{k_c} = \frac{2\pi}{\sqrt{\left(\dfrac{m\pi}{a}\right)^2 + \left(\dfrac{n\pi}{b}\right)^2}} \tag{1.89}$$

又因为

$$k_c = 2\pi f_c \sqrt{\mu\varepsilon} \tag{1.90}$$

所以每个模（不同的 m 和 n 的组合）的截止频率为

$$f_c = \frac{k_c}{2\pi\sqrt{\mu\varepsilon}} = \frac{1}{2\pi\sqrt{\mu\varepsilon}} \sqrt{\left(\frac{m\pi}{a}\right)^2 + \left(\frac{n\pi}{b}\right)^2} \tag{1.91}$$

截止频率最低的模称为基模（主模），其他模式称为高次模；由于这里已经假定了 $a>b$，所以 TE 模的基模为 TE_{10}（$m=1$，$n=0$）模，其截止频率为

$$f_{c10} = \frac{1}{2a\sqrt{\mu\varepsilon}} \tag{1.92}$$

矩形波导不存在 TE$_{00}$ 模的原因是：若 $m=n=0$，那么电场和磁场的表达式就恒为 0。

传播常数为

$$\beta = \sqrt{k^2 - k_c^2} \tag{1.93}$$

在给定的工作频率 f 下，只有 $f>f_c$ 的模能够传播；而 $f<f_c$ 的模则不能传播，因为此时 β 是虚数，所有场分量都会随着传播距离的增加而呈指数衰减，这样的模称为截止模。

波导波长定义为沿波导的相邻等相位面之间的距离：

$$\lambda_g = \frac{2\pi}{\beta} = \frac{\lambda}{\sqrt{1-\left(\lambda/\lambda_c\right)^2}} > \frac{2\pi}{k} = \lambda \tag{1.94}$$

即波导波长大于相应无限介质中传播的平面波的波长 λ。

相速为

$$v_p = \frac{\omega}{\beta} > \frac{\omega}{k} = \frac{1}{\sqrt{\mu\varepsilon}} \tag{1.95}$$

即相速大于相应无限介质中传播的平面波的传播速度。

TE 模的波阻抗为

$$Z_{TE} = \frac{k\eta}{\beta} \tag{1.96}$$

其中，η 的定义为式（1.62），是波导填充材料的本征阻抗。当 β 为实数（传播模）时，Z_{TE} 为实数；当 β 为虚数（截止模）时，Z_{TE} 为虚数。

（2）TM 模。

TM 模的特征是 $H_z=0$，E_z 满足简化后的波动方程，即式（1.78）：

$$\left(\frac{\partial^2}{\partial x^2} + \frac{\partial^2}{\partial y^2} + k_c^2\right)e_z(x,y) = 0 \tag{1.97}$$

注意到 $e_z(x,y)\,e^{-j\beta z} = E_z(x,y,z)$；截止波数 $k_c^2 = k^2 - \beta^2$。偏微分方程，即式（1.97）可用分离变量法求解，其通解为

$$e_z(x,y) = (A\cos k_x x + B\sin k_x x)(C\cos k_y y + D\sin k_y y) \tag{1.98}$$

其中

$$k_x^2 + k_y^2 = k_c^2$$

将边界条件应用于 e_z，可得

$$e_z(x,y) = 0, \quad 在 x=0,a 处 \tag{1.99a}$$

$$e_z(x,y) = 0, \quad 在 y=0,b 处 \tag{1.99b}$$

比较式（1.98）和式（1.99），可以得到 $A=C=0$，$k_x=m\pi/a$（$m=1,2,\cdots$），$k_y=n\pi/b$（$n=1,2,\cdots$）。于是 E_z 的最终解为

$$E_z(x,y,z) = B_{mn}\sin\frac{m\pi x}{a}\sin\frac{n\pi y}{b}\,e^{-j\beta z} \tag{1.100}$$

其中，B_{mn} 是常数 A 和 C 组成的任意振幅常数。TM$_{mn}$ 模的横向场分量可以由式（1.77）和式（1.100）求得

$$E_x = \frac{-j\beta m\pi}{k_c^2 a} B_{mn} \cos\frac{m\pi x}{a} \sin\frac{n\pi y}{b} e^{-j\beta z} \tag{1.101a}$$

$$E_y = \frac{-j\beta n\pi}{k_c^2 b} B_{mn} \sin\frac{m\pi x}{a} \cos\frac{n\pi y}{b} e^{-j\beta z} \tag{1.101b}$$

$$H_x = \frac{j\omega\varepsilon n\pi}{k_c^2 b} B_{mn} \sin\frac{m\pi x}{a} \cos\frac{n\pi y}{b} e^{-j\beta z} \tag{1.101c}$$

$$H_y = \frac{-j\omega\varepsilon m\pi}{k_c^2 a} B_{mn} \cos\frac{m\pi x}{a} \sin\frac{n\pi y}{b} e^{-j\beta z} \tag{1.101d}$$

TM 模的传播常数 β、截止波长 λ_c、波导波长 λ_g 和相速 v_p 与 TE 模的表达式相同。同样，在给定的工作频率 f 下，只有 $f>f_c$ 的模能够传播，而 $f<f_c$ 的模则不能传播，因此矩形波导相当于一个高通滤波器。矩形波导不存在 TM$_{00}$ 模、TM$_{01}$ 模和 TM$_{10}$ 模，因为若 $m=0$ 或 $n=0$，那么电场和磁场的表达式就恒为 0，所以 TM 模的最低阶模是 TM$_{11}$ 模，其截止频率为

$$f_{c11} = \frac{1}{2\pi\sqrt{\mu\varepsilon}} \sqrt{\left(\frac{\pi}{a}\right)^2 + \left(\frac{\pi}{b}\right)^2} \tag{1.102}$$

可以看出，它大于 TE$_{10}$ 模的截止频率，因此，矩形波导的基模是 TE$_{10}$ 模。

TM 模的波阻抗为

$$Z_{TM} = \frac{\beta\eta}{k} \tag{1.103}$$

（3）TE$_{10}$ 模。

在射频与微波工程实际中，一般情况下，总是使用基模进行功率的传输。对矩形波导来说，就是 TE$_{10}$ 模，因此，这里讨论的重点是研究矩形波导的 TE$_{10}$ 模，彻底掌握此模式对理解谐振腔、滤波器、波导缝隙阵天线等重要的射频与微波元器件有极大的学习价值。将 $m=1$ 和 $n=0$ 代入式（1.86）、式（1.87）和式（1.88），得到截止波数和场分量为

$$k_c = \pi / a \tag{1.104}$$

$$H_z = A_{10} \cos\frac{\pi x}{a} e^{-j\beta z} \tag{1.105a}$$

$$E_y = \frac{-j\omega\mu a}{\pi} A_{10} \sin\frac{\pi x}{a} e^{-j\beta z} \tag{1.105b}$$

$$H_x = \frac{j\beta a}{\pi} A_{10} \sin\frac{\pi x}{a} e^{-j\beta z} \tag{1.105c}$$

$$E_x = H_y = E_z = 0 \tag{1.105d}$$

截止波长为

$$\lambda_c = 2a \tag{1.106}$$

波导波长为

$$\lambda_{\mathrm{g}} = \frac{2\pi}{\beta} = \frac{\lambda}{\sqrt{1-(\lambda/2a)^2}} \qquad (1.107)$$

相速为

$$v_{\mathrm{p}} = \frac{\omega}{\beta} = \frac{k/\sqrt{\mu\varepsilon}}{\beta} = \frac{\lambda_{\mathrm{g}}}{\lambda\sqrt{\mu\varepsilon}} \qquad (1.108)$$

TE_{10} 模的电场只有 E_y 分量，其幅度不随 y 轴变化，而沿 x 轴按照正弦规律变化，分布形式为半个驻波，如图 1.10 所示。在 $x=0$ 和 $x=a$ 处，E_y 为 0；在 $x=a/2$ 处，E_y 最大。可见，波导的两个侧壁（$x=0$ 和 $x=a$）确实把电场给短路掉了，满足电场在理想金属表面切向分量为零的边界条件。

TE_{10} 模的磁场有 H_x 和 H_z 两个分量，其幅度同样不随 y 轴变化，在平行于波导宽边的 xOz 平面内，磁力线是闭合曲线。矩形波导内的电磁场的电力线和磁力线表示如图 1.11 所示[9,10]。

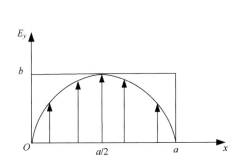

图 1.10 TE_{10} 模的电场幅度沿 x 轴的变化规律

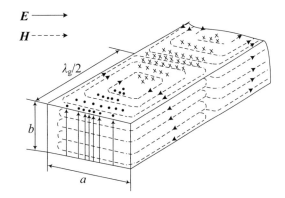

图 1.11 矩形波导内的电磁场的电力线和磁力线表示

波导 4 壁上的表面电流通过下式来计算：

$$\boldsymbol{J}_s = \boldsymbol{n} \times \boldsymbol{H} \qquad (1.109)$$

其中，$\boldsymbol{n}$ 为波导壁朝向内的单位法向向量。此时，$x=0$ 和 $x=a$ 壁上的表面电流为

$$\boldsymbol{J}_s = \boldsymbol{a}_x \times \boldsymbol{a}_z H_z \big|_{x=0} = -\boldsymbol{a}_y A_{10} \mathrm{e}^{-\mathrm{j}\beta z} \qquad x=0 \qquad (1.110\mathrm{a})$$

$$\boldsymbol{J}_s = -\boldsymbol{a}_x \times \boldsymbol{a}_z H_z \big|_{x=a} = -\boldsymbol{a}_y A_{10} \mathrm{e}^{-\mathrm{j}\beta z} \qquad x=a \qquad (1.110\mathrm{b})$$

$y=0$ 和 $y=b$ 壁上的表面电流为

$$\boldsymbol{J}_s = \boldsymbol{a}_y \times (\boldsymbol{a}_x H_x \big|_{y=0} + \boldsymbol{a}_z H_z \big|_{y=0})$$
$$= -\boldsymbol{a}_z \frac{\mathrm{j}\beta a}{\pi} A_{10} \sin\frac{\pi x}{a} \mathrm{e}^{-\mathrm{j}\beta z} + \boldsymbol{a}_x A_{10} \cos\frac{\pi x}{a} \mathrm{e}^{-\mathrm{j}\beta z} \qquad y=0 \qquad (1.110\mathrm{c})$$

$$\boldsymbol{J}_s = -\boldsymbol{a}_y \times (\boldsymbol{a}_x H_x \big|_{y=b} + \boldsymbol{a}_z H_z \big|_{y=b})$$
$$= \boldsymbol{a}_z \frac{\mathrm{j}\beta a}{\pi} A_{10} \sin\frac{\pi x}{a} \mathrm{e}^{-\mathrm{j}\beta z} - \boldsymbol{a}_x A_{10} \cos\frac{\pi x}{a} \mathrm{e}^{-\mathrm{j}\beta z} \qquad y=b \qquad (1.110\mathrm{d})$$

矩形波导的表面电流和磁场的分布如图 1.12 所示。可以看出，在某一个纵向坐标 z 处，波导左右两窄壁的表面电流方向是完全相同的，而上下两宽壁的表面电流方向是完全相反的。

在宽壁上，表面电流有中断现象，似乎电流是不连续的，但实际上，除波导壁上存在传导电流外，波导内还存在位移电流，由位移电流公式 $J_d = j\omega\varepsilon E$ 可知，当电场强度最大时，位移电流达到最大，传导电流和位移电流共同组成了闭合的电流线。

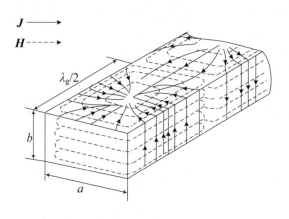

图 1.12　矩形波导的表面电流和磁场的分布

深入学习波导表面电流的分布能够认识到，利用波导结构可以实现天线的功能，如在波导的表面刻某种具有特定方向和长度、宽度、角度的槽。波导上刻的槽简单地可以分类为辐射槽（A、B）和非辐射槽（C、D），如图 1.13 所示。

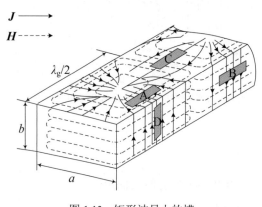

图 1.13　矩形波导上的槽

辐射槽切断了表面电流的分布，表面电流以位移电流的形式穿越槽流通，这意味着存在横跨槽的强电场，与平行于槽的磁场构成了指向波导壁向外的坡印廷矢量，即电磁波的辐射。波导缝隙阵天线就采用了类似的原理，通过在波导宽壁偏移中线的位置刻纵向槽或斜向槽实现辐射，也可以理解为位移电流在远场闭合形成辐射。而非辐射槽不切割壁电流，如刻在波导宽壁中间的纵向细槽对波导内的电场几乎没有影响，可以利用这个特性在这个位置把探针伸入波导测量电场，如基于此原理的波导测量线等。

（4）波导的激励。

以上讨论都隐含了波导内存在激励起来的导行波传播这一背景，但是如何激励起导行波呢？显然，在波导内激励起能传播的导波模式绝对不会像照明电路一样插上插头电灯就会亮。波导的激励大致可分为 3 种：探针电激励、圆环磁激励和小孔耦合。

激励的核心考虑要素就是要在波导内建立起和 TE$_{10}$ 模相类似的场结构，或者建立相似的电场，或者建立相似的磁场，从而达到激励起导波模式的目的。探针电激励如图 1.14 所示，将同轴线的内导体沿与 TE$_{10}$ 模电场最大方向平行的方向插入矩形波导中心位置形成探针激励。由于这种激励是通过建立类似 TE$_{10}$ 模的电场来产生导波的，所以称为电激励。因为激励起来的 TE$_{10}$ 模会朝两个方向传播，所以要在波导的一端加上短路活塞，以确保电磁能量沿指定方向传播。通过调节探针与短路端的距离和探针插入的深度，可以使插入的探针和波导之间的阻抗达到匹配状态。

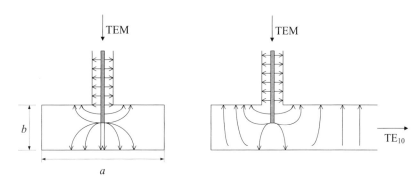

图 1.14 探针电激励

圆环磁激励是将同轴线的内导体弯成环形，从波导侧壁或终端插入波导内磁场最强处，使得环上电流产生的磁场平行于波导内 TE_{10} 的磁场。由于这种方式通过流经圆环的高频电流在波导内激励起和 TE_{10} 磁场分布相类似的磁力线，所以称为磁激励。

小孔耦合是指电磁能量通过公共壁上的小孔，从一个波导耦合到另一个波导。导体壁开口处的辐射类似于电偶极子或磁偶极子产生的辐射，如图 1.15 所示。图 1.15（a）显示了接近导电壁的法向电场（由边界条件可知，壁上的切向电场为 0），若在壁上开一个小孔，则电力线会穿过小孔并向周围散开，如图 1.15（b）所示。上述电力线类似于两个垂直于导体壁的极化电流 $\boldsymbol{P}_e$ 上散发的电力线，如图 1.15（c）所示。因此，由法向电场激励的小孔可用两个方向相反的垂直于导体壁的无限小极化电流 $\boldsymbol{P}_e$ 来等效。类似地，图 1.15（d）显示了接近导体臂的切向磁场。图 1.15（e）显示了小孔附近切向磁场的发散（由边界条件可知，壁上的法向磁场为 0），比较图 1.15（e）和（f）得出，小孔也可以用两个方向相反的极化磁流 $\boldsymbol{P}_m$ 来等效。小孔的存在同样会影响导体壁在输入一侧的场，这种影响是入射一侧的等效偶极子产生的，因而保证了穿越孔的切向场的连续性。

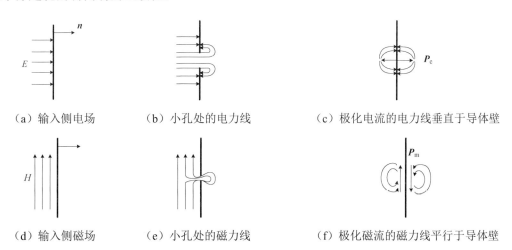

（a）输入侧电场　　　　（b）小孔处的电力线　　　　（c）极化电流的电力线垂直于导体壁

（d）输入侧磁场　　　　（e）小孔处的磁力线　　　　（f）极化磁流的磁力线平行于导体壁

图 1.15 导体壁小孔处的等效极化电流和极化磁流

1.3.3 微带线

微带线的几何结构如图 1.16（a）所示，宽度为 W 的导体印制在薄的、厚度为 d、相对介电常数为 ε_r 的接地电介质基片上，其场力线如图 1.16（b）所示。

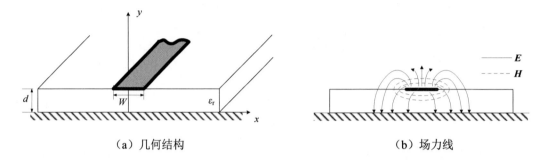

（a）几何结构　　　　　　　　　　　　　（b）场力线

图 1.16　微带线

微带线是一种在工程中广为应用的平面传输线，主要是因为它可以用平面印刷电路（Printed Circuit Board，PCB）工艺来加工，而且易与射频和微波有源器件集成（如肖特基二极管、晶体管、场效应管等），因而可以大规模生产，降低生产成本，是一种特别适应现代生产工艺的射频与微波传输线。

微带线的结构可以这样想象得来：对一段导行 TEM 波的同轴线，沿轴向正中间切一半（注意：是沿着同轴线切，而不是把同轴线横切两半），剩下的结构是一个圆柱的一半（同轴线的原内导体）和金属圆周的一半（同轴线的原外导体）；将此结构展平，一半圆柱就成了一块扁平的长方体，一半金属圆周就成了地平面，整体结构和微带线高度类似，因此，可以大致判断微带线导行电磁波的场分布，即和图 1.16（b）类似。

由于微带线导带上方是空气，而导带下方有介质基片，使得它与带状线不同（带状线的所有场都包含在均匀的电介质媒质内）。注意到电介质媒质内 TEM 场的相速是 $c/\sqrt{\varepsilon_r}$，而空气媒质内 TEM 场的相速是 c，因此，在电介质-空气不同媒质分界面上，不能实现 TEM 波的相位匹配，即微带线不能支持纯的 TEM 波。

微带线的严格场解是由混合的 TM-TE 波组成的，在微带线刚发明出来的时候，是被发明在厚介质材料上的，因此用处不大。但是随后，人们发现设计在薄介质材料上的微带线更有用[11]，因而在大多数应用中，电介质基片是很薄的基片材料（$d<<\lambda$），因此它的场是准 TEM 模。下面给出微带线的有效介电常数和特性阻抗的设计公式，这些结果是对严格的准静态解曲线的近似拟合[3]。

微带线的有效介电常数可以等效为一个均匀媒质的介电常数：

$$\varepsilon_e = \frac{\varepsilon_r + 1}{2} + \frac{\varepsilon_r - 1}{2} \frac{1}{\sqrt{1 + 12d/W}} \tag{1.111}$$

这个等效的均匀媒质取代了原微带线的空气和电介质媒质材料，如图 1.17 所示。

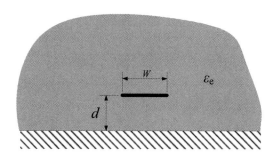

图 1.17　准 TEM 微带线的等效几何结构（原电介质基片被介电常数为 ε_e 的均匀媒质取代）

此时，相速和传播常数可以写为

$$v_p = \frac{c}{\sqrt{\varepsilon_e}} \tag{1.112}$$

$$\beta = k_0 \sqrt{\varepsilon_e} \tag{1.113}$$

如果给定微带线的结构尺寸，计算其特性阻抗，则称为电路的分析问题：

$$Z_0 = \begin{cases} \dfrac{60}{\sqrt{\varepsilon_e}} \ln\left(\dfrac{8d}{W} + \dfrac{W}{4d}\right) & W/d \le 1 \\[3mm] \dfrac{120\pi}{\sqrt{\varepsilon_e}\left[W/d + 1.393 + 0.667\ln(W/d + 1.444)\right]} & W/d \ge 1 \end{cases} \tag{1.114}$$

如果给定微带线的特性阻抗 Z_0 和介电常数 ε_r，计算微带线的结构尺寸 W/d，则是电路的综合问题：

$$\frac{W}{d} = \begin{cases} \dfrac{8e^A}{e^{2A} - 2} & W/d < 2 \\[3mm] \dfrac{2}{\pi}\left[B - 1 - \ln(2B - 1) + \dfrac{\varepsilon_r - 1}{2\varepsilon_r}\left(\ln(B - 1) + 0.39 - \dfrac{0.61}{\varepsilon_r}\right)\right] & W/d > 2 \end{cases} \tag{1.115}$$

其中

$$A = \frac{Z_0}{60}\sqrt{\frac{\varepsilon_r + 1}{2}} + \frac{\varepsilon_r - 1}{\varepsilon_r + 1}\left(0.23 + \frac{0.11}{\varepsilon_r}\right)$$

$$B = \frac{377\pi}{2Z_0\sqrt{\varepsilon_r}}$$

源于介质损耗的衰减常数为

$$\alpha_d = \frac{k_0 \varepsilon_r (\varepsilon_e - 1)\tan\delta}{2\sqrt{\varepsilon_e}(\varepsilon_r - 1)} \quad (\text{Np/m}) \tag{1.116}$$

其中，$\tan\delta$ 是介质的损耗角正切。

源于导体损耗的衰减常数为

$$\alpha_c = \frac{R_S}{Z_0 W} \quad (\text{Np/m}) \tag{1.117}$$

其中，$R_S = \sqrt{\omega\mu_0/2\sigma}$，是导体的表面电阻。对于大多数微带基片，导体损耗比介质损耗更重要。

例1.3 现要求微带线在2.5GHz有50Ω的特性阻抗和90°的相移，基片厚度为d=0.127cm，ε_r=2.2。计算微带线的长度和宽度。

解：对于已知特性阻抗，求W/d，我们一开始猜测$W/d>2$，由式（1.115）可得，$W/d\approx3.081>2$，因此猜测是正确的（否则按照$W/d<2$的公式来计算），即$W\approx3.081d\approx0.391$cm。

由式（1.111）可得，有效介电常数$\varepsilon_e\approx1.87$，因此，对于90°相移，有

$$\phi = 90° = \beta l = \sqrt{\varepsilon_e}k_0 l$$

$$k_0 = \frac{2\pi f}{c} \approx 52.35\text{m}^{-1}$$

$$l = \frac{\pi/2}{k_0\sqrt{\varepsilon_e}} \approx 2.19\text{cm}$$

在实际设计中，微带线的分析与综合已经广泛集成在各种类型的电子设计自动化辅助软件中，可以高效快速地进行计算。图1.18给出了采用LineCalc传输线计算器软件设计微带线的物理尺寸的界面，软件计算结果与上述例题中的公式计算结果基本一致（图中右侧显示的K_Eff即有效介电常数）。

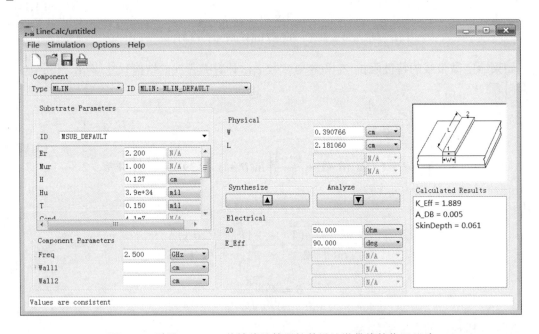

图1.18 采用LineCalc传输线计算器软件设计微带线的物理尺寸

微带电路在弯曲段、宽度变化处和接头处的不连续性会导致电路性能恶化，因为这种不连续性会引入寄生电抗，从而引起相位和振幅误差、输入/输出失配和寄生耦合等。改善的方法有两种：一种是建立等效电路，并将各种寄生效应考虑到电路设计中，通过调节其他电路参量来进行补偿；另一种方法有点"简单粗暴"，但是在工程中非常有用，即通过削角或斜拼接来降低不连续性，如图1.19所示。

削角弯头　　　　　　削角阶梯　　　　　削角T型弯头

图 1.19　不连续性的补偿

　　然而，当电路的工作频率上升到毫米波波段后，微带线的总传输损耗变得非常大，损耗通常包括导体欧姆损耗、介质损耗和辐射损耗，这时我们可能会使用其他更适合在高频频段使用的平面传输线，如稍后讨论的基片集成波导技术等。读者应该逐渐认识到，在实际设计射频与微波电路时，需要综合考虑电路的性能、物理尺寸和传输功率的大小等，以此来选择合适的传输线技术。

1.3.4　射频电路的制作

　　现今许多射频电路都是在传统的印刷电路板上制作的，但是通常使用的介质基片材料（如环氧树脂玻璃 FR4）具有很大的损耗角正切，不适合用于 2GHz 以上的频率。而微波集成电路（Microwave Integrated Circuit，MIC）由于采用了损耗角正切极小的陶瓷，如氧化铝和聚四氟乙烯等，所以能够工作在 20GHz 以上的频率。微波集成电路制作工艺的研究热点之一是陶瓷共烧结技术，如低温共烧结（Low-Temperature Cofired Ceramics，LTCC）技术和高温共烧结（High-Temperature Cofired Ceramics，HTCC）技术，即通过在未烧的陶瓷原料带上打过孔或用丝网印刷方法制作无源元器件（R、L、C）。将多个陶瓷原料带对齐并一层一层地叠起来，在 900℃（LTCC）或 1500℃（HTCC）温度下烧结。这种方法可制作出超过 20 层的三维电路结构[5]。

　　更高的集成度可以用微波单片集成电路（Microwave Monolithic Integrated Circuit，MMIC）工艺实现，电路器件的放置和相互连接都是在半导体材料基片上进行的。半导体材料基片制作的主要步骤如下：将一定长度的半导体材料磨成直径为 200mm 或 300mm 的圆棒并切割成数微米厚的薄片，即基片；这种基片将会根据一套掩模中的图形腐蚀出电路结构，在电路上面的数层金属形成电路元器件之间互连的通道；基片经过加工处理后，被切割成一个个裸芯，裸芯经过导线压焊、封装，组装成芯片。由于微电子加工流程复杂且昂贵，所以此工艺适用于大批量的电路加工。

　　光刻工艺是加工制造集成电路图形结构及微结构的关键工艺之一，因为制造复杂电路所需原始模型是使用光刻技术在圆片上形成的。光刻工艺的主要步骤为基片清洗、脱水烘干、甩胶、前烘、曝光、显影、坚膜、腐蚀和去胶。光学光刻是指将掩模上的集成电路元器件的结构图形投射到涂有光刻胶的硅片上，通过光的照射，光刻胶的成分发生化学反应，从而生成电路图。光刻和刻蚀技术水平决定了单个器件的尺寸和封装密度，器件尺寸越小，芯片集成度就越高，且光刻模型的尺寸与所用光源的波长要相当（限制成品所能获得的最小尺寸与光刻系统的分辨率直接相关，而减小照射光源的波长是提高分辨率的最有效途径），在这种情况下，就不能用简单的几何辐射光学来处理光传播了，这是细微光刻工艺面临的巨大挑战。

1.4 基片集成波导

简单小结一下通过前述内容已经掌握的关于射频与微波传输线知识的几个要点。

（1）传输线是射频与微波工程的基石，任何一个具体的射频与微波元器件最终都必须由一种或几种导波结构来实现，因而每发明一种导波结构，就会引起射频与微波元器件的革新浪潮。

（2）金属波导结构是一种电气性能颇佳的导波结构，也是一种典型的非平面导波结构，具有的优点包括品质因素高、损耗小、结构全封闭、不易与相邻的结构发生串扰。它的缺点也很显著：造价昂贵（需要对金属进行精密加工），且随着频率的升高，造价也随之升高（频率升高要求波导内壁光滑度更高，以减小损耗），不易于和有源器件（如二极管、晶体管等）集成，整体电路结构体积偏大等。

（3）微带线作为平面电路的典型代表，具有的优点包括：加工容易、可大规模生产（因为加工微带电路仅需传统的 PCB 工艺），由于它是一种"可印制"的电路，所以易于和有源器件（如二极管、场效应管等）集成，且整体电路体积较小、结构紧凑。它的缺点包括：由于结构半开放，因而品质因素低，易与相邻的其他电路发生相互干扰，损耗大等。

那有没有一种导波结构既具有非平面波导结构的优势，又具有平面微带结构的优势呢？而且能消除两者各自的缺点，如果不能全部消除，那么至少部分消除。2001 年，加拿大皇家科学院和加拿大工程院两院院士、华裔科学家吴柯教授系统性地提出了一个完整的平面/非平面射频与微波电路混合集成解决方案。在这个方案中，系统性地对平面电路的载体——介质基片进行综合预处理，如打金属过孔/空气过孔、刻金属化槽等，从而能够构成一类新的导波结构——基片集成电路。

下面以其中一种基片集成波导为例来看看这种新型导波结构是如何实现的。已知用来导行电磁波的传统金属波导有上、下、左、右 4 个金属壁，而要构成金属波导结构，也需要 4 个金属壁，这和设计平面微带电路的介质基片 PCB 有什么联系呢？制作平面微带电路的 PCB 板材，实际上已有 2 个金属壁了，即上表面和下表面，如果能再人为地造出 2 个侧壁，就可以模仿 4 个金属壁的波导了，可是，能造出来吗？

我们已经知道，PCB 工艺中有一项功能是在介质基片板材上打孔并金属化，即打金属过孔工艺。如果在介质基片上打了不止一个孔，而是打了一排孔，那么当这些孔不太粗且相互间隔比较密集时，不就可以形成一道金属的"栅栏"，让电磁波无法通过，从而成为一个金属壁吗？更进一步，如果在介质基片上打了两排这样的金属过孔，那么当两排孔之间的行间距满足一定的设计条件时，这两排金属过孔、连同介质基片上表面和下表面的金属壁，就构成了金属波导的 4 壁，只不过现在的金属波导是填充了介质材料的金属波导，不再是传统的空气填充。这就是金属波导平面化的过程，也是基片集成波导的设计思路，如图 1.20 所示。

事实上，有兴趣的读者可以追踪到采用这个想法设计类似于波导结构的传输线，最早可以追溯到一个 1994 年的日本专利，这个想法被称为 Post-Wall 波导，即柱状壁波导[7]。但一项发明归功于谁，往往不取决于谁最早发明或发现了什么，而取决于谁能把这项发明/发现真正落实到科技发展中，成为不但有用，而且能用、好用的一项技术[7]。这和电话的发明有点类似。

事实上，在贝尔去专利局提交电话专利申请的当天，意大利人马尤奇也同样提交了一份类似的申请，不同的是，在随后几年时间里，马尤奇没有对这个想法继续深入探索和使用；而贝尔则专注于此，甚至成立了一家公司来把这个想法商业化，最终成为人们实际可以使用的一种装置，这些后续的举动让发明电话的桂冠最终落在贝尔头上。

类似地，在基片集成波导这个方向，吴柯教授课题组和东南大学洪伟教授课题组持续 20 年不懈地研究和拓展，全面、深入、系统地研究了采用基片集成波导研究设计新型射频与微波电路的方方面面，从导波机理到新型元器件设计，最终到系统级设计[12]，引领了全世界范围内对这项工作的热切关注和追踪。事实上，据 IEEE Xplore 统计，关于基片集成波导的研究论文自其第一篇论文（2001 年）公开发表到 2020 年，已经连续 19 年保持增长态势。基片集成波导技术也由原先设计用于弥合平面/非平面电路之间鸿沟的起初，发展成为全新的三维集成电路，如图 1.21 所示的三维集成天线阵[13]，在电路设计上拓展到了全新的思考维度。而关于基片集成电路这个更为宏大的电路创新，还有很多研究工作等待继续推进。

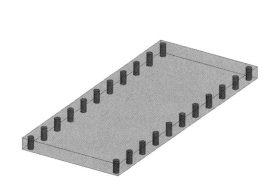

图 1.20　基片集成波导示意图

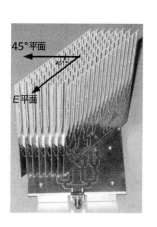

图 1.21　三维集成天线阵

 参考文献

[1] LEE T H. 平面微波工程：理论、测量与电路[M]. 余志平，孙玲玲，王皇，译. 北京：清华大学出版社，2014.

[2] 赵克玉，许福永. 微波原理与技术[M]. 北京：高等教育出版社，2006.

[3] POZAR D M. 微波工程[M]. 4 版. 谭云华，周乐柱，吴德明，等，译. 北京：电子工业出版社，2019.

[4] CHENG D K. Field and Wave Electromagnetics[M]. 2nd ed. Addison Wesley，2008.

[5] LUDWIG R，BOGDANOV G. 射频电路设计——理论与应用[M]. 2 版. 王子宇，王心悦，译. 北京：电子工业出版社，2014.

[6] PACKARD K S. The Origin of Waveguides：A Case of Multiple Rediscovery[J]. IEEE Transaction on Microwave Theory and Technique，1984，32（9）：961-969.

[7] LI Z L．Why invented twice，IEEE Microwave Magazine[J]．IEEE Microwave Magazine，2019，20（8）：84-86.

[8] COLLIN R E．Foundations for Microwave Engineering[M]．2nd ed．New York：John Wiley & Sons，2000.

[9] 顾继慧．微波技术[M]．2 版．北京：科学出版社，2014.

[10] RAMO S，WHINNERY J R，VAN DUZER T．Fields and Waves in Communication Electronics[M]．New York：John Wiley & Sons，1994.

[11] BARRETT R M．Microwave Printed Circuits-An Historical Perspective[J]．IEEE Transaction on Microwave Theory and Technique，1984，32（9）：983-990.

[12] LI Z L，WU K．24 GHz Frequency-Modulation Continuous-Wave Radar Front-End System-on-Substrate[J]．IEEE Transaction on Microwave Theory and Techniques，2008，56（2）：278-285.

[13] YOUZKATLI EL KHATIB B，DJERAFI T，WU K．Three-Dimensional Architecture of Substrate Integrated Waveguide Feeder for Fermi Tapered Slot Antenna Array Applications[J]．IEEE Transaction on Antennas and Propagation，2012，60（10）：4610-4618.

 习题

1．请用较为严格的数学推导证明麦克斯韦方程与基尔霍夫电压定律/电流定律之间的联系。（参见 Balanis 的 *Advanced Engineering Electromagnetics*）

2．脉冲发生器产生一锯齿脉冲 $P(t)=10t/T$（$0 \leqslant t \leqslant T$），其中 $T=10^{-8}$ s。脉冲发生器内阻 $R_g=200\Omega$，连接到长为 l（单位为 m）、阻抗 $Z_c=50\Omega$ 的传输线上，其终端接一负载电阻 R_L（波的传播速度为 3×10^8 m/s）。问：①当传输线长 $l=3$m 且负载电阻 $R_L=200\Omega$ 时，求出负载电压与时间的函数并画出其关系图；②当负载电阻 $R_L=12.5\Omega$ 时，重复①问；③当传输线 $l=12$m 且负载电阻 $R_L=200\Omega$ 时，求出负载电压的解析表达式；④绘制③中传输线上电压的距离-时间图。

3．一传输线参数如下：$Z_0=600\angle -6°\Omega$，$\alpha=2.0 \times 10^{-5}$ dB/m，$v_p=2.97 \times 10^8$ m/s，$f=1.0$kHz。波沿传输线 z 方向传播，在 $z=0$ 处，电流最大值为 0.3mA，且在 $t=0$ 时电流达到最大正值，写出矢量 $V(z)$ 和 $I(z)$ 及其相应的瞬时值。

4．一传输线长为 30km，终端接阻抗为 $(100+j200)\Omega$ 的负载，输入端接电压为 $v(t)=15\cos(8000\pi t)$V、内阻为 75Ω 的正弦波信号源，传输线的特性阻抗为 75Ω，信号相速为 2.5×10^8 m/s。求出输入端和负载端的总电压。

5．一传输线长 2.5m，若其一端短路，则另一端的阻抗为 $(j5)\Omega$；当其一端变为开路时，另一端的阻抗变为 $(-j500)\Omega$。已知正弦波信号源的频率为 1.9MHz，传输线长度小于 1/4 个波长。求出传输线的特性阻抗和信号的相速。

6．一特性阻抗为 75Ω 的无耗传输线连接在阻抗为 $(37.5-j15)\Omega$ 的负载和内阻为 75Ω 的信号源之间。求出：①距离负载 0.15λ 处的电压反射系数；②传输线上的驻波比 VSWR；③距离

负载 1.3λ 处的输入阻抗。

7．一无耗传输线的特性阻抗为 75Ω，终端接一阻抗为 $(150+j150)\Omega$ 的负载。分别求出 $Z_{in}=(75-j120)\Omega$，$(75-j75)\Omega$，17.6Ω 时的传输线的最短长度。

8．矩形波导的宽为 a、高度为 b，内部均匀填充介电常数为 ε 的媒质，证明其截止频率 $f_c=c/2a\varepsilon_r^{1/2}$（其中，$c$ 是光在真空中的速度，ε_r 是相对介电常数）。并证明媒质填充的波导中的波导波长比空气填充的波导中的波导波长小。

9．传输线的特性阻抗 $Z_0=50\Omega$，连接一 100Ω 的负载：①计算电压反射系数 Γ_L 和驻波比 VSWR；②求被反射的入射功率百分比和回波损耗；③画出 $|V(x)|$ 与 x 的关系图；④求出 $x=-0.5\lambda_g$ 和 $x=-0.25\lambda_g$ 处的输入阻抗。

10．天线的驻波比为 1.5，连接一特性阻抗为 50Ω 的传输线，如果输入功率是 10W，则反射功率（W）是多少？

11．一同轴线内均匀填充相对介电常数 $\varepsilon_r=4$、相对磁导率 $\mu_r=1$ 的媒质，其内导体半径为 2mm、外导体半径为 10.6mm，同轴线连接一电阻为 25Ω 的负载。计算：①同轴线的特性阻抗；②传输到负载的入射功率百分比；③当频率为 3GHz 时，距离负载 6.25cm 处的输入阻抗。

第2章

射频与微波网络

射频与微波网络是射频与微波工程中的重要工具。传输线理论可以应用于均匀传输线和简单的不均匀电路问题，对于结构复杂的射频与微波元器件或电路，根据电磁理论和相应的电磁场数值计算方法，可以分析复杂的射频与微波元器件内部场的分布及外部特性。但在实际应用中，人们往往对复杂的射频与微波元器件内部场的结构不感兴趣，而只关心其对外呈现的特性，此时射频与微波网络理论就体现出了其重要价值。

要研究射频与微波网络，首先需要确定网络参考面，参考面确定后，定义的微波网络即参考面包含的区域。对于单模传输情况，参考面数目与外接传输线路数相等。参考面的位置原则上可以任意选择，需要注意的是，一旦选定参考面，就不能随意改变，否则会影响网络参量值。在选择参考面时，应注意以下两点：第一，单模传输时，参考面上只考虑主模场，因此，参考面应选在不连续性激起的高次模截止场影响范围之外，但也有例外，如有些结构不方便将参考面选在不连续性之外，$\lambda/4$ 阻抗变换器（1/4 波长阻抗变换器）的参考面就是如此，通常会选在不连续分界面处；第二，参考面必须与波的传播方向垂直，使场的横向分量与参考面共面，从而使对应的参考面上的电压与电流有明确的定义。需要注意的是，规定参考面上流进网络的电流为正，流出网络的电流为负。

射频与微波网络理论研究网络各端口的物理量之间的关系。这些物理量一般可分为以下两类[1,2]：一类物理量是端口处的归一化电压 v 和电流 i，或者非归一化电压 V 和电流 I；另一类是端口上归一化的入射波 a 和反射波 b（前者是进入网络的波，后者是离开网络的波），或者用各端口所接信号源内阻及相应端口上的电压和电流定义的功率波的入射波 a_p 与反射波 b_p。不同类别的物理量之间可引出不同的网络矩阵，也称为网络参量。例如，入射波和反射波的关系可以用散射参量描述，归一化电压与电流之间的关系可以用归一化阻抗或导纳参量描述，而非归一化的阻抗与导纳参量则可用于描述非归一化电压和电流之间的关系。由于物理量之间存在相互变换的关系，因而网络参量之间也存在着变换关系。

一个射频与微波网络可以由集总参数元器件或等效集总参数元器件组成，如电阻、电感、电容、变压器等；也可以由分布参数电路组成，如一段均匀或非均匀的传输线；还可以由等效的集总参数电路和分布参数电路的组合构成。这些形式的电路都可以用射频与微波网络理论进行分析。

射频与微波网络可以按照不同的特征予以分类：线性网络与非线性网络、有源网络与无源网络、有耗网络与无耗网络、互易网络与非互易网络，以及是否对称网络等。

什么是线性网络？一般是指由理想电阻、电感、电容等元器件或由电导率、介电常数、磁导率等参数均不随外加电场或磁场强度的变化而变化的材料构成的网络[3]。当然，实际的网络一般都包含有非线性现象，然而，由于线性网络的分析计算比非线性网络的分析计算要简单得多，因此总是用线性网络近似地描述实际的射频与微波网络。有时将非线性网络分解为若干工作状态，每种工作状态都用线性网络的方法处理，如微波开关就可以分解为开、关两种状态。还有一种关于线性与非线性的理解：当射频与微波网络使信号频率发生改变时，称该网络为非线性网络。两种说法本质相容，并无矛盾。本章仅限讨论线性网络。

关于有源与无源，一般也存在两种不同的理解：一种是根据系统外是否有能量注入加以区分，如果有则为有源，如果没有则为无源，需要注意的是，此处注入的能量可能是直流能量，也可能是射频与微波能量；另一种是根据射频与微波电路中是否包含固态器件（如二极管、三极管或场效应管等）来区分。本书所用有源与无源的概念采用第一种理解。

有耗与无耗的区分比较明确，是指电路中是否包含有损耗的元器件。而互易网络则是指不包含非互易媒质（如铁氧体、等离子体、晶体材料等）的无源网络。若某电路具有某种对称结构，即相对于某一对称面，从该电路的等效网络的不同端口看进去有完全相同的结构，则称该网络为对称网络，根据定义可知，对称网络也是互易网络，但互易网络不一定是对称网络。射频与微波网络如果具有无耗、互易甚至对称特性后，则可以得出许多有意义的结论。

2.1 阻抗参量与导纳参量

网络的阻抗参量和导纳参量可分为归一化与非归一化两种。

2.1.1 非归一化阻抗参量与导纳参量

n 端口线性网络的非归一化阻抗参量和导纳参量反映了网络参考面上电压与电流之间的关系，即

$$V = ZI \tag{2.1}$$

$$I = YV \tag{2.2}$$

各端口电压和电流的方向如图 2.1 所示。在式（2.1）和式（2.2）中，V 和 I 分别是非归一化的电压和电流列向量，即

$$V = \begin{bmatrix} V_1 & V_2 & \cdots & V_n \end{bmatrix}^{\mathrm{T}} \tag{2.3}$$

$$I = \begin{bmatrix} I_1 & I_2 & \cdots & I_n \end{bmatrix}^{\mathrm{T}} \tag{2.4}$$

其中，上标 T 表示转置。

Z 为非归一化阻抗矩阵，为 n 阶方阵：

$$Z = \begin{bmatrix} Z_{11} & Z_{12} & \cdots & Z_{1n} \\ Z_{21} & Z_{22} & \cdots & Z_{2n} \\ \vdots & \vdots & \ddots & \vdots \\ Z_{n1} & Z_{n2} & \cdots & Z_{nn} \end{bmatrix} \tag{2.5}$$

Y 为非归一化导纳矩阵：

$$Y = \begin{bmatrix} Y_{11} & Y_{12} & \cdots & Y_{1n} \\ Y_{21} & Y_{22} & \cdots & Y_{2n} \\ \vdots & \vdots & \ddots & \vdots \\ Y_{n1} & Y_{n2} & \cdots & Y_{nn} \end{bmatrix} \tag{2.6}$$

Z_{ii} 为除第 i 个端口外，其余各端口的电流都为零（端口开路）时第 i 个端口的电压与电流之比，即除第 i 个端口外，其余各端口开路时第 i 个端口的输入阻抗。Z_{ij} 为除第 j 个端口外，其余各端口均开路时第 i 个端口的电压与第 j 个端口的电流之比，即除第 j 个端口外，其余各端口开路时第 j 个端口到第 i 个端口的转移阻抗。

Y_{ii} 为除第 i 个端口外，其余各端口的电压都为零（端口短路）时第 i 个端口的电流与电压之比，即除第 i 个端口外，其余各端口短路时第 i 个端口的输入导纳。Y_{ij} 为除第 j 个端口外，其余各端口均短路时第 i 个端口的电流与第 j 个端口的电压之比，即除第 j 个端口外，其余各端口短路时第 j 个端口到第 i 个端口的转移导纳。

将式（2.2）代入式（2.1），可得

$$V = ZYV \tag{2.7}$$

可见，Z 与 Y 的积为单位阵 U，即

$$ZY = U \tag{2.8}$$

式（2.8）表明，阻抗矩阵与导纳矩阵互为逆矩阵。

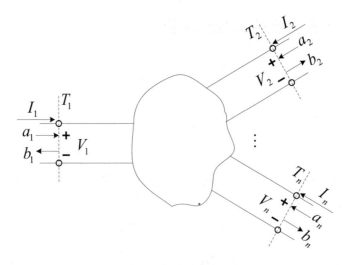

图 2.1 各端口电压和电流的方向

2.1.2 归一化阻抗参量与导纳参量

网络的归一化电压和电流通过归一化阻抗矩阵和导纳矩阵相联系的关系式如下：

$$v = zi \tag{2.9}$$

$$i = yv \tag{2.10}$$

其中，v 和 i 分别是归一化电压和电流的列向量；z 和 y 是 n 阶方阵，且有

$$z = \begin{bmatrix} z_{11} & z_{12} & \cdots & z_{1n} \\ z_{21} & z_{22} & \cdots & z_{2n} \\ \vdots & \vdots & \ddots & \vdots \\ z_{n1} & z_{n2} & \cdots & z_{nn} \end{bmatrix} \tag{2.11}$$

$$y = \begin{bmatrix} y_{11} & y_{12} & \cdots & y_{1n} \\ y_{21} & y_{22} & \cdots & y_{2n} \\ \vdots & \vdots & \ddots & \vdots \\ y_{n1} & y_{n2} & \cdots & y_{nn} \end{bmatrix} \tag{2.12}$$

下面推导归一化阻抗/导纳矩阵与非归一化阻抗/导纳矩阵之间的关系。设网络端口外接传输线的特性阻抗依次为 $Z_{01}, Z_{02}, \cdots, Z_{0i}, \cdots, Z_{0n}$，则第 i 个端口处的归一化电压、电流与非归一化电压、电流之间的关系为

$$v_i = \frac{V_i}{\sqrt{Z_{0i}}}, \quad i_i = I_i \sqrt{Z_{0i}} \tag{2.13}$$

由此可知，在 n 端口网络中，各端口上的归一化电压、电流与非归一化电压、电流之间的关系为

$$v = \left[\left(\sqrt{Z_0} \right)^{-1} \right] V \tag{2.14}$$

$$i = \left[\left(\sqrt{Z_0} \right) \right] I \tag{2.15}$$

其中，$\left[\left(\sqrt{Z_0} \right)^{-1} \right]$ 和 $\left[\left(\sqrt{Z_0} \right) \right]$ 均为对角阵，分别为

$$\left[\left(\sqrt{Z_0} \right)^{-1} \right] = \begin{bmatrix} \left(\sqrt{Z_{01}} \right)^{-1} & 0 & \cdots & 0 \\ 0 & \left(\sqrt{Z_{02}} \right)^{-1} & & \vdots \\ \vdots & & \ddots & \\ 0 & & \cdots & \left(\sqrt{Z_{0n}} \right)^{-1} \end{bmatrix} \tag{2.16}$$

$$\left[\left(\sqrt{Z_0} \right) \right] = \begin{bmatrix} \sqrt{Z_{01}} & 0 & \cdots & 0 \\ 0 & \sqrt{Z_{02}} & & \vdots \\ \vdots & & \ddots & \\ 0 & & \cdots & \sqrt{Z_{0n}} \end{bmatrix} \tag{2.17}$$

将式（2.1）代入式（2.14），得

$$v = \left[\left(\sqrt{Z_0}\right)^{-1}\right] ZI \tag{2.18}$$

由式（2.15）可知，$I = \left[\left(\sqrt{Z_0}\right)^{-1}\right] i$，且 $\left[\left(\sqrt{Z_0}\right)^{-1}\right] = \left[\left(\sqrt{Z_0}\right)\right]^{-1}$，因此，式（2.18）可写为

$$v = \left[\left(\sqrt{Z_0}\right)^{-1}\right] Z \left[\left(\sqrt{Z_0}\right)^{-1}\right] i \tag{2.19}$$

由此可得归一化阻抗矩阵与非归一化阻抗矩阵之间的关系为

$$z = \left[\left(\sqrt{Z_0}\right)^{-1}\right] Z \left[\left(\sqrt{Z_0}\right)^{-1}\right] \tag{2.20}$$

将具体元素代入矩阵，可得如下关系式：

$$z_{ij} = \frac{Z_{ij}}{\sqrt{Z_{0i} Z_{0j}}} \tag{2.21}$$

当 $i=j$ 时，有

$$z_{ii} = \frac{Z_{ii}}{Z_{0i}} \tag{2.22}$$

对于导纳矩阵，可用类似方法导出类似的结果。这里直接给出结论，即归一化导纳矩阵与非归一化导纳矩阵之间的关系为

$$y = \left[\left(\sqrt{Y_0}\right)^{-1}\right] Y \left[\left(\sqrt{Y_0}\right)^{-1}\right] \tag{2.23}$$

其中，$\left[\left(\sqrt{Y_0}\right)^{-1}\right]$ 是 n 阶对角阵，主对角线各元素为 $\left(\sqrt{Y_{0i}}\right)^{-1}$，$Y_{0i}$ 表示第 i 个端口外接传输线的特性导纳。同样，将具体元素代入矩阵，可得

$$y_{ij} = \frac{Y_{ij}}{\sqrt{Y_{0i} Y_{0j}}} \tag{2.24}$$

$$y_{ii} = \frac{Y_{ii}}{Y_{0i}} \tag{2.25}$$

2.1.3　阻抗矩阵与导纳矩阵的性质

（1）互易网络的阻抗矩阵与导纳矩阵。

对于无源互易网络，由网络的互易定理可以推得如下结论：

$$\boldsymbol{Z}^{\mathrm{T}} = \boldsymbol{Z} \tag{2.26}$$

其中，$\boldsymbol{Z}^{\mathrm{T}}$ 表示 $\boldsymbol{Z}$ 的转置。这就是互易网络的阻抗矩阵的性质。对于其中的非对角线元素，有

$$Z_{ij} = Z_{ji} \tag{2.27}$$

与此类似，对于互易网络的导纳矩阵，有

$$Y^{\mathrm{T}} = Y \tag{2.28}$$

$$Y_{ij} = Y_{ji} \tag{2.29}$$

如果网络不但互易，而且完全对称，则网络的阻抗与导纳参量满足以下关系：

$$Z_{ij} = Z_{ji}, \quad Z_{ii} = Z_{jj} \\ Y_{ij} = Y_{ji}, \quad Y_{ii} = Y_{jj} \tag{2.30}$$

（2）无耗网络的阻抗与导纳矩阵。

根据射频与微波网络的坡印廷定理，若网络无耗，即网络的平均损耗功率等于零，则可推得如下结论：

$$Z = -Z^{\mathrm{H}} \tag{2.31}$$

其中，H 表示共轭转置，即 Z^{H} 为 Z 的共轭转置矩阵。式（2.31）表明，无耗网络的阻抗矩阵为反厄米特矩阵。类似地，无耗网络的导纳矩阵满足以下关系：

$$Y = -Y^{\mathrm{H}} \tag{2.32}$$

同样，无耗网络的导纳矩阵也为反厄米特矩阵。

如果一个网络既无耗又互易，那么其阻抗矩阵和导纳矩阵的特性可结合上述两种网络获得，即

$$Z = -Z^{*} \tag{2.33}$$

$$Y = -Y^{*} \tag{2.34}$$

其中，*表示共轭，说明无耗互易网络的阻抗矩阵和导纳矩阵的各个元素均为纯虚数，即无耗互易网络可以等效为由纯电抗（或纯电纳）元器件组成的电路。

根据归一化阻抗/导纳矩阵与非归一化阻抗/导纳矩阵之间的关系，很容易证明无耗网络的归一化阻抗矩阵和导纳矩阵分别满足下述关系式：

$$z = -z^{\mathrm{H}} \tag{2.35}$$

$$y = -y^{\mathrm{H}} \tag{2.36}$$

同样，无耗互易网络的归一化阻抗矩阵与导纳矩阵满足以下关系式：

$$z = -z^{*} \tag{2.37}$$

$$y = -y^{*} \tag{2.38}$$

例 2.1　求如图 2.2 所示的 T 型二端口网络的阻抗参量。

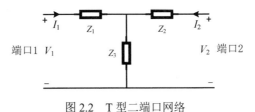

图 2.2　T 型二端口网络

解： 根据式（2.1），将其展开为方程组，可知 Z_{11} 为端口 2 开路时端口 1 的输入阻抗，即

$$Z_{11} = \frac{V_1}{I_1}\bigg|_{I_2=0} = Z_1 + Z_3$$

当将电流 I_2 加到端口 2 上时，通过测量端口 1 上的开路电压，可求出转移阻抗 Z_{12}。利用阻抗分压可得

$$Z_{12} = \frac{V_1}{I_2}\bigg|_{I_1=0} = \frac{V_2}{I_2}\frac{Z_3}{Z_2 + Z_3} = Z_3$$

显然，由于电路互易，故 $Z_{21}=Z_{12}=Z_3$。同样，可以求得

$$Z_{22} = \frac{V_2}{I_2}\bigg|_{I_1=0} = Z_2 + Z_3$$

若图 2.2 中的 $Z_1=Z_2$，则该网络对称。

2.2　散射参量

2.2.1　散射矩阵及其性质

在射频与微波工程中，散射参量具有非常重要的作用，也是应用最广泛的参量之一。这是因为，该参量处理的是端口上入射波与反射波之间的关系。对于如图 2.1 所示的线性网络，反射波与入射波之间的关系可用线性方程组表示：

$$\begin{cases} b_1 = S_{11}a_1 + S_{12}a_2 + \cdots + S_{1n}a_n \\ b_2 = S_{21}a_1 + S_{22}a_2 + \cdots + S_{2n}a_n \\ \qquad\qquad\qquad\vdots \\ b_n = S_{n1}a_1 + S_{n2}a_2 + \cdots + S_{nn}a_n \end{cases} \tag{2.39}$$

其中，a_i、b_i、S_{ij} 等都是复数，$i, j=1, 2, \cdots, n$。a_i 是第 i 个端口的入射波，即 $a_i = V_i^+ / \sqrt{Z_{0i}}$，$V_i^+$ 表示第 i 个端口的入射电压，Z_{0i} 表示第 i 个端口的特性阻抗。b_i 是第 i 个端口的反射波，$b_i = V_i^- / \sqrt{Z_{0i}}$，$V_i^-$ 表示第 i 个端口的反射电压。a_i 和 b_i 都是相对于某一截面而言的，此截面称为第 i 个端口的参考面或端面。将式（2.39）写成矩阵形式，即

$$\boldsymbol{b} = \boldsymbol{S}\boldsymbol{a} \tag{2.40}$$

其中，$\boldsymbol{a}$ 和 $\boldsymbol{b}$ 是列向量，$\boldsymbol{a} = \begin{bmatrix} a_1 & a_2 & \cdots & a_n \end{bmatrix}^{\mathrm{T}}$，$\boldsymbol{b} = \begin{bmatrix} b_1 & b_2 & \cdots & b_n \end{bmatrix}^{\mathrm{T}}$；$\boldsymbol{S}$ 是 n 阶方阵，称为散射矩阵，表示为

$$\boldsymbol{S} = \begin{bmatrix} S_{11} & S_{12} & \cdots & S_{1n} \\ S_{21} & S_{22} & \cdots & S_{2n} \\ \vdots & \vdots & \ddots & \vdots \\ S_{n1} & S_{n2} & \cdots & S_{nn} \end{bmatrix} \tag{2.41}$$

S 中的各个元素叫作散射参量。下面说明散射参量 S_{ii} 和 S_{ij}（$i \neq j$）的物理意义。由式（2.39）可知

$$S_{ii} = \frac{b_i}{a_i}\bigg|_{a_k=0, k \neq i} \tag{2.42}$$

其中，S_{ii} 是 i 端口满足下述条件时的反射系数，即除第 i 个端口外，其余各端口的入射波均为 0，换言之，除第 i 个端口外，其余各端口均外接匹配负载且无信号源，因此，S_{ii} 代表了网络本身的第 i 个端口的反射系数。同样，由式（2.39）可知

$$S_{ij} = \frac{b_i}{a_j}\bigg|_{a_k=0, k \neq j} \tag{2.43}$$

其中，S_{ij} 是除第 j 个端口外，其余各端口入射波为 0 时第 i 个端口的反射波与第 j 个端口的入射波之比，又称为第 j 个端口到第 i 个端口的传输系数。

需要注意的是，此处端口外接匹配负载是指外接负载阻抗与端口的特性阻抗相等，实际上就是负载阻抗要等于端口外接传输线的特性阻抗，而并不要求负载阻抗与端口的输入阻抗相等。如果要求负载阻抗等于端口的输入阻抗，则既不现实又没必要。因为在测量散射参量时，我们无法预知网络每个端口的输入阻抗，且端口的输入阻抗会随着网络其他端口外接负载的变化而变化；而采用与端口外接传输线特性阻抗相匹配的定义方法不但使实际测量变得很方便，而且标准统一（射频与微波系统中通常都采用特性阻抗为 50Ω 的传输线）。可能有的读者会有疑问，按照上述方法连接就不能保证网络端口与外接负载匹配，在网络端口处不就会有反射吗？其实，网络端口处有反射并不要紧，这些反射最终会在网络的散射参量中得到反映，即散射参量包含这些反射的影响。

1. 互易网络的散射矩阵

假定网络有 n 个端口，所有端口的特性阻抗均为 Z_0，则第 i 个端口处的归一化电压和电流为

$$v_i = \frac{V_i}{\sqrt{Z_0}} = \frac{V_i^+}{\sqrt{Z_0}} + \frac{V_i^-}{\sqrt{Z_0}} = a_i + b_i \tag{2.44}$$

$$i_i = I_i \sqrt{Z_0} = I_i^+ \sqrt{Z_0} - I_i^- \sqrt{Z_0} = \frac{V_i^+}{\sqrt{Z_0}} - \frac{V_i^-}{\sqrt{Z_0}} = a_i - b_i \tag{2.45}$$

其中，I_i^+ 和 I_i^- 分别是第 i 个端口的入射电流和反射电流。将式（2.44）和式（2.45）相加，得

$$a_i = \frac{1}{2}(v_i + i_i) \tag{2.46}$$

写成矩阵形式为

$$\boldsymbol{a} = \frac{1}{2}(\boldsymbol{z}\boldsymbol{i} + \boldsymbol{i}) = \frac{1}{2}(\boldsymbol{z} + \boldsymbol{U})\boldsymbol{i} \tag{2.47}$$

将式（2.44）和式（2.45）相减，得

$$b_i = \frac{1}{2}(v_i - i_i) \tag{2.48}$$

写成矩阵形式为

$$b = \frac{1}{2}(zi - i) = \frac{1}{2}(z - U)i \tag{2.49}$$

联合式（2.47）和式（2.49）消去 i，得

$$b = (z - U)(z + U)^{-1}a \tag{2.50}$$

故有

$$S = (z - U)(z + U)^{-1} \tag{2.51}$$

将式（2.51）中的矩阵转置，可得

$$S^{\mathrm{T}} = \left\{ (z + U)^{-1} \right\}^{\mathrm{T}} (z - U)^{\mathrm{T}} \tag{2.52}$$

由于 U 为单位阵，所以 $U^{\mathrm{T}} = U$，若该网络互易，则 $z^{\mathrm{T}} = z$，式（2.52）可化简为

$$S^{\mathrm{T}} = (z + U)^{-1}(z - U) \tag{2.53}$$

另外，根据归一化阻抗矩阵 z 的定义式（2.9）和式（2.44）、式（2.45），可得

$$zi = z(a - b) = v = a + b \tag{2.54}$$

整理得

$$(z + U)b = (z - U)a \tag{2.55}$$

即

$$S = (z + U)^{-1}(z - U) \tag{2.56}$$

比较式（2.53）和式（2.56），可知

$$S = S^{\mathrm{T}} \tag{2.57}$$

式（2.57）表明，互易网络的散射矩阵等于自身的转置。互易网络的散射矩阵的非对角线元素满足以下关系：

$$S_{ij} = S_{ji} \tag{2.58}$$

可见，此时散射矩阵中的独立参量个数为 $(n^2 + n)/2$，而不再是 n^2。如果网络不但互易，而且全对称，则有

$$S_{ij} = S_{ji}, \quad S_{ii} = S_{jj} \tag{2.59}$$

此时 n 端口网络的散射矩阵中的独立参量个数进一步减少为 $(n^2 - n + 2)/2$。

2. 无耗网络的散射矩阵

由射频与微波网络的坡印廷定理并结合网络无耗的特性可得

$$\mathrm{Re} \sum_{i=1}^{n} v_i i_i^* = 0 \tag{2.60}$$

其中，Re 表示取实部。将式（2.44）和式（2.45）代入式（2.60），即用入射波 a_i 和反射波 b_i 取代式（2.60）中的归一化电压 v_i 和电流 i_i，得

$$\text{Re} \sum_{i=1}^{n} \left(a_i + b_i \right) \left(a_i^* - b_i^* \right) = 0 \tag{2.61}$$

将式（2.61）展开，并注意 $b_i a_i^* - a_i b_i^*$ 为纯虚数。式（2.61）的实部为

$$\sum_{i=1}^{n} \left(a_i a_i^* - b_i b_i^* \right) = 0 \tag{2.62}$$

写成矩阵形式，即

$$\boldsymbol{a}^{\mathrm{T}} \boldsymbol{a}^* - \boldsymbol{b}^{\mathrm{T}} \boldsymbol{b}^* = 0 \tag{2.63}$$

两边取共轭，得

$$\boldsymbol{a}^{\mathrm{H}} \boldsymbol{a} - \boldsymbol{b}^{\mathrm{H}} \boldsymbol{b} = 0 \tag{2.64}$$

其中，$\boldsymbol{a}^{\mathrm{H}}$ 和 $\boldsymbol{b}^{\mathrm{H}}$ 分别为 $\boldsymbol{a}$ 和 $\boldsymbol{b}$ 的共轭转置矩阵。将式（2.40）代入式（2.64），得

$$\boldsymbol{a}^{\mathrm{H}} \boldsymbol{a} - \boldsymbol{a}^{\mathrm{H}} \boldsymbol{S}^{\mathrm{H}} \boldsymbol{S} \boldsymbol{a} = 0 \tag{2.65}$$

整理得

$$\boldsymbol{a}^{\mathrm{H}} \left(\boldsymbol{U} - \boldsymbol{S}^{\mathrm{H}} \boldsymbol{S} \right) \boldsymbol{a} = 0 \tag{2.66}$$

其中，$\boldsymbol{S}^{\mathrm{H}}$ 为 $\boldsymbol{S}$ 的共轭转置矩阵。由于 $\boldsymbol{a}$ 的取值任意，故有

$$\boldsymbol{S}^{\mathrm{H}} \boldsymbol{S} = \boldsymbol{U} \tag{2.67}$$

式（2.67）表明，无耗射频与微波网络的散射矩阵的共轭转置矩阵和相应的散射矩阵互为逆矩阵。式（2.67）称为酉条件，故可以说无耗射频与微波网络的散射矩阵满足酉条件。满足酉条件的矩阵称为酉矩阵，又称为幺正矩阵，这是无耗射频与微波网络的散射矩阵的一条重要性质。需要注意的是，式（2.67）还有其他等价的表达式，读者可自行根据矩阵的性质得到，此处不再赘述。

将式（2.67）展开，可写成累加形式[4]：

$$\sum_{k=1}^{n} S_{ki} S_{kj}^* = \delta_{ij} = \begin{cases} 1 & i = j \\ 0 & i \neq j \end{cases} \tag{2.68}$$

其中，δ_{ij} 是克罗内克符号，当 $i=j$ 时，$\delta_{ij}=1$；当 $i \neq j$ 时，$\delta_{ij}=0$。式（2.68）说明，$\boldsymbol{S}$ 的任一列与此列的共轭点乘等于 1，而任一列与不同列的共轭点乘为 0（正交）。

如果网络也互易，则式（2.67）退化为

$$\boldsymbol{S}^* \boldsymbol{S} = \boldsymbol{U} \tag{2.69}$$

例 2.2　图 2.3 是一个 3dB 衰减器电路（端口特性阻抗为 50Ω），试求其散射参量。

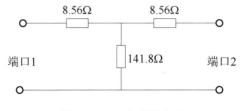

图 2.3　3dB 衰减器电路

解： 由式（2.42）可知，当端口 2 接 50Ω 匹配负载时，从端口 1 向网络看进去的反射系数为 S_{11}：

$$S_{11} = \frac{b_1}{a_1}\bigg|_{a_2=0} = \Gamma_1\big|_{a_2=0} = \frac{Z_{1\text{in}} - Z_0}{Z_{1\text{in}} + Z_0}\bigg|_{\text{端口2接50}\Omega\text{负载}}$$

其中，$Z_{1\text{in}} = 8.56\Omega + \left[141.8 \| (8.56+50)\right]\Omega = 50\Omega$，为端口 1 的输入阻抗，"$\|$"表示并联，显然有 $S_{11} = 0$；由于电路对称，故 $S_{22} = 0$。

根据式（2.43），当端口 2 接匹配负载时，端口 1 的入射波为 a_1，端口 2 的反射波为 b_2，此时可求出 S_{21}：

$$S_{21} = \frac{b_2}{a_1}\bigg|_{a_2=0}$$

由于 $S_{11} = S_{22} = 0$，所以当端口 2 接 50Ω 负载时，有 $V_1^- = 0$、$V_2^+ = 0$，即 $V_1^+ = V_1$、$V_2^- = V_2$。此时若在端口 1 上施加电压 V_1，则端口 2 上的反射电压等于端口 2 上的电压，根据分压公式可求得

$$V_2^- = V_2 = V_1 \frac{141.8 \| (8.56+50)}{8.56 + \left[141.8 \| (8.56+50)\right]} \frac{50}{50+8.56} \approx 0.707 V_1$$

考虑到两个端口的特性阻抗均为 50Ω，故有

$$S_{21} = \frac{b_2}{a_1}\bigg|_{a_2=0} = \frac{V_2^-/\sqrt{50}}{V_1^+/\sqrt{50}}\bigg|_{a_2=0} = \frac{V_2^-}{V_1^+}\bigg|_{a_2=0} = 0.707$$

由于电路互易，所以 $S_{12} = S_{21} = 0.707$。下面考察此时的功率关系，端口 1 的入射功率为

$$P_{1\text{in}} = \frac{1}{2}\frac{\left|V_1^+\right|^2}{Z_0} = \frac{1}{2}|a_1|^2$$

端口 2 的输出功率为

$$P_{2\text{out}} = \frac{1}{2}\frac{\left|V_2^-\right|^2}{Z_0} = \frac{1}{2}|b_2|^2 = \frac{1}{2}\frac{\left|S_{21}V_1^+\right|^2}{Z_0} = \frac{1}{4}\frac{\left|V_1^+\right|^2}{Z_0} = \frac{1}{2}P_{1\text{in}}$$

可见，端口 2 的输出功率是端口 1 的输入功率的一半（-3dB），这就是 3dB 衰减器名称的由来。

3. 网络参考面移动对散射矩阵的影响

设有一个 n 端口网络，网络的散射矩阵为 $\boldsymbol{S}$，其参考面分别在 $T_1, T_2, \cdots, T_n$ 处，现将参考面从 $T_1, T_2, \cdots, T_n$ 处分别移动到 $T_1', T_2', \cdots, T_n'$ 处，参考面移动后的散射矩阵记作 $\boldsymbol{S}'$。下面推导 $\boldsymbol{S}'$ 和 $\boldsymbol{S}$ 之间的关系。

图 2.4 是一个参考面发生移动的 n 端口网络。假设参考面 T_i' 比 T_i 更加远离网络，参考面 T_i' 与 T_i 之间的传输线对应的电长度为 θ_i，则由图 2.4 可得

$$a_i = a_i' \text{e}^{-\text{j}\theta_i} \tag{2.70}$$

$$b_i' = b_i \text{e}^{-\text{j}\theta_i} \tag{2.71}$$

写成矩阵形式为

$$
\boldsymbol{a} = \begin{bmatrix} \mathrm{e}^{-\mathrm{j}\theta_1} & & & 0 \\ & \mathrm{e}^{-\mathrm{j}\theta_2} & & \\ & & \ddots & \\ 0 & & & \mathrm{e}^{-\mathrm{j}\theta_n} \end{bmatrix} \boldsymbol{a}' \tag{2.72}
$$

$$
\boldsymbol{b}' = \begin{bmatrix} \mathrm{e}^{-\mathrm{j}\theta_1} & & & 0 \\ & \mathrm{e}^{-\mathrm{j}\theta_2} & & \\ & & \ddots & \\ 0 & & & \mathrm{e}^{-\mathrm{j}\theta_n} \end{bmatrix} \boldsymbol{b} \tag{2.73}
$$

令

$$
\boldsymbol{p} = \begin{bmatrix} \mathrm{e}^{-\mathrm{j}\theta_1} & & & 0 \\ & \mathrm{e}^{-\mathrm{j}\theta_2} & & \\ & & \ddots & \\ 0 & & & \mathrm{e}^{-\mathrm{j}\theta_n} \end{bmatrix}
$$

由式（2.40）、式（2.72）及式（2.73）可得

$$
\boldsymbol{b}' = \boldsymbol{p}\boldsymbol{S}\boldsymbol{a} = \boldsymbol{p}\boldsymbol{S}\boldsymbol{p}\boldsymbol{a}' = \boldsymbol{S}'\boldsymbol{a}' \tag{2.74}
$$

因此，参考面移动后的散射矩阵为

$$
\boldsymbol{S}' = \boldsymbol{p}\boldsymbol{S}\boldsymbol{p} \tag{2.75}
$$

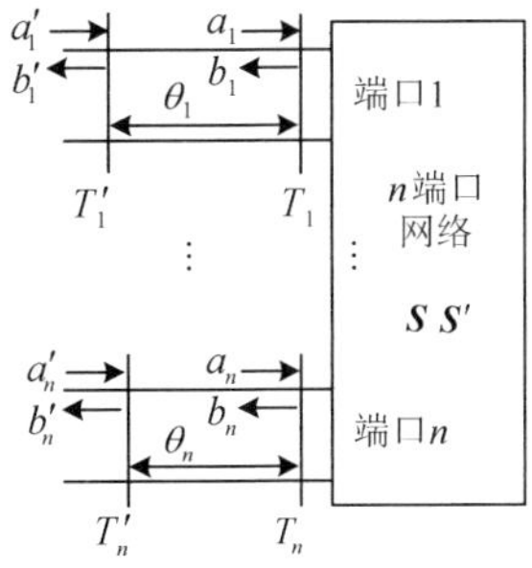

图 2.4　参考面发生移动的 n 端口网络

$\boldsymbol{S}'$ 中各元素与 $\boldsymbol{S}$ 中各元素间的关系为

$$
S_{ii}^{'} = S_{ii}\mathrm{e}^{-\mathrm{j}2\theta_i} \tag{2.76}
$$

$$
S_{ij}^{'} = S_{ij}\mathrm{e}^{-\mathrm{j}\left(\theta_i + \theta_j\right)} \tag{2.77}
$$

需要注意的是，在此推导过程中，网络参考面向网络外侧移动，电长度 θ_i 为正。如果网络参考面向网络内侧移动，则电长度 θ_i 为负。当网络仅有一个端口时，根据散射参量的定义可知，S_{11} 就是反射系数 $\varGamma_1$，而 $S_{11}^{'}$ 就是 $\varGamma_1^{'}$，且

$$
\varGamma_1^{'} = \varGamma_1\mathrm{e}^{-\mathrm{j}2\theta} \tag{2.78}
$$

这与由传输线理论所得结果一致。

另外，还需要指出的是，当涉及网络参考面移动时，一般都是用散射参量，这是因为散射参量建立的是入射波和反射波之间的关系，如果参考面发生移动，那么入射波和反射波间的变化关系清晰而易于处理。对于基于端口处电压和电流关系定义的阻抗参量或导纳参量等，参考面移动带来的端口处电压和电流的变化关系复杂而不易处理。

2.2.2　散射矩阵与阻抗矩阵及导纳矩阵的关系

事实上，根据式（2.54）～式（2.56），已经得到散射矩阵与归一化阻抗矩阵的关系，式（2.56）即其关系式。根据矩阵运算规则，可推得

$$z = (U + S)(U - S)^{-1} \tag{2.79}$$

式（2.56）和式（2.79）就是散射矩阵与归一化阻抗矩阵的关系。

注意到下述恒等式：

$$(U + S)(U - S) = (U - S)(U + S) \tag{2.80}$$

$$(z + U)(z - U) = (z - U)(z + U) \tag{2.81}$$

可证明归一化阻抗矩阵与散射矩阵之间的关系还可写成以下形式：

$$S = (z - U)(z + U)^{-1} \tag{2.82}$$

$$z = (U - S)^{-1}(U + S) \tag{2.83}$$

式（2.82）与式（2.51）完全一样，与式（2.56）都可用作由散射矩阵获得归一化阻抗矩阵的计算公式；式（2.79）与式（2.83）均可用作由归一化阻抗矩阵计算散射矩阵的公式。

采用类似的方法，可导出散射矩阵与归一化导纳矩阵的关系：

$$y = (U - S)(U + S)^{-1} \tag{2.84}$$

$$S = (U + y)^{-1}(U - y) \tag{2.85}$$

当然，式（2.84）也可以通过对式（2.79）两边取逆得到。

阻抗矩阵和导纳矩阵不一定总是存在，但散射矩阵一定存在。当 $(U - S)$ 的逆不存在时，网络的归一化阻抗矩阵不存在；当 $(U + S)$ 的逆不存在时，网络的归一化导纳矩阵不存在。

2.3　功率波与广义散射参量

前述散射参量是根据端口上的归一化入射波和反射波间的关系定义的。这种定义基于端口传输线中存在的可测量传输波，且归一化时所用阻抗也为传输线的特性阻抗。在射频与微波

工程中，如此定义的散射参量具有广泛的应用。不过在有些情况下，按照这样定义的散射参量使用起来比较麻烦，而使用一种新的散射参量定义则给问题的求解带来便利，这种新的散射参量就是基于功率波定义的广义散射参量[5,6]。

对于如图 2.5（a）所示的单端口网络，由于没有传输线，特性阻抗也没有定义，因此，若采用入射波和反射波定义散射参量，则需要假设端口处连接有长度为 0、特性阻抗为 Z_0 的传输线。然而，在利用这些散射参量处理涉及功率增益问题时会比较烦琐，因此通常会引入功率波的概念，分别用 a_p 和 b_p 表示入射功率波和反射功率波。以后若无特别说明，则有关功率波的参量都用下标 p 表示；而 a_p 和 b_p 则仿照前述入射波与反射波的形式定义。

根据式（2.44）和式（2.45）可知，第 i 个端口处的入射波和反射波与该端口处的电压、电流及端口特性阻抗的关系为

$$a_i = \frac{1}{2\sqrt{Z_0}}\left(V_i + Z_0 I_i\right) \tag{2.86}$$

$$b_i = \frac{1}{2\sqrt{Z_0}}\left(V_i - Z_0 I_i\right) \tag{2.87}$$

由于图 2.5 中无传输线，故式（2.87）中的 Z_0 不存在，但可将式（2.86）与式（2.87）修改为

$$a_p = \frac{1}{2\sqrt{\mathrm{Re}(Z_s)}}\left(V + Z_s I\right) \tag{2.88}$$

$$b_p = \frac{1}{2\sqrt{\mathrm{Re}(Z_s)}}\left(V - Z_s^* I\right) \tag{2.89}$$

其中，Z_s 为信号源的内阻，图 2.5（b）即单端口网络的功率波表示。如此定义的 a_p 和 b_p 有何意义呢？

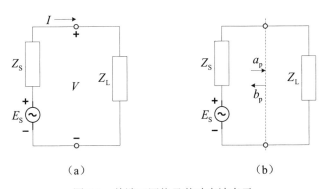

图 2.5　单端口网络及其功率波表示

在图 2.5（a）中，V 和 I 的关系为

$$V = E_s - Z_s I \tag{2.90}$$

将式（2.90）代入式（2.88），得

$$a_p = \frac{1}{2\sqrt{\mathrm{Re}(Z_S)}}\left(E_S - Z_S I + Z_S I\right) = \frac{E_S}{2\sqrt{\mathrm{Re}(Z_S)}} \tag{2.91}$$

则

$$\frac{1}{2}\left|a_p\right|^2 = \frac{\left|E_S\right|^2}{8\,\mathrm{Re}(Z_S)} \tag{2.92}$$

式（2.92）表明，$\left|a_p\right|^2\big/2$ 为信号源可以提供的最大功率，即信号源的资用功率，用 P_{AVS} 表示。根据电路知识，负载从信号源获得的功率为

$$P_L = \frac{1}{2}\left|I\right|^2 \mathrm{Re}(Z_L) = \frac{1}{2}\left|\frac{E_S}{Z_S + Z_L}\right|^2 \mathrm{Re}(Z_L) \tag{2.93}$$

当负载 $Z_L = Z_S^*$ 时，负载获得的功率达到最大值，为

$$P_{L\max} = \frac{1}{2}\left|\frac{E_S}{Z_S + Z_S^*}\right|^2 \mathrm{Re}(Z_S) = \frac{\left|E_S\right|^2}{8\,\mathrm{Re}(Z_S)} \tag{2.94}$$

与式（2.92）相同。

由式（2.92）可见，$\left|a_p\right|^2\big/2$ 表示信号源的资用功率，也是对负载的入射功率。与此对应，$\left|b_p\right|^2\big/2$ 表示负载的反射功率，由式（2.88）和式（2.89）可得

$$\frac{1}{2}\left|a_p\right|^2 - \frac{1}{2}\left|b_p\right|^2 = \frac{(V + Z_S I)(V + Z_S I)^* - (V - Z_S^* I)(V - Z_S^* I)^*}{8\,\mathrm{Re}(Z_S)} = \frac{1}{2}\mathrm{Re}(V^* I) = P_L \tag{2.95}$$

可见，$\left|a_p\right|^2\big/2 - \left|b_p\right|^2\big/2$ 表示负载 Z_L 吸收的功率。

将 $Z_L = Z_S^*$ 代入式（2.89），得

$$b_p = \frac{1}{2\sqrt{\mathrm{Re}(Z_S)}}I\left(Z_S^* - Z_S^*\right) = 0 \tag{2.96}$$

当 $b_p = 0$ 时，表示功率波无反射。对于如此定义的功率波，信号有无反射的判别标准为负载是否与信号源内阻共轭匹配，这与判断传输线上是否存在反射波有所区别。信号源对负载的入射功率波 a_p 与信号源的资用功率相关，即 $\left|a_p\right|^2\big/2 = P_{AVS}$。如果负载与信号源内阻共轭匹配，则无反射；若失配，则 $b_p \neq 0$，反射功率等于信号源的资用功率减去负载的吸收功率，即 $\left|b_p\right|^2\big/2 = \left|a_p\right|^2\big/2 - P_L = P_{AVS} - P_L$。

同样，也可以定义功率波反射系数（或称广义反射系数）Γ_p：

$$\Gamma_p = \frac{b_p}{a_p} = \frac{V - Z_S^* I}{V + Z_S I} = \frac{\dfrac{V}{I} - Z_S^*}{\dfrac{V}{I} + Z_S} = \frac{Z_L - Z_S^*}{Z_L + Z_S} \tag{2.97}$$

将式（2.97）代入式（2.95），得

$$P_{\mathrm{L}} = \frac{\left|a_{\mathrm{p}}\right|^2 - \left|b_{\mathrm{p}}\right|^2}{2} = \frac{1}{2}\left|a_{\mathrm{p}}\right|^2\left(1 - \left|\varGamma_{\mathrm{p}}\right|^2\right) = P_{\mathrm{AVS}}\left(1 - \left|\varGamma_{\mathrm{p}}\right|^2\right) \tag{2.98}$$

由式（2.88）和式（2.89）求解 V 与 I，可得

$$V = \frac{1}{\sqrt{\mathrm{Re}(Z_{\mathrm{S}})}}\left(a_{\mathrm{p}}Z_{\mathrm{S}}^* + b_{\mathrm{p}}Z_{\mathrm{S}}\right) \tag{2.99}$$

$$I = \frac{1}{\sqrt{\mathrm{Re}(Z_{\mathrm{S}})}}\left(a_{\mathrm{p}} - b_{\mathrm{p}}\right) \tag{2.100}$$

与传输波中传输线上归一化电压/电流等于入射波与反射波之和/差不同 [参见式（2.44）、式（2.45）]，此处的电压与电流已不再是功率波的加减关系。

还可以根据式（2.99）和式（2.100）定义入射与反射电压、电流，分别用 V_{p}^+、V_{p}^-、I_{p}^+、I_{p}^- 表示，令

$$V_{\mathrm{p}}^+ = \frac{Z_{\mathrm{S}}^*}{\sqrt{\mathrm{Re}(Z_{\mathrm{S}})}}a_{\mathrm{p}} \tag{2.101}$$

$$V_{\mathrm{p}}^- = \frac{Z_{\mathrm{S}}}{\sqrt{\mathrm{Re}(Z_{\mathrm{S}})}}b_{\mathrm{p}} \tag{2.102}$$

$$I_{\mathrm{p}}^+ = \frac{a_{\mathrm{p}}}{\sqrt{\mathrm{Re}(Z_{\mathrm{S}})}} = \frac{V_{\mathrm{p}}^+}{Z_{\mathrm{S}}^*} \tag{2.103}$$

$$I_{\mathrm{p}}^- = \frac{b_{\mathrm{p}}}{\sqrt{\mathrm{Re}(Z_{\mathrm{S}})}} = \frac{V_{\mathrm{p}}^-}{Z_{\mathrm{S}}} \tag{2.104}$$

则

$$V = \frac{1}{\sqrt{\mathrm{Re}(Z_{\mathrm{S}})}}\left(a_{\mathrm{p}}Z_{\mathrm{S}}^* + b_{\mathrm{p}}Z_{\mathrm{S}}\right) = V_{\mathrm{p}}^+ + V_{\mathrm{p}}^- \tag{2.105}$$

$$I = \frac{1}{\sqrt{\mathrm{Re}(Z_{\mathrm{S}})}}\left(a_{\mathrm{p}} - b_{\mathrm{p}}\right) = I_{\mathrm{p}}^+ - I_{\mathrm{p}}^- \tag{2.106}$$

根据式（2.101）与式（2.102）并结合式（2.97），可定义电压反射系数 $\varGamma_{\mathrm{V}}$：

$$\varGamma_{\mathrm{V}} = \frac{V_{\mathrm{p}}^-}{V_{\mathrm{p}}^+} = \frac{Z_{\mathrm{S}}b_{\mathrm{p}}}{Z_{\mathrm{S}}^*a_{\mathrm{p}}} = \frac{Z_{\mathrm{S}}}{Z_{\mathrm{S}}^*}\varGamma_{\mathrm{p}} = \frac{Z_{\mathrm{S}}}{Z_{\mathrm{S}}^*}\frac{Z_{\mathrm{L}} - Z_{\mathrm{S}}^*}{Z_{\mathrm{L}} + Z_{\mathrm{S}}} \tag{2.107}$$

同样，根据式（2.103）与式（2.104），可定义电流反射系数 $\varGamma_{\mathrm{I}}$：

$$\varGamma_{\mathrm{I}} = \frac{I_{\mathrm{p}}^-}{I_{\mathrm{p}}^+} = \frac{b_{\mathrm{p}}}{a_{\mathrm{p}}} = \varGamma_{\mathrm{p}} = \frac{Z_{\mathrm{L}} - Z_{\mathrm{S}}^*}{Z_{\mathrm{L}} + Z_{\mathrm{S}}} \tag{2.108}$$

功率波的引入还有另外一种方法：首先定义 V_{p}^+ 为负载与信号源内阻共轭匹配时负载上的

电压，而负载上的实际电压为 V，此时 V_p^- 为 $V-V_p^+$；然后用 V_p^+ 和 V_p^- 定义功率波 a_p 和 b_p，具体过程不再赘述。

2.4　二端口网络

2.4.1　ABCD 矩阵与 T 矩阵

在工程实践中，二端口网络比较简单也比较常见。前面讨论的阻抗矩阵、导纳矩阵和散射矩阵可以适用于任意端口网络，自然适用于二端口网络。这里还需要补充应用于二端口网络的 ABCD 矩阵和 T 矩阵，它们在处理网络级联时特别有用。

二端口网络的 ABCD 矩阵可用如图 2.6 所示的电压和电流定义为

$$\begin{bmatrix} V_1 \\ I_1 \end{bmatrix} = \begin{bmatrix} A & B \\ C & D \end{bmatrix} \begin{bmatrix} V_2 \\ -I_2 \end{bmatrix} \tag{2.109}$$

注意：此处定义中使用的是 $-I_2$ 而不是 I_2，这是因为当涉及 ABCD 矩阵时，采用流出端口 2 的方向来定义比较方便，这样，在级联网络中，前级网络端口的流出电流正好与后级网络流入端口的电流方向一致。ABCD 矩阵在国内常用 A 表示。

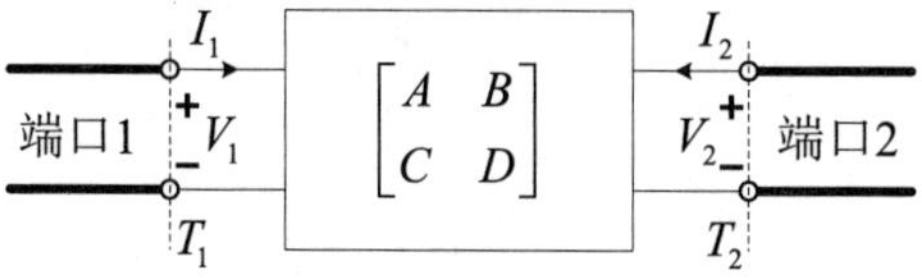

图 2.6　定义 ABCD 矩阵的二端口网络

同样，也可以定义归一化 ABCD 矩阵：

$$\begin{bmatrix} v_1 \\ i_1 \end{bmatrix} = \begin{bmatrix} \bar{a} & \bar{b} \\ \bar{c} & \bar{d} \end{bmatrix} \begin{bmatrix} v_2 \\ -i_2 \end{bmatrix} \tag{2.110}$$

归一化 ABCD 矩阵可用 $\bar{a}$ 表示。根据归一化电压、电流与非归一化电压、电流间的关系，可得归一化 ABCD 矩阵与非归一化 ABCD 矩阵对应参量之间的关系：$\bar{a} = A\sqrt{Z_{02}/Z_{01}}$，$\bar{b} = B/\sqrt{Z_{01}Z_{02}}$，$\bar{c} = C\sqrt{Z_{01}Z_{02}}$，$\bar{d} = D\sqrt{Z_{01}/Z_{02}}$，其中 Z_{01}、Z_{02} 分别为端口 1 和端口 2 的特性阻抗。

二端口网络的 T 矩阵根据如图 2.7 所示的入射波和反射波定义为

$$\begin{bmatrix} a_1 \\ b_1 \end{bmatrix} = \begin{bmatrix} T_{11} & T_{12} \\ T_{21} & T_{22} \end{bmatrix} \begin{bmatrix} b_2 \\ a_2 \end{bmatrix} \tag{2.111}$$

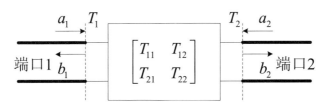

图 2.7 定义 T 矩阵的二端口网络

根据式（2.40）和式（2.110）可知，散射矩阵和 T 矩阵都是通过入射波与反射波定义的，这与阻抗矩阵、导纳矩阵、ABCD 矩阵通过端口上的电压和电流的定义不同。但由于端口上的电压和电流与入射波和反射波存在一定的关系［参见式（2.44）和式（2.45）］，因而这些参量矩阵可以相互转换。下面举例说明 S 参量与 T 参量，以及 T 参量与归一化 ABCD 参量是如何转换的。

将式（2.39）中的 n 取为 2，得

$$\begin{cases} b_1 = S_{11}a_1 + S_{12}a_2 \\ b_2 = S_{21}a_1 + S_{22}a_2 \end{cases} \tag{2.112}$$

将其改写为

$$\begin{cases} a_1 = \dfrac{1}{S_{21}}b_2 - \dfrac{S_{22}}{S_{21}}a_2 \\ b_1 = \dfrac{S_{11}}{S_{21}}b_2 + \left(S_{12} - \dfrac{S_{11}S_{22}}{S_{21}} \right)a_2 \end{cases} \tag{2.113}$$

从而得到用散射参量表示的 T 矩阵：

$$T = \frac{1}{S_{21}}\begin{bmatrix} 1 & -S_{22} \\ S_{11} & -|S| \end{bmatrix} \tag{2.114}$$

其中，$|S|$ 为散射矩阵的行列式，即

$$|S| = S_{11}S_{22} - S_{12}S_{21} \tag{2.115}$$

类似地，可求出用 T 参量表示的散射矩阵：

$$S = \frac{1}{T_{11}}\begin{bmatrix} T_{21} & |T| \\ 1 & -T_{12} \end{bmatrix} \tag{2.116}$$

其中，$|T|$ 为 T 矩阵的行列式，即

$$|T| = T_{11}T_{22} - T_{12}T_{21} \tag{2.117}$$

通过式（2.110）和式（2.111），可求得二端口 T 矩阵与归一化 ABCD 矩阵各参量之间的关系为

$$T = \frac{1}{2}\begin{bmatrix} (\bar{a}+\bar{b})+(\bar{c}+\bar{d}) & (\bar{a}-\bar{b})+(\bar{c}-\bar{d}) \\ (\bar{a}+\bar{b})-(\bar{c}+\bar{d}) & (\bar{a}-\bar{b})-(\bar{c}-\bar{d}) \end{bmatrix} \tag{2.118}$$

$$\bar{a} = \frac{1}{2}\begin{bmatrix} (T_{11}+T_{12})+(T_{21}+T_{22}) & (T_{11}-T_{12})+(T_{21}-T_{22}) \\ (T_{11}+T_{12})-(T_{21}+T_{22}) & (T_{11}-T_{12})-(T_{21}-T_{22}) \end{bmatrix} \tag{2.119}$$

若二端口网络具有无耗、互易或对称特性，则其 ABCD 矩阵和 T 矩阵具有怎样的性质呢？其实，只要根据无耗、互易或对称网络的特点，以及 ABCD 矩阵和 T 矩阵的定义，不难得到以下结论。

如果网络无耗，则有

$$\begin{cases} \bar{a}, \bar{d} \text{为实数}, \ \bar{b}, \bar{c} \text{为虚数} \\ T_{11}=T_{22}^*, \ \ T_{12}=T_{21}^* \end{cases} \tag{2.120}$$

如果网络互易，则有

$$\begin{cases} |\bar{a}| = ad - bc = 1 \\ |T| = T_{11}T_{22} - T_{12}T_{21} = 1 \end{cases} \tag{2.121}$$

如果网络不但互易而且对称，则有

$$\begin{cases} |\bar{a}| = ad - bc = 1, \ \ a = d \\ |T| = T_{11}T_{22} - T_{12}T_{21} = 1, \ \ T_{12} = -T_{21} \end{cases} \tag{2.122}$$

其中，$|a|$ 和 $|T|$ 分别表示相应矩阵的行列式。

n 端口网络的散射矩阵、归一化阻抗矩阵和归一化导纳矩阵之间的转换关系前已导出，只要令 $n=2$，即可获得二端口网络中三者之间的转换关系。仿照上面的方法，同样可以推出归一化 ABCD 矩阵 $\bar{a}$ 与 S、z 和 y 之间的关系，此处略去推导过程，仅列表给出以供使用时查阅，如表 2.1 所示。

表 2.1　二端口网络参量变换表

矩阵参量	用 S 表示	用 z 表示	用 y 表示	用 $\bar{a}$ 表示
S	$\begin{bmatrix} S_{11} & S_{12} \\ S_{21} & S_{22} \end{bmatrix}$	$S_{11}=\dfrac{\|z\|+z_{11}-z_{22}-1}{\|z\|+z_{11}+z_{22}+1}$ $S_{12}=\dfrac{2z_{12}}{\|z\|+z_{11}+z_{22}+1}$ $S_{21}=\dfrac{2z_{21}}{\|z\|+z_{11}+z_{22}+1}$ $S_{22}=\dfrac{\|z\|-z_{11}+z_{22}-1}{\|z\|+z_{11}+z_{22}+1}$	$S_{11}=-\dfrac{\|y\|+y_{11}-y_{22}-1}{\|y\|+y_{11}+y_{22}+1}$ $S_{12}=-\dfrac{2y_{12}}{\|y\|+y_{11}+y_{22}+1}$ $S_{21}=-\dfrac{2y_{21}}{\|y\|+y_{11}+y_{22}+1}$ $S_{22}=-\dfrac{\|y\|-y_{11}+y_{22}-1}{\|y\|+y_{11}+y_{22}+1}$	$S_{11}=\dfrac{\bar{a}+\bar{b}-\bar{c}-\bar{d}}{\bar{a}+\bar{b}+\bar{c}+\bar{d}}$ $S_{12}=\dfrac{2\|\bar{a}\|}{\bar{a}+\bar{b}+\bar{c}+\bar{d}}$ $S_{21}=\dfrac{2}{\bar{a}+\bar{b}+\bar{c}+\bar{d}}$ $S_{22}=\dfrac{-\bar{a}+\bar{b}-\bar{c}+\bar{d}}{\bar{a}+\bar{b}+\bar{c}+\bar{d}}$
z	$z_{11}=\dfrac{1+S_{11}-S_{22}-\|S\|}{1-S_{11}-S_{22}+\|S\|}$ $z_{12}=\dfrac{2S_{12}}{1-S_{11}-S_{22}+\|S\|}$ $z_{21}=\dfrac{2S_{21}}{1-S_{11}-S_{22}+\|S\|}$ $z_{22}=\dfrac{1-S_{11}+S_{22}-\|S\|}{1-S_{11}-S_{22}+\|S\|}$	$\begin{bmatrix} z_{11} & z_{12} \\ z_{21} & z_{22} \end{bmatrix}$	$\dfrac{1}{\|y\|}\begin{bmatrix} y_{22} & -y_{12} \\ -y_{21} & y_{11} \end{bmatrix}$	$\dfrac{1}{\bar{c}}\begin{bmatrix} \bar{a} & \|\bar{a}\| \\ 1 & \bar{d} \end{bmatrix}$

矩阵参量	用 S 表示	用 z 表示	用 y 表示	用 $\bar{a}$ 表示
y	$y_{11}=\dfrac{1-S_{11}+S_{22}-\lvert S\rvert}{1+S_{11}+S_{22}+\lvert S\rvert}$ $y_{12}=\dfrac{-2S_{12}}{1+S_{11}+S_{22}+\lvert S\rvert}$ $y_{21}=\dfrac{-2S_{21}}{1+S_{11}+S_{22}+\lvert S\rvert}$ $y_{22}=\dfrac{1+S_{11}-S_{22}-\lvert S\rvert}{1+S_{11}+S_{22}+\lvert S\rvert}$	$\dfrac{1}{\lvert z\rvert}\begin{bmatrix} z_{22} & -z_{12} \\ -z_{21} & z_{11} \end{bmatrix}$	$\begin{bmatrix} y_{11} & y_{12} \\ y_{21} & y_{22} \end{bmatrix}$	$\dfrac{1}{\bar{b}}\begin{bmatrix} \bar{d} & -\lvert \bar{a}\rvert \\ -1 & \bar{a} \end{bmatrix}$
$\bar{a}$	$\bar{a}=\dfrac{1}{2S_{21}}\left(1+S_{11}-S_{22}-\lvert S\rvert\right)$ $\bar{b}=\dfrac{1}{2S_{21}}\left(1+S_{11}+S_{22}+\lvert S\rvert\right)$ $\bar{c}=\dfrac{1}{2S_{21}}\left(1-S_{11}-S_{22}+\lvert S\rvert\right)$ $\bar{d}=\dfrac{1}{2S_{21}}\left(1-S_{11}+S_{22}-\lvert S\rvert\right)$	$\dfrac{1}{z_{21}}\begin{bmatrix} z_{11} & \lvert z\rvert \\ 1 & z_{22} \end{bmatrix}$	$-\dfrac{1}{y_{21}}\begin{bmatrix} y_{22} & 1 \\ \lvert y\rvert & y_{11} \end{bmatrix}$	$\begin{bmatrix} \bar{a} & \bar{b} \\ \bar{c} & \bar{d} \end{bmatrix}$

注：$\lvert S\rvert$、$\lvert z\rvert$、$\lvert y\rvert$、$\lvert\bar{a}\rvert$ 为相应矩阵的行列式。

在实际应用中，有时也需要用到非归一化二端口网络矩阵，如非归一化阻抗矩阵 $\boldsymbol{Z}$、非归一化导纳矩阵 $\boldsymbol{Y}$ 和非归一化 ABCD 矩阵 $\boldsymbol{A}$。根据网络的端口电压、电流与归一化端口电压、电流间的关系，可以得到 3 种非归一化矩阵与相应归一化矩阵间的关系：

$$z=\begin{bmatrix} \dfrac{1}{\sqrt{Z_{01}}} & 0 \\ 0 & \dfrac{1}{\sqrt{Z_{02}}} \end{bmatrix} \boldsymbol{Z} \begin{bmatrix} \dfrac{1}{\sqrt{Z_{01}}} & 0 \\ 0 & \dfrac{1}{\sqrt{Z_{02}}} \end{bmatrix} \tag{2.123}$$

$$y=\begin{bmatrix} \dfrac{1}{\sqrt{Y_{01}}} & 0 \\ 0 & \dfrac{1}{\sqrt{Y_{02}}} \end{bmatrix} \boldsymbol{Y} \begin{bmatrix} \dfrac{1}{\sqrt{Y_{01}}} & 0 \\ 0 & \dfrac{1}{\sqrt{Y_{02}}} \end{bmatrix} \tag{2.124}$$

$$\bar{a}=\begin{bmatrix} \dfrac{1}{\sqrt{Z_{01}}} & 0 \\ 0 & \dfrac{1}{\sqrt{Y_{01}}} \end{bmatrix} \boldsymbol{A} \begin{bmatrix} \sqrt{Z_{02}} & 0 \\ 0 & \sqrt{Y_{02}} \end{bmatrix} \tag{2.125}$$

式（2.125）可根据以下关系式推得：

$$\begin{bmatrix} v_1 \\ i_1 \end{bmatrix} = \begin{bmatrix} \dfrac{1}{\sqrt{Z_{01}}} & 0 \\ 0 & \dfrac{1}{\sqrt{Y_{01}}} \end{bmatrix} \begin{bmatrix} V_1 \\ I_1 \end{bmatrix} \tag{2.126}$$

$$\begin{bmatrix} v_2 \\ -i_2 \end{bmatrix} = \begin{bmatrix} \dfrac{1}{\sqrt{Z_{02}}} & 0 \\ 0 & \dfrac{1}{\sqrt{Y_{02}}} \end{bmatrix} \begin{bmatrix} V_2 \\ -I_2 \end{bmatrix} \tag{2.127}$$

在应用描述网络的各种矩阵时，需要注意以下几点：①归一化矩阵与非归一化矩阵的区别；②ABCD 矩阵中端口 2 的电流方向与阻抗矩阵及导纳矩阵中端口 2 的电流方向不一样。

前述阻抗矩阵、导纳矩阵、散射矩阵和 ABCD 矩阵中的元素都有明确的物理意义，而 $\boldsymbol{T}$ 矩阵中的元素的物理意义不明确，但其与 ABCD 矩阵在处理网络级联问题时一样非常方便。散射矩阵在射频与微波网络中应用广泛。阻抗矩阵适用于分析与计算网络的串联问题，而导纳矩阵则适用于处理网络的并联问题。

例 2.3　求如图 2.8 所示的二端口网络的 $\boldsymbol{S}$ 矩阵与 $\boldsymbol{T}$ 矩阵。

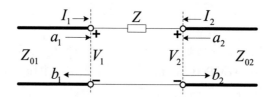

图 2.8　串联阻抗网络

解：根据端口处的电压和电流之间的关系列出如下方程：

$$\begin{cases} I_1 = -I_2 \\ V_1 - ZI_1 = V_2 \end{cases}$$

将其用入射波和反射波表示，即

$$\begin{cases} \dfrac{1}{\sqrt{Z_{01}}}(a_1 - b_1) = -\dfrac{1}{\sqrt{Z_{02}}}(a_2 - b_2) \\ \sqrt{Z_{01}}(a_1 + b_1) - Z\dfrac{1}{\sqrt{Z_{01}}}(a_1 - b_1) = \sqrt{Z_{02}}(a_2 + b_2) \end{cases}$$

经整理，并令 $r = Z_{02}/Z_{01}$，$z = Z/Z_{01}$，得

$$\begin{cases} \sqrt{r}\,b_1 + b_2 = \sqrt{r}\,a_1 + a_2 \\ (1+z)b_1 - \sqrt{r}\,b_2 = (z-1)a_1 + \sqrt{r}\,a_2 \end{cases}$$

据此可求得

$$\begin{cases} b_1 = \dfrac{z+r-1}{z+r+1}a_1 + \dfrac{2\sqrt{r}}{z+r+1}a_2 \\[3mm] b_2 = \dfrac{2\sqrt{r}}{z+r+1}a_1 + \dfrac{z-r+1}{z+r+1}a_2 \end{cases}$$

根据散射参量的定义，可得

$$S_{11} = \frac{z+r-1}{z+r+1}$$

$$S_{21} = S_{12} = \frac{2\sqrt{r}}{z+r+1}$$

$$S_{22} = \frac{z-r+1}{z+r+1}$$

即 $S = \begin{bmatrix} \dfrac{z+r-1}{z+r+1} & \dfrac{2\sqrt{r}}{z+r+1} \\[3mm] \dfrac{2\sqrt{r}}{z+r+1} & \dfrac{z-r+1}{z+r+1} \end{bmatrix}$。$T$ 参量的求解直接根据其定义获得，即

$$T_{11} = \frac{a_1}{b_2}\bigg|_{a_2=0} = \frac{z+r+1}{2\sqrt{r}}$$

$$T_{21} = \frac{b_1}{b_2}\bigg|_{a_2=0} = \frac{z+r-1}{2\sqrt{r}}$$

$$T_{12} = \frac{a_1}{a_2}\bigg|_{b_2=0} = \frac{r-z-1}{2\sqrt{r}}$$

$$T_{22} = \frac{b_1}{a_2}\bigg|_{b_2=0} = \frac{r-z+1}{2\sqrt{r}}$$

则

$$T = \begin{bmatrix} \dfrac{r+z+1}{2\sqrt{r}} & \dfrac{r-z-1}{2\sqrt{r}} \\[3mm] \dfrac{r+z-1}{2\sqrt{r}} & \dfrac{r-z+1}{2\sqrt{r}} \end{bmatrix}$$

　　另外，还可先求出该网络的归一化 ABCD 矩阵，然后根据散射参量与归一化 ABCD 参量之间的关系式（见表 2.1），以及 T 参量与归一化 ABCD 参量之间的关系式，即式（2.118）分别求出 S 矩阵和 T 矩阵。

　　例 2.4　求如图 2.9 所示的电长度为 θ 的传输线网络的归一化 ABCD 矩阵、S 矩阵和 T 矩阵。

　　解：根据传输线两端电压和电流的关系式，可得

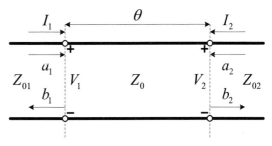

图 2.9　电长度为 θ 的传输线

$$\begin{cases} V_1 = \cos\theta V_2 - jZ_0 \sin\theta I_2 \\ I_1 = \dfrac{j\sin\theta}{Z_0} V_2 - \cos\theta I_2 \end{cases}$$

写成矩阵形式，即

$$\begin{bmatrix} V_1 \\ I_1 \end{bmatrix} = \begin{bmatrix} \cos\theta & jZ_0\sin\theta \\ \dfrac{j\sin\theta}{Z_0} & \cos\theta \end{bmatrix} \begin{bmatrix} V_2 \\ -I_2 \end{bmatrix}$$

由此可得该传输线网络的非归一化 ABCD 矩阵，即

$$A = \begin{bmatrix} \cos\theta & jZ_0\sin\theta \\ \dfrac{j\sin\theta}{Z_0} & \cos\theta \end{bmatrix}$$

则其归一化 ABCD 矩阵为

$$\overline{a} = \begin{bmatrix} \sqrt{r}\cos\theta & j\sqrt{z_1 z_2}\sin\theta \\ \dfrac{j\sin\theta}{\sqrt{z_1 z_2}} & \dfrac{1}{\sqrt{r}}\cos\theta \end{bmatrix}$$

其中，$r = Z_{02}/Z_{01}$；$z_1 = Z_0/Z_{01}$；$z_2 = Z_0/Z_{02}$。散射矩阵可根据散射参量与归一化 ABCD 参量的换算关系得到，即

$$S = \begin{bmatrix} \dfrac{\left(\sqrt{r} - \dfrac{1}{\sqrt{r}}\right)\cos\theta + j\left(\sqrt{z_1 z_2} - \dfrac{1}{\sqrt{z_1 z_2}}\right)\sin\theta}{\left(\sqrt{r} + \dfrac{1}{\sqrt{r}}\right)\cos\theta + j\left(\sqrt{z_1 z_2} + \dfrac{1}{\sqrt{z_1 z_2}}\right)\sin\theta} & \dfrac{2}{\left(\sqrt{r} + \dfrac{1}{\sqrt{r}}\right)\cos\theta + j\left(\sqrt{z_1 z_2} + \dfrac{1}{\sqrt{z_1 z_2}}\right)\sin\theta} \\[4em] \dfrac{2}{\left(\sqrt{r} + \dfrac{1}{\sqrt{r}}\right)\cos\theta + j\left(\sqrt{z_1 z_2} + \dfrac{1}{\sqrt{z_1 z_2}}\right)\sin\theta} & \dfrac{\left(\dfrac{1}{\sqrt{r}} - \sqrt{r}\right)\cos\theta + j\left(\sqrt{z_1 z_2} - \dfrac{1}{\sqrt{z_1 z_2}}\right)\sin\theta}{\left(\sqrt{r} + \dfrac{1}{\sqrt{r}}\right)\cos\theta + j\left(\sqrt{z_1 z_2} + \dfrac{1}{\sqrt{z_1 z_2}}\right)\sin\theta} \end{bmatrix}$$

显然，$S_{11} \neq S_{22}$，原因在于网络的两个端口的特性阻抗不同。T 矩阵也可根据 T 参量与归一化 ABCD 参量之间的关系得到，即

$$T = \dfrac{1}{2} \begin{bmatrix} \left(\sqrt{r} + \dfrac{1}{\sqrt{r}}\right)\cos\theta + j\left(\sqrt{z_1 z_2} + \dfrac{1}{\sqrt{z_1 z_2}}\right)\sin\theta & \left(\sqrt{r} - \dfrac{1}{\sqrt{r}}\right)\cos\theta - j\left(\sqrt{z_1 z_2} - \dfrac{1}{\sqrt{z_1 z_2}}\right)\sin\theta \\[2em] \left(\sqrt{r} - \dfrac{1}{\sqrt{r}}\right)\cos\theta + j\left(\sqrt{z_1 z_2} - \dfrac{1}{\sqrt{z_1 z_2}}\right)\sin\theta & \left(\sqrt{r} + \dfrac{1}{\sqrt{r}}\right)\cos\theta - j\left(\sqrt{z_1 z_2} + \dfrac{1}{\sqrt{z_1 z_2}}\right)\sin\theta \end{bmatrix}$$

若 $Z_0 = Z_{01} = Z_{02}$，则 $r = z_1 = z_2 = 1$，上述 S 矩阵和 T 矩阵分别简化为

$$S = \begin{bmatrix} 0 & e^{-j\theta} \\ e^{-j\theta} & 0 \end{bmatrix}$$

$$T = \begin{bmatrix} e^{j\theta} & 0 \\ 0 & e^{-j\theta} \end{bmatrix}$$

例 2.5 求如图 2.10 所示的理想无耗变压器的归一化 ABCD 矩阵和 S 矩阵。

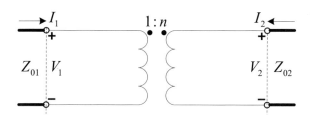

图 2.10   理想无耗变压器

解：变压器两端的电压和电流满足下列关系式：

$$\begin{cases} V_1 = \dfrac{1}{n}V_2 \\ I_1 = -nI_2 \end{cases}$$

据此可得非归一化 ABCD 矩阵为

$$A = \begin{bmatrix} \dfrac{1}{n} & 0 \\ 0 & n \end{bmatrix}$$

用端口特性阻抗归一化后，得归一化 ABCD 矩阵：

$$\bar{a} = \begin{bmatrix} \dfrac{\sqrt{r}}{n} & 0 \\ 0 & \dfrac{n}{\sqrt{r}} \end{bmatrix}$$

其中，$r = Z_{02}/Z_{01}$。根据参量换算关系，可得散射矩阵为

$$S = \begin{bmatrix} \dfrac{r - n^2}{r + n^2} & \dfrac{2n\sqrt{r}}{r + n^2} \\ \dfrac{2n\sqrt{r}}{r + n^2} & -\dfrac{r - n^2}{r + n^2} \end{bmatrix}$$

即对于理想无耗变压器，其散射参量满足 $S_{11} = -S_{22}$，$S_{12} = S_{21}$，且散射参量均为实数。

2.4.2   二端口网络散射矩阵的特性

设二端口网络的散射矩阵为

$$S = \begin{bmatrix} S_{11} & S_{12} \\ S_{21} & S_{22} \end{bmatrix} \tag{2.128}$$

若 $S_{12} = S_{21}$，则称该二端口网络为互易或可逆网络；若 $S_{12} = S_{21}$ 且 $S_{11} = S_{22}$，则称该二端口网络为对称网络。对称网络一定互易，互易网络不一定对称。若二端口网络在几何或物理结构上对称，那么网络对称，从而散射矩阵也对称；但当二端口网络的散射矩阵对称时，对应的二端口网络在几何或物理结构上未必对称。

若二端口网络无耗（不一定互易），则将式（2.67）展开得

$$\left|S_{11}\right|^2 + \left|S_{21}\right|^2 = 1 \tag{2.129a}$$

$$\left|S_{22}\right|^2 + \left|S_{12}\right|^2 = 1 \tag{2.129b}$$

$$S_{11}^* S_{12} + S_{21}^* S_{22} = 0 \tag{2.129c}$$

$$S_{12}^* S_{11} + S_{22}^* S_{21} = 0 \tag{2.129d}$$

式（2.129a）和式（2.129b）描述了在无耗二端口网络中，从某一个端口输入的信号能量一定等于从该端口反射的信号能量与传输到另一个端口的输出信号能量之和，反映的是能量守恒。式（2.129c）与式（2.129d）实质上相同，只要将其中一个等式取共轭就得到另一等式。设 4 个散射参量分别为

$$S_{11} = \left|S_{11}\right| e^{j\varphi_{11}} \tag{2.130a}$$

$$S_{12} = \left|S_{12}\right| e^{j\varphi_{12}} \tag{2.130b}$$

$$S_{21} = \left|S_{21}\right| e^{j\varphi_{21}} \tag{2.130c}$$

$$S_{22} = \left|S_{22}\right| e^{j\varphi_{22}} \tag{2.130d}$$

将式（2.130a）～式（2.130d）代入式（2.129d），得

$$\left|S_{11}\right|\left|S_{12}\right| e^{j(\varphi_{11}-\varphi_{12})} + \left|S_{21}\right|\left|S_{22}\right| e^{j(\varphi_{21}-\varphi_{22})} = 0 \tag{2.131}$$

可见，两个复数之和为零，因此两者幅度相等而相位相差 π，故有

$$\left|S_{11}\right|\left|S_{12}\right| = \left|S_{21}\right|\left|S_{22}\right| \tag{2.132a}$$

$$\varphi_{11} - \varphi_{12} = \varphi_{21} - \varphi_{22} \pm \pi \tag{2.132b}$$

将式（2.129a）减去式（2.129b），得

$$\left|S_{11}\right|^2 + \left|S_{21}\right|^2 - \left|S_{12}\right|^2 - \left|S_{22}\right|^2 = 0 \tag{2.133}$$

由式（2.132a）解出 $\left|S_{11}\right|$，代入式（2.133）并整理得

$$\left(\left|S_{12}\right|^2 - \left|S_{21}\right|^2\right)\left(\left|S_{12}\right|^2 + \left|S_{22}\right|^2\right) = 0 \tag{2.134}$$

因此

$$\left|S_{12}\right| = \left|S_{21}\right| \tag{2.135}$$

又根据式（2.132a），可得

$$\left|S_{11}\right| = \left|S_{22}\right| \tag{2.136}$$

此外，还可证明无耗二端口网络散射矩阵的行列式为

$$|S| = S_{11}S_{22} - S_{12}S_{21} = \left(1 - |S_{12}|^2\right)e^{j(\varphi_{11}+\varphi_{22})} - |S_{12}|^2 e^{j(\varphi_{12}+\varphi_{21})} = e^{j(\varphi_{11}+\varphi_{22})} \tag{2.137}$$

由此，可得无耗二端口网络的一些有用结论。

（1）$|S_{11}| = |S_{22}|$ 及 $|S_{12}| = |S_{21}|$ 说明当端口 1 匹配时，端口 2 也匹配，反之亦然，此时 $|S_{12}| = |S_{21}| = 1$；反过来，若已知 $|S_{12}| = |S_{21}| = 1$，则该二端口网络一定匹配。

（2）如果网络非互易，即 $S_{12} \ne S_{21}$，但由于无耗二端口网络的 $|S_{12}| = |S_{21}|$，说明两者的区别在于相位，即 $\varphi_{12} \ne \varphi_{21}$，此时网络不能实现可逆移相，即如果采用相同的信号，则从端口 1 传输至端口 2 与从端口 2 传输至端口 1 的相移不等；而网络可实现可逆隔离，即对于相同的信号，若端口 1 至端口 2 是隔离的，则端口 2 至端口 1 也是隔离的。

（3）当无耗二端口网络理想隔离时，它实际上是两个全反射的一端口网络，因为当 $|S_{12}| = |S_{21}| = 0$ 时，$|S_{11}| = |S_{22}| = 1$。

互易二端口网络的散射矩阵只有 3 个独立参量；对称无耗二端口网络的散射矩阵只有 2 个独立参量，因为 $S_{12} = S_{21}$ 且 $S_{11} = S_{22}$；无耗互易二端口网络由于 $S_{12} = S_{21}$ 且 $|S_{11}| = |S_{22}|$，因此，只要适当选择网络参考面，总可以使 $S_{11} = S_{22}$，从而使散射矩阵对称（网络结构不一定对称），此时散射矩阵只有 2 个独立参量。

2.4.3　二端口单元电路的网络矩阵

在射频与微波工程中，经常会遇到一些复杂的二端口网络，通常这些复杂的二端口网络可以分解为由 4 种基本的二端口网络通过串联、并联或级联的形式组合而成。这 4 种二端口网络单元分别为串联阻抗、并联导纳、变压器和一段均匀传输线。根据前述网络矩阵的定义，可以推出这些基本的二端口单元电路相应的网络矩阵，分别如表 2.2 和表 2.3 所示。此处二端口单元电路的两端分别与特性阻抗为 Z_{01} 和 Z_{02} 的传输线相连；散射矩阵、ABCD 矩阵和 T 矩阵一定存在，而阻抗矩阵、导纳矩阵则不一定存在。需要注意的是，若串联阻抗或并联导纳等于零，则这两种二端口网络等效为两段具有不同特性阻抗的传输线直接相连的网络。

表 2.2　二端口单元网络的阻抗矩阵、导纳矩阵和转移矩阵

单元电路	(串联阻抗 Z，Z_{01}，Z_{02})	(并联导纳 Y，Z_{01}，Z_{02})	(变压器 $1:n$，Z_{01}，Z_{02})	(θ，Z_{01} Z_0 Z_{02})
Z	—	$\dfrac{1}{Y}\begin{bmatrix} 1 & 1 \\ 1 & 1 \end{bmatrix}$	—	$\begin{bmatrix} -jZ_0\cot\theta & -jZ_0\csc\theta \\ -jZ_0\csc\theta & -jZ_0\cot\theta \end{bmatrix}$
z	—	$\dfrac{1}{y}\begin{bmatrix} 1 & \dfrac{1}{\sqrt{r}} \\ \dfrac{1}{\sqrt{r}} & \dfrac{1}{r} \end{bmatrix}$	—	$\begin{bmatrix} -j\dfrac{Z_0}{Z_{01}}\cot\theta & -j\dfrac{Z_0}{\sqrt{Z_{01}Z_{02}}}\csc\theta \\ -j\dfrac{Z_0}{\sqrt{Z_{01}Z_{02}}}\csc\theta & -j\dfrac{Z_0}{Z_{02}}\cot\theta \end{bmatrix}$

射频与微波电路

单元电路	Z Z_{01} — Z — Z_{02}	Z_{01} $\mid$ Y $\mid$ Z_{02}	$1:n$ Z_{01} — Z_{02}	θ Z_{01} Z_0 Z_{02}
Y	$\dfrac{1}{Z}\begin{bmatrix}1 & -1\\ -1 & 1\end{bmatrix}$	—	—	$\begin{bmatrix}-\dfrac{j}{Z_0}\cot\theta & \dfrac{j}{Z_0}\csc\theta\\ \dfrac{j}{Z_0}\csc\theta & -\dfrac{j}{Z_0}\cot\theta\end{bmatrix}$
y	$\dfrac{1}{z}\begin{bmatrix}1 & -\sqrt{r}\\ -\sqrt{r} & r\end{bmatrix}$	—	—	$\begin{bmatrix}-\dfrac{jZ_{01}}{Z_0}\cot\theta & \dfrac{j\sqrt{Z_{01}Z_{02}}}{Z_0}\csc\theta\\ \dfrac{j\sqrt{Z_{01}Z_{02}}}{Z_0}\csc\theta & -\dfrac{jZ_{02}}{Z_0}\cot\theta\end{bmatrix}$
A	$\begin{bmatrix}1 & Z\\ 0 & 1\end{bmatrix}$	$\begin{bmatrix}1 & 0\\ Y & 1\end{bmatrix}$	$\begin{bmatrix}\pm\dfrac{1}{n} & 0\\ 0 & \pm n\end{bmatrix}$	$\begin{bmatrix}\cos\theta & jZ_0\sin\theta\\ \dfrac{j\sin\theta}{Z_0} & \cos\theta\end{bmatrix}$
$\bar{a}$	$\begin{bmatrix}\sqrt{r} & \dfrac{z}{\sqrt{r}}\\ 0 & \dfrac{1}{\sqrt{r}}\end{bmatrix}$	$\begin{bmatrix}\sqrt{r} & 0\\ y\sqrt{r} & \dfrac{1}{\sqrt{r}}\end{bmatrix}$	$\begin{bmatrix}\pm\dfrac{\sqrt{r}}{n} & 0\\ 0 & \pm\dfrac{n}{\sqrt{r}}\end{bmatrix}$	$\begin{bmatrix}\sqrt{\dfrac{Z_{02}}{Z_{01}}}\cos\theta & \dfrac{jZ_0\sin\theta}{\sqrt{Z_{01}Z_{02}}}\\ \dfrac{j\sin\theta\sqrt{Z_{01}Z_{02}}}{Z_0} & \sqrt{\dfrac{Z_{01}}{Z_{02}}}\cos\theta\end{bmatrix}$
说明	$z=Z/Z_{01}$ $r=Z_{02}/Z_{01}$	$y=YZ_{01}$ $r=Z_{02}/Z_{01}$	$r=Z_{02}/Z_{01}$；±取决于 变压器同名端	—

表 2.3 二端口单元电路的散射矩阵与传输矩阵

单元电路	Z Z_{01} — Z — Z_{02}	Z_{01} $\mid$ Y $\mid$ Z_{02}	$1:n$ Z_{01} — Z_{02}	θ Z_{01} Z_0 Z_{02}
S	$\begin{bmatrix}\dfrac{z+r-1}{z+r+1} & \dfrac{2\sqrt{r}}{z+r+1}\\ \dfrac{2\sqrt{r}}{z+r+1} & \dfrac{z-r+1}{z+r+1}\end{bmatrix}$	$\begin{bmatrix}\dfrac{1-y-1/r}{1+y+1/r} & \dfrac{2/\sqrt{r}}{1+y+1/r}\\ \dfrac{2/\sqrt{r}}{1+y+1/r} & -\dfrac{1+y-1/r}{1+y+1/r}\end{bmatrix}$	$\begin{bmatrix}\dfrac{r-n^2}{r+n^2} & \dfrac{\pm2n\sqrt{r}}{r+n^2}\\ \dfrac{\pm2n\sqrt{r}}{r+n^2} & \dfrac{r-n^2}{r+n^2}\end{bmatrix}$	$\begin{bmatrix}0 & e^{-j\theta}\\ e^{-j\theta} & 0\end{bmatrix}$
T	$\begin{bmatrix}\dfrac{r+z+1}{2\sqrt{r}} & \dfrac{r-z-1}{2\sqrt{r}}\\ \dfrac{r+z-1}{2\sqrt{r}} & \dfrac{r-z+1}{2\sqrt{r}}\end{bmatrix}$	$\begin{bmatrix}\dfrac{1+y+1/r}{2\sqrt{r}} & \dfrac{1+y-1/r}{2\sqrt{r}}\\ \dfrac{1-y-1/r}{2\sqrt{r}} & \dfrac{1-y+1/r}{2\sqrt{r}}\end{bmatrix}$	$\begin{bmatrix}\pm\dfrac{r+n^2}{2n\sqrt{r}} & \pm\dfrac{r-n^2}{2n\sqrt{r}}\\ \pm\dfrac{r-n^2}{2n\sqrt{r}} & \pm\dfrac{r+n^2}{2n\sqrt{r}}\end{bmatrix}$	$\begin{bmatrix}e^{j\theta} & 0\\ 0 & e^{-j\theta}\end{bmatrix}$
说明	$z=Z/Z_{01}$ $r=Z_{02}/Z_{01}$	$y=Y/Y_{01}$ $r=Y_{01}/Y_{02}$	$r=Z_{02}/Z_{01}$	$Z_0=Z_{01}=Z_{02}$

2.5 网络的组合

　　射频与微波工程中涉及的往往是复杂的网络，直接分析这样的网络通常比较困难。然而，这些复杂网络可以通过分解变成一些简单网络（如前述单元电路网络）的组合，如果能分析出复杂网络与简单网络之间的连接关系并推出复杂网络参量与简单网络参量间的计算表达式，则问题可得到简化。在研究网络组合时，对二端口网络的分析最为简单，下面的研究都是针对二端口网络组合问题展开的。实际网络可能不止两个端口，但其中一些二端口网络组合的结论可以推广到多端口网络。

　　常见的网络连接方式一般有 3 种，分别是串联、并联和级联。一端口网络只有串联或并联连接，不存在级联连接方式。端口数相同的 n（$n \geqslant 2$）端口网络可以串联或并联；还可以一部分串联，其余部分并联。二端口网络可以级联且在工程应用中比较常见，端口数相同的 $2n$ 端口网络也可以级联。此外，还有网络的串并联和并串联两种连接方式。

　　为了方便，在遇到网络串联问题时，用阻抗矩阵；在研究网络并联问题时，用导纳矩阵；在讨论网络级联问题时，用 ABCD 矩阵或 T 矩阵；在分析网络串并联问题时，引入 H 矩阵，对应的归一化矩阵为 h；在探讨并串联问题时，引入 G 矩阵，对应的归一化矩阵为 g。

　　在处理网络组合问题时，还需要注意网络参量的形式，一般来说，应首先使用非归一化矩阵参量，在求得组合网络的非归一化矩阵参量后求得其归一化矩阵参量。

1. 网络的串联

　　图 2.11 所示为两个二端口网络的串联组合，此处的串联是指两个端口均为串联连接。二端口网络的非归一化阻抗矩阵分别为 Z_A 和 Z_B，其端口特性阻抗分别为 Z_{01A}、Z_{02A}、Z_{01B} 和 Z_{02B}。串联后，两个端口的特性阻抗分别为 Z_{01} 和 Z_{02}。V_{1A}、I_{1A}、V_{2A}、I_{2A} 分别为网络 A 两个端口的非归一化电压与电流；同样，V_{1B}、I_{1B}、V_{2B}、I_{2B} 分别为网络 B 两个端口的非归一化电压与电流。V_1、I_1、V_2、I_2 为串联组合后网络两个端口的非归一化电压与电流。根据电路知识，端口连接处的非归一化电流相等，即

$$I_1 = I_{1A} = I_{1B} \tag{2.138}$$

$$I_2 = I_{2A} = I_{2B} \tag{2.139}$$

而电压则满足如下关系：

$$V_1 = V_{1A} + V_{1B} \tag{2.140}$$

$$V_2 = V_{2A} + V_{2B} \tag{2.141}$$

写成矩阵形式，即

$$I = I_A = I_B \tag{2.142}$$

$$V = V_A + V_B \tag{2.143}$$

　　又因为

$$V = ZI \tag{2.144}$$

$$V_A = Z_A I_A \tag{2.145}$$

$$V_B = Z_B I_B \tag{2.146}$$

所以有

$$V = Z_A I_A + Z_B I_B = (Z_A + Z_B) I = ZI \tag{2.147}$$

式（2.147）表明，两个二端口网络串联后的非归一化阻抗矩阵等于两个二端口网络各自非归一化阻抗矩阵之和，即

$$Z = Z_A + Z_B \tag{2.148}$$

若串联组合的二端口网络个数为 n，则只需重复应用上述规则即可获得其非归一化阻抗矩阵，即

$$Z = \sum_{i=1}^{n} Z_i \tag{2.149}$$

其中，Z_i 表示第 i 个二端口网络的阻抗矩阵。

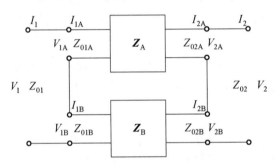

图 2.11　两个二端口网络的串联组合

2. 网络的并联

图 2.12 所示为两个二端口网络的并联组合，此处的并联是指两个端口均为并联连接。二端口网络的非归一化导纳矩阵分别为 Y_A 和 Y_B。

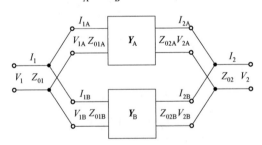

图 2.12　两个二端口网络的并联组合

由电路连接方式可知，非归一化电压、电流满足如下关系式：

$$V = V_A = V_B \tag{2.150}$$

$$I = I_A + I_B \tag{2.151}$$

则

$$I = Y_A V_A + Y_B V_B = (Y_A + Y_B)V = YV \tag{2.152}$$

可见，并联组合后网络的非归一化导纳矩阵等于原来两个二端口网络各自的非归一化导纳矩阵之和，即

$$Y = Y_A + Y_B \tag{2.153}$$

同样，若并联组合的二端口网络个数为 n，则重复利用上述规则可得组合后网络的非归一化导纳矩阵，即

$$Y = \sum_{i=1}^{n} Y_i \tag{2.154}$$

3．网络的串并联

所谓网络的串并联，就是指网络左边端口以串联方式连接而右边端口以并联方式连接，如图 2.13 所示。根据电路知识，左边端口组合后的电流与原来两个二端口网络左端电流相等，而右边端口组合后的电压与原来两个二端口网络右端电压相等，即

$$I_1 = I_{1A} = I_{1B} \tag{2.155}$$

$$V_2 = V_{2A} = V_{2B} \tag{2.156}$$

由电路连接关系可知

$$V_1 = V_{1A} + V_{1B} \tag{2.157}$$

$$I_2 = I_{2A} + I_{2B} \tag{2.158}$$

将上述关系写成矩阵形式：

$$\begin{bmatrix} I_1 \\ V_2 \end{bmatrix} = \begin{bmatrix} I_{1A} \\ V_{2A} \end{bmatrix} = \begin{bmatrix} I_{1B} \\ V_{2B} \end{bmatrix} \tag{2.159}$$

$$\begin{bmatrix} V_1 \\ I_2 \end{bmatrix} = \begin{bmatrix} V_{1A} \\ I_{2A} \end{bmatrix} + \begin{bmatrix} V_{1B} \\ I_{2B} \end{bmatrix} \tag{2.160}$$

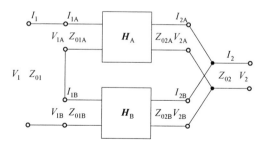

图 2.13　两个二端口网络的串并联组合

为了方便处理网络的串并联问题，引入 H 矩阵。二端口网络中的 H 矩阵与端口电压、电流的关系如下：

$$\begin{bmatrix} V_1 \\ I_2 \end{bmatrix} = \begin{bmatrix} H_{11} & H_{12} \\ H_{21} & H_{22} \end{bmatrix} \begin{bmatrix} I_1 \\ V_2 \end{bmatrix} \tag{2.161}$$

其中

$$\begin{bmatrix} H_{11} & H_{12} \\ H_{21} & H_{22} \end{bmatrix} = \boldsymbol{H} \tag{2.162}$$

由于定义 $\boldsymbol{H}$ 矩阵时所用的电压、电流均为非归一化量，因此 $\boldsymbol{H}$ 矩阵为非归一化矩阵。

根据式（2.159）和式（2.160），两个二端口网络串并联组合后网络的 $\boldsymbol{H}$ 矩阵与原来两个二端口网络的 $\boldsymbol{H}$ 矩阵，即 $\boldsymbol{H}_{\mathrm{A}}$ 和 $\boldsymbol{H}_{\mathrm{B}}$ 之间的关系为

$$\boldsymbol{H} = \boldsymbol{H}_{\mathrm{A}} + \boldsymbol{H}_{\mathrm{B}} \tag{2.163}$$

若串并联组合的二端口网络个数为 n，则重复利用上述规则可得组合后网络的非归一化 $\boldsymbol{H}$ 矩阵：

$$\boldsymbol{H} = \sum_{i=1}^{n} \boldsymbol{H}_i \tag{2.164}$$

4．网络的并串联

网络的并串联与前述串并联类似，只不过网络左边端口以并联方式连接而右边端口以串联方式连接。图 2.14 所示为两个二端口网络的并串联组合。根据电路知识，左边端口组合后网络端口电压与原来两个二端口网络左端电压相等，而右边端口组合后网络端口电流与原来两个二端口网络右端电流相等，即

$$V_1 = V_{1\mathrm{A}} = V_{1\mathrm{B}} \tag{2.165}$$

$$I_2 = I_{2\mathrm{A}} = I_{2\mathrm{B}} \tag{2.166}$$

由电路连接关系可知

$$I_1 = I_{1\mathrm{A}} + I_{1\mathrm{B}} \tag{2.167}$$

$$V_2 = V_{2\mathrm{A}} + V_{2\mathrm{B}} \tag{2.168}$$

将上属关系写成矩阵形式：

$$\begin{bmatrix} V_1 \\ I_2 \end{bmatrix} = \begin{bmatrix} V_{1\mathrm{A}} \\ I_{2\mathrm{A}} \end{bmatrix} = \begin{bmatrix} V_{1\mathrm{B}} \\ I_{2\mathrm{B}} \end{bmatrix} \tag{2.169}$$

$$\begin{bmatrix} I_1 \\ V_2 \end{bmatrix} = \begin{bmatrix} I_{1\mathrm{A}} \\ V_{2\mathrm{A}} \end{bmatrix} + \begin{bmatrix} I_{1\mathrm{B}} \\ V_{2\mathrm{B}} \end{bmatrix} \tag{2.170}$$

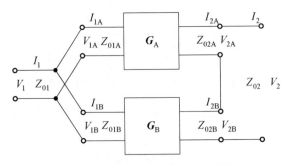

图 2.14　两个二端口网络的并串联组合

为了方便处理网络的并串联问题，引入 $\boldsymbol{G}$ 矩阵。二端口网络中的 $\boldsymbol{G}$ 矩阵与端口电压、电流的关系如下：

$$\begin{bmatrix} I_1 \\ V_2 \end{bmatrix} = \begin{bmatrix} G_{11} & G_{12} \\ G_{21} & G_{22} \end{bmatrix} \begin{bmatrix} V_1 \\ I_2 \end{bmatrix} \tag{2.171}$$

其中

$$\begin{bmatrix} G_{11} & G_{12} \\ G_{21} & G_{22} \end{bmatrix} = \boldsymbol{G} \tag{2.172}$$

由于定义 $\boldsymbol{G}$ 矩阵时所用的电压、电流均为非归一化量，因此 $\boldsymbol{G}$ 矩阵为非归一化矩阵。

根据式（2.169）和式（2.170），两个二端口网络并串联组合后网络的 $\boldsymbol{G}$ 矩阵与原来两个二端口网络的 $\boldsymbol{G}$ 矩阵，即 $\boldsymbol{G}_{\mathrm{A}}$ 和 $\boldsymbol{G}_{\mathrm{B}}$ 之间的关系为

$$\boldsymbol{G} = \boldsymbol{G}_{\mathrm{A}} + \boldsymbol{G}_{\mathrm{B}} \tag{2.173}$$

若并串联组合的二端口网络个数为 n，则重复利用上述规则可得组合后网络的非归一化 $\boldsymbol{G}$ 矩阵为

$$\boldsymbol{G} = \sum_{i=1}^{n} \boldsymbol{G}_i \tag{2.174}$$

5. 网络的级联

网络的级联在工程实践中比较常见，与网络串联和并联存在的显著区别是要求前后两个网络的端口数必须是偶数，而实际中应用最广泛的则是二端口网络的级联。图 2.15 所示为两个二端口网络的级联。对于级联网络，用 ABCD 矩阵分析比较方便。

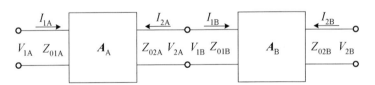

图 2.15 两个二端口网络的级联

首先考虑非归一化的情况，由于两个网络在连接处的电压和电流均相等，即

$$V_{2\mathrm{A}} = V_{1\mathrm{B}} \tag{2.175}$$

$$-I_{2\mathrm{A}} = I_{1\mathrm{B}} \tag{2.176}$$

写成矩阵形式：

$$\begin{bmatrix} V_{2\mathrm{A}} \\ -I_{2\mathrm{A}} \end{bmatrix} = \begin{bmatrix} V_{1\mathrm{B}} \\ I_{1\mathrm{B}} \end{bmatrix} \tag{2.177}$$

再根据 ABCD 矩阵的定义，可得

$$\begin{bmatrix} V_{1\mathrm{A}} \\ I_{1\mathrm{A}} \end{bmatrix} = \boldsymbol{A}_{\mathrm{A}} \begin{bmatrix} V_{2\mathrm{A}} \\ -I_{2\mathrm{A}} \end{bmatrix} = \boldsymbol{A}_{\mathrm{A}} \begin{bmatrix} V_{1\mathrm{B}} \\ I_{1\mathrm{B}} \end{bmatrix} = \boldsymbol{A}_{\mathrm{A}} \boldsymbol{A}_{\mathrm{B}} \begin{bmatrix} V_{2\mathrm{B}} \\ -I_{2\mathrm{B}} \end{bmatrix} \tag{2.178}$$

因此，两个二端口网络级联以后的非归一化 ABCD 矩阵为

$$A = A_A A_B \tag{2.179}$$

其中，A_A 和 A_B 分别为级联前两个二端口网络的非归一化 ABCD 矩阵。

对于由 n 个二端口网络组成的级联网络，级联后网络的非归一化 ABCD 矩阵可以重复利用上述规则获得，为

$$A = \prod_{i=1}^{n} A_i \tag{2.180}$$

至此，我们已对二端口网络的几种常见组合下的非归一化矩阵与原二端口网络非归一化矩阵间的关系进行了讨论。有读者可能会问：网络在上述组合情况下的归一化矩阵与原二端口网络的归一化矩阵之间又是怎样的关系呢？下面分别以阻抗矩阵和 ABCD 矩阵为例进行推导，其余情况可仿照该过程推出。

下面推导两个二端口网络串联时归一化阻抗矩阵与原来两个二端口网络的归一化阻抗矩阵间的关系。网络组合关系见图 2.11。由式（2.123）可得

$$Z = \begin{bmatrix} \sqrt{Z_{01}} & 0 \\ 0 & \sqrt{Z_{02}} \end{bmatrix} z \begin{bmatrix} \sqrt{Z_{01}} & 0 \\ 0 & \sqrt{Z_{02}} \end{bmatrix} \tag{2.181}$$

将式（2.181）代入式（2.148），得串联组合后网络的非归一化阻抗矩阵：

$$Z = \begin{bmatrix} \sqrt{Z_{01A}} & 0 \\ 0 & \sqrt{Z_{02A}} \end{bmatrix} z_A \begin{bmatrix} \sqrt{Z_{01A}} & 0 \\ 0 & \sqrt{Z_{02A}} \end{bmatrix} + \begin{bmatrix} \sqrt{Z_{01B}} & 0 \\ 0 & \sqrt{Z_{02B}} \end{bmatrix} z_B \begin{bmatrix} \sqrt{Z_{01B}} & 0 \\ 0 & \sqrt{Z_{02B}} \end{bmatrix} \tag{2.182}$$

再将此非归一化阻抗矩阵用串联组合后网络端口特性阻抗 Z_{01}、Z_{02} 归一化，得

$$z = \begin{bmatrix} \sqrt{\dfrac{Z_{01A}}{Z_{01}}} & 0 \\ 0 & \sqrt{\dfrac{Z_{02A}}{Z_{02}}} \end{bmatrix} z_A \begin{bmatrix} \sqrt{\dfrac{Z_{01A}}{Z_{01}}} & 0 \\ 0 & \sqrt{\dfrac{Z_{02A}}{Z_{02}}} \end{bmatrix} + \begin{bmatrix} \sqrt{\dfrac{Z_{01B}}{Z_{01}}} & 0 \\ 0 & \sqrt{\dfrac{Z_{02B}}{Z_{02}}} \end{bmatrix} z_B \begin{bmatrix} \sqrt{\dfrac{Z_{01B}}{Z_{01}}} & 0 \\ 0 & \sqrt{\dfrac{Z_{02B}}{Z_{02}}} \end{bmatrix} \tag{2.183}$$

同样，对于并联组合网络，网络并联后归一化导纳矩阵与原来两个二端口网络归一化导纳矩阵间的关系为

$$y = \begin{bmatrix} \sqrt{\dfrac{Z_{01}}{Z_{01A}}} & 0 \\ 0 & \sqrt{\dfrac{Z_{02}}{Z_{02A}}} \end{bmatrix} y_A \begin{bmatrix} \sqrt{\dfrac{Z_{01}}{Z_{01A}}} & 0 \\ 0 & \sqrt{\dfrac{Z_{02}}{Z_{02A}}} \end{bmatrix} + \begin{bmatrix} \sqrt{\dfrac{Z_{01}}{Z_{01B}}} & 0 \\ 0 & \sqrt{\dfrac{Z_{02}}{Z_{02B}}} \end{bmatrix} y_B \begin{bmatrix} \sqrt{\dfrac{Z_{01}}{Z_{01B}}} & 0 \\ 0 & \sqrt{\dfrac{Z_{02}}{Z_{02B}}} \end{bmatrix} \tag{2.184}$$

对于网络的串并联或并串联组合，组合后网络的归一化矩阵 h 或 g 与原来两个二端口网络归一化矩阵间的关系可用类似方法推出。

当两个二端口网络按如图 2.15 所示的方式级联时，网络组合后归一化 ABCD 矩阵与原来两个二端口网络的归一化 ABCD 矩阵的关系与每个单元二端口网络端口的特性阻抗有关。显然，若 $Z_{01A} = Z_{02A} = Z_{01B} = Z_{02B}$，则组合网络的归一化 ABCD 矩阵与原来两个二端口网络的归一化 ABCD 矩阵之间满足如下关系式：

$$\bar{a} = \bar{a}_A \bar{a}_B \tag{2.185}$$

其中，$\bar{a}$ 为级联后网络的归一化 ABCD 矩阵；$\bar{a}_A$ 和 $\bar{a}_B$ 分别为参与级联的两个二端口网络的归一化 ABCD 矩阵。若 $Z_{02A} = Z_{01B}$，而 Z_{01A}、Z_{02A} 和 Z_{02B} 之间彼此不相等，那么此时归一化转移矩阵是否满足式（2.185）这样的关系呢？表面上看，由于端口特性阻抗不一致，所以在归一化时会出现差别，经过归一化后似乎就不能满足原来非归一化时的关系式了，但实际上并非如此。下面做推导验证，根据式（2.125），对网络组合后的非归一化 ABCD 矩阵 A 用端口特性阻抗 Z_{01A} 和 Z_{02B} 做归一化，得

$$\bar{a} = \begin{bmatrix} \dfrac{1}{\sqrt{Z_{01A}}} & 0 \\ 0 & \sqrt{Z_{01A}} \end{bmatrix} A \begin{bmatrix} \sqrt{Z_{02B}} & 0 \\ 0 & \dfrac{1}{\sqrt{Z_{02B}}} \end{bmatrix} \tag{2.186}$$

将式（2.179）代入式（2.186），得

$$\bar{a} = \begin{bmatrix} \dfrac{1}{\sqrt{Z_{01A}}} & 0 \\ 0 & \sqrt{Z_{01A}} \end{bmatrix} A_A A_B \begin{bmatrix} \sqrt{Z_{02B}} & 0 \\ 0 & \dfrac{1}{\sqrt{Z_{02B}}} \end{bmatrix} \tag{2.187}$$

又根据式（2.125），可得

$$A_A = \begin{bmatrix} \sqrt{Z_{01A}} & 0 \\ 0 & \dfrac{1}{\sqrt{Z_{01A}}} \end{bmatrix} \bar{a}_A \begin{bmatrix} \dfrac{1}{\sqrt{Z_{02A}}} & 0 \\ 0 & \sqrt{Z_{02A}} \end{bmatrix} \tag{2.188}$$

$$A_B = \begin{bmatrix} \sqrt{Z_{01B}} & 0 \\ 0 & \dfrac{1}{\sqrt{Z_{01B}}} \end{bmatrix} \bar{a}_B \begin{bmatrix} \dfrac{1}{\sqrt{Z_{02B}}} & 0 \\ 0 & \sqrt{Z_{02B}} \end{bmatrix} \tag{2.189}$$

将式（2.188）和式（2.189）代入式（2.187）并化简得

$$\bar{a} = U \bar{a}_A U \bar{a}_B U = \bar{a}_A \bar{a}_B \tag{2.190}$$

此处在化简过程中应用了条件 $Z_{02A} = Z_{01B}$。当级联的二端口网络单元数为 n 且前后级联的两个二端口网络中间连接端口的特性阻抗相同时，重复应用上述规则，便可得组合后网络的归一化 ABCD 矩阵满足如下关系式：

$$\bar{a} = \prod_{i=1}^{n} \bar{a}_i \tag{2.191}$$

若 Z_{01A}、Z_{01B}、Z_{02A} 和 Z_{02B} 彼此均不相等，则根据前述推导过程，可得

$$\bar{a} = \bar{a}_A \begin{bmatrix} \dfrac{1}{\sqrt{Z_{02A}}} & 0 \\ 0 & \sqrt{Z_{02A}} \end{bmatrix} \begin{bmatrix} \sqrt{Z_{01B}} & 0 \\ 0 & \dfrac{1}{\sqrt{Z_{01B}}} \end{bmatrix} \bar{a}_B = \bar{a}_A \begin{bmatrix} \sqrt{\dfrac{Z_{01B}}{Z_{02A}}} & 0 \\ 0 & \sqrt{\dfrac{Z_{02A}}{Z_{01B}}} \end{bmatrix} \bar{a}_B \tag{2.192}$$

可见，如果前后两个级联二端口网络中间连接端口的特性阻抗不同，则组合后网络的归一化 ABCD 矩阵不能通过直接将原单元网络归一化 ABCD 矩阵相乘的方法得到。事实上，此时

两个特性阻抗不同的端口连接处等效为一个新的网络，这个网络可看作电长度为 0、前后端口特性阻抗分别为 Z_{02A} 和 Z_{01B} 的无耗传输线。这样，网络组合关系就变成 3 个网络的级联，且符合前后两个网络连接端口的特性阻抗相同的情况，如图 2.16 所示，其中虚线方框表示阻抗跳变处的等效网络，其归一化 ABCD 矩阵用 $\bar{a}_J$ 表示，可知该级联网络的归一化 ABCD 矩阵为

$$\bar{a} = \bar{a}_A \bar{a}_J \bar{a}_B \tag{2.193}$$

其中，$\bar{a}_J$ 为

$$\bar{a}_J = \begin{bmatrix} \sqrt{\dfrac{Z_{01B}}{Z_{02A}}} & 0 \\ 0 & \sqrt{\dfrac{Z_{02A}}{Z_{01B}}} \end{bmatrix} \tag{2.194}$$

该单元网络的归一化 ABCD 矩阵与电长度为 0、前后端口特性阻抗分别为 Z_{02A} 和 Z_{01B} 的无耗传输线网络的归一化 ABCD 矩阵一致。

图 2.16　含有阻抗跳变的级联网络（转移参量）

对于网络级联情况，除用 ABCD 矩阵分析外，还可以用 T 矩阵进行分析，因为 T 矩阵是根据入射波和反射波定义的，所以一般不存在非归一化传输矩阵。对于级联网络，若中间连接端口的特性阻抗相同，则根据定义很容易推导出两个网络级联组合后的 T 矩阵：

$$T = T_A T_B \tag{2.195}$$

其中，T_A 和 T_B 分别为参与级联的两个网络的传输矩阵。与 ABCD 矩阵类似，如果中间连接端口的特性阻抗不同，则会发生由于归一化阻抗的不同而带来阻抗跳变点处前级网络的反射波与后级网络的入射波不一致的情况，此时式（2.195）不再成立。同样，将阻抗跳变点处看作一个新网络，设其传输矩阵为 T_J，则此时组合网络可看作 3 个网络的级联，且级联网络中间连接端口的特性阻抗一致，如图 2.17 所示。应用式（2.195）的结论，可知组合网络的 T 矩阵为

$$T = T_A T_J T_B \tag{2.196}$$

其中，T_J 可用式（2.118）由 $\bar{a}_J$ 换算得到，即

$$T_J = \frac{1}{2} \begin{bmatrix} \sqrt{\dfrac{Z_{01B}}{Z_{02A}}} + \sqrt{\dfrac{Z_{02A}}{Z_{01B}}} & \sqrt{\dfrac{Z_{01B}}{Z_{02A}}} - \sqrt{\dfrac{Z_{02A}}{Z_{01B}}} \\ \sqrt{\dfrac{Z_{01B}}{Z_{02A}}} - \sqrt{\dfrac{Z_{02A}}{Z_{01B}}} & \sqrt{\dfrac{Z_{01B}}{Z_{02A}}} + \sqrt{\dfrac{Z_{02A}}{Z_{01B}}} \end{bmatrix} = \frac{1}{2\sqrt{r}} \begin{bmatrix} r+1 & r-1 \\ r-1 & r+1 \end{bmatrix} \tag{2.197}$$

其中，$r = Z_{01B}/Z_{02A}$。

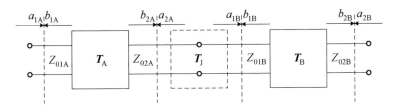

图 2.17　含有阻抗跳变的级联网络（传输参量）

例 2.6　已知某组合的二端口网络如图 2.18 所示，求该网络的归一化导纳矩阵 $\boldsymbol{y}$。若 $Z_{01}=Z_{02}=Z_0$，且 Z_0 和 Z_1 均已知，则求 R 为何值时该二端口网络的两个端口相互隔离。

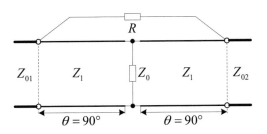

图 2.18　某组合的二端口网络

解：该二端口网络可以分解为两个二端口网络的并联，其中一个网络是串联电阻 R，另一个是由传输线、并联阻抗 Z_0 和传输线级联组合而成的网络。串联电阻 R 网络两端口的特性阻抗分别为 Z_{01} 和 Z_{02}，故其归一化导纳矩阵为

$$\boldsymbol{y}_R = \frac{1}{R}\begin{bmatrix} Z_{01} & -\sqrt{Z_{01}Z_{02}} \\ -\sqrt{Z_{01}Z_{02}} & Z_{02} \end{bmatrix}$$

级联二端口网络的非归一化 ABCD 矩阵为

$$\boldsymbol{A}_T = \begin{bmatrix} \cos 90° & jZ_1\sin 90° \\ \dfrac{j\sin 90°}{Z_1} & \cos 90° \end{bmatrix}\begin{bmatrix} 1 & 0 \\ \dfrac{1}{Z_0} & 1 \end{bmatrix}\begin{bmatrix} \cos 90° & jZ_1\sin 90° \\ \dfrac{j\sin 90°}{Z_1} & \cos 90° \end{bmatrix} = \begin{bmatrix} -1 & -\dfrac{Z_1^2}{Z_0} \\ 0 & -1 \end{bmatrix}$$

用网络端口特性阻抗对此 ABCD 矩阵进行归一化，得归一化 ABCD 矩阵：

$$\bar{\boldsymbol{a}}_T = \begin{bmatrix} -\sqrt{\dfrac{Z_{02}}{Z_{01}}} & \dfrac{Z_1^2}{Z_0\sqrt{Z_{01}Z_{02}}} \\ 0 & -\sqrt{\dfrac{Z_{01}}{Z_{02}}} \end{bmatrix}$$

根据归一化 ABCD 矩阵与归一化导纳矩阵之间的换算关系，可得其归一化导纳矩阵为

$$\boldsymbol{y}_T = \frac{Z_0}{Z_1^2}\begin{bmatrix} Z_{01} & \sqrt{Z_{01}Z_{02}} \\ \sqrt{Z_{01}Z_{02}} & Z_{02} \end{bmatrix}$$

因此，总二端口网络的归一化导纳矩阵为

$$y = y_R + y_T = \begin{bmatrix} \dfrac{Z_{01}}{R} + \dfrac{Z_0 Z_{01}}{Z_1^2} & -\dfrac{\sqrt{Z_{01} Z_{02}}}{R} + \dfrac{Z_0 \sqrt{Z_{01} Z_{02}}}{Z_1^2} \\[4mm] -\dfrac{\sqrt{Z_{01} Z_{02}}}{R} + \dfrac{Z_0 \sqrt{Z_{01} Z_{02}}}{Z_1^2} & \dfrac{Z_{02}}{R} + \dfrac{Z_0 Z_{02}}{Z_1^2} \end{bmatrix}$$

注意：一般来说，两个网络并联组合后的归一化导纳矩阵并不一定等于原来两个网络的归一化导纳矩阵之和，此处相等是因为原来两个二端口网络，以及并联后的总二端口网络两个端口的特性阻抗都对应相等，由式（2.184）可知，只要满足 $Z_{01} = Z_{01A} = Z_{01B}$ 及 $Z_{02} = Z_{02A} = Z_{02B}$ 即可。

若两个并联网络的前后端口特性阻抗均为 Z_0，则并联组合后网络的归一化导纳矩阵可简化为

$$y = \begin{bmatrix} \dfrac{Z_0}{R} + \left(\dfrac{Z_0}{Z_1}\right)^2 & -\dfrac{Z_0}{R} + \left(\dfrac{Z_0}{Z_1}\right)^2 \\[4mm] -\dfrac{Z_0}{R} + \left(\dfrac{Z_0}{Z_1}\right)^2 & \dfrac{Z_0}{R} + \left(\dfrac{Z_0}{Z_1}\right)^2 \end{bmatrix}$$

显然，为使二端口网络的两个端口隔离，只要令其归一化导纳参量的 y_{12} 或 y_{21} 等于 0 即可：

$$-\dfrac{Z_0}{R} + \left(\dfrac{Z_0}{Z_1}\right)^2 = 0$$

解得

$$R = Z_1^2 / Z_0$$

2.6 网络的信号流图表示

信号流图是借助拓扑图形求线性方程组解的一种方法，最早由美国麻省理工学院的梅森于 1953 年提出，故又称梅森图。该方法将各有关变量的因果关系在图中明显地表示出来，特别适合分析线性系统，获得传递函数。将信号流图引入射频与微波电路，对于分析或设计含有放大器等较复杂网络，可带来极大的便利，并且网络的散射参量特别适合用信号流图表示。下面首先讨论信号流图的构成与特点，然后给出信号流图的化简方法。

信号流图的基本组成如下。

（1）节点：表示系统中变量或信号的点。射频与微波网络的每个端口都包含两个节点 a_i 和 b_i，a_i 表示进入第 i 个端口的入射波，b_i 表示从第 i 个端口出来的反射波。

（2）支路：连接两个节点的定向线段，包含入支路（进入该节点的支路）和出支路（离开该节点的支路），对应射频与微波网络中的散射参量或反射系数。

根据信号流图的构成规则，射频与微波二端口网络的信号流图可用图 2.19 表示。其中，入射到端口 1 的波 a_1 被分成两部分：一部分经 S_{11} 支路反射回端口 1，构成端口 1 反射波 b_1 的

一部分；另一部分经 S_{21} 支路传输到端口 2，成为端口 2 反射波 b_2 的一部分。若端口 2 外接不匹配负载，且负载反射系数为 Γ_L，则从节点 b_2 出来的信号经过 Γ_L 支路（在该图中表示一条支路）回到节点 a_2。从端口 2 入射的信号经过节点 a_2 也被分成两部分，一部分经支路 S_{22} 进入节点 b_2；另一部分经支路 S_{12} 反向传输到端口 1，并构成端口 1 反射波 b_1 的一部分。

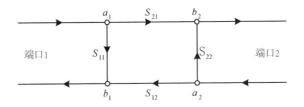

图 2.19　射频与微波二端口网络的信号流图表示

另外，一个完整的射频与微波放大器通常还包含信号源和负载，而信号源与负载属于一端口网络，下面考察它们的信号流图。

图 2.20（a）所示为一带有内阻 Z_S 的信号源，电压源的幅度为 E_S，信号源端口处的电压和电流分别为 V_g 和 I_g。考虑到信号源右端接特性阻抗为 Z_0 的传输线，根据电路知识，可得

$$b_g = b_S + \Gamma_S a_g \tag{2.198}$$

其中，$b_g = \dfrac{V_g^-}{\sqrt{Z_0}}$；$a_g = \dfrac{V_g^+}{\sqrt{Z_0}}$；$\Gamma_S = \dfrac{Z_S - Z_0}{Z_S + Z_0}$；$b_S = \dfrac{E_S\sqrt{Z_0}}{Z_S + Z_0}$。根据式（2.198），可画出如图 2.20（b）所示的信号流图。

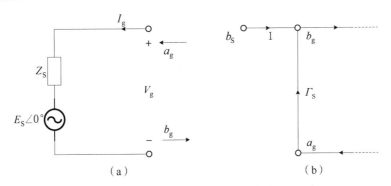

图 2.20　电压源及其信号流图

对于如图 2.21（a）所示的负载阻抗，很容易得到

$$b_L = \Gamma_L a_L \tag{2.199}$$

其中，$b_L = \dfrac{V_L^-}{\sqrt{Z_0}}$；$a_L = \dfrac{V_L^+}{\sqrt{Z_0}}$；$\Gamma_L = \dfrac{Z_L - Z_0}{Z_L + Z_0}$。根据式（2.199），可画出如图 2.21（b）所示的信号流图。

射频与微波网络采用信号流图表示的目的是方便获得两个节点之间的传输特性，求解方法有两种：流图化简法和梅森（Mason）公式法。

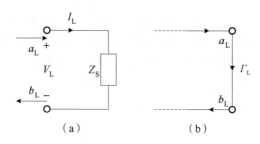

图 2.21　负载阻抗及其信号流图

（1）流图化简法。

流图化简就是通过应用一系列基本规则，将复杂信号流图最终化简为只含两个节点与一条支路的最简流图。流图化简有 4 条基本规则，即串联支路合并法则、并联支路合并法则、自环消除法则和支路移动法则。

① 串联支路合并法则：两节点之间有几条首尾相接的串联支路，可合并为一条支路，新支路的传输值为原来各串联支路传输值之积，图 2.22（a）即适用此法则的流图，基本关系式为

$$a_3 = S_2 a_2 = S_1 S_2 a_1 \tag{2.200}$$

② 并联支路合并法则：两节点之间有几条同相支路，可合并为一条支路，新支路的传输值为原来各并联支路传输值之和，图 2.22（b）即适用此法则的流图，基本关系式为

$$a_2 = S_1 a_1 + S_2 a_1 = (S_1 + S_2) a_1 \tag{2.201}$$

③ 自环消除法则：从起点出发，顺着箭头方向沿支路又回到起点构成环。自环为一种特殊的环，即从起点直接回到终点而不经过其他节点。若某节点包含传输值为 S（不为 1）的自环，则可将所有入支路（进入节点的支路）的传输值除以 $(1-S)$，自环消除；而出支路（离开节点的支路）的传输值不变，图 2.22（c）即适用此法则的流图，基本关系式为

$$a_2 = S_1 a_1 + S_3 a_2 \Rightarrow a_2 = \frac{S_1}{1 - S_3} a_1 \tag{2.202}$$

$$a_3 = S_2 a_2 = \frac{S_1 S_2}{1 - S_3} a_1 \tag{2.203}$$

④ 支路移动（节点消除）法则：某节点 a_N 含有 m 条入支路及 n 条出支路（ $m, n \geqslant 1$ ），将该节点的 m 条入支路分别沿 n 条出支路移动（移动入支路的末端），即入支路的始端不动，将其末端分别移动到该节点的出支路末端。每一条入支路经移动后产生 n 条新支路，每条新支路的传输值等于该入支路和每条对应出支路的传输值之积。所有入支路都移动完毕后，节点被吸收，共产生 mn 条新支路。图 2.22（d）所示为中间节点 a_2 只含 1 条入支路时的支路移动情况，基本关系式为

$$a_2 = S_1 a_1 \tag{2.204}$$

$$a_3 = S_2 a_2 = S_1 S_2 a_1 \tag{2.205}$$

$$a_4 = S_3 a_2 = S_1 S_3 a_1 \tag{2.206}$$

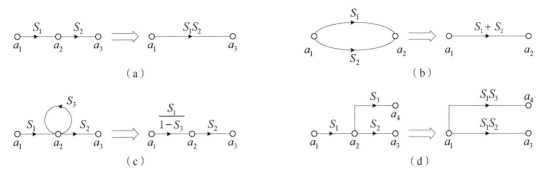

图 2.22 流图化简法则

例 2.7 用信号流图化简公式，求出如图 2.23（a）所示的二端口网络的 Γ_{in} 和 Γ_{out} 的表达式。

解：$\Gamma_{\text{in}} = b_1 / a_1$，应用上述流图化简规则，分别处理节点 a_2 和 b_2，如图 2.23（b）、（c）所示，可得

$$\Gamma_{\text{in}} = \frac{b_1}{a_1} = S_{11} + \frac{S_{12}S_{21}\Gamma_{\text{L}}}{1 - S_{22}\Gamma_{\text{L}}}$$

同样，$\Gamma_{\text{out}} = b_2 / a_2$，应用上述化简规则，分别处理节点 b_1 和 a_1，如图 2.23（d）、（e）、（f）所示，可得

$$\Gamma_{\text{out}} = \frac{b_2}{a_2} = S_{22} + \frac{S_{12}S_{21}\Gamma_{\text{S}}}{1 - S_{11}\Gamma_{\text{S}}}$$

需要注意的是，在求 Γ_{out} 时，由于 b_{S} 不起作用，故去除。

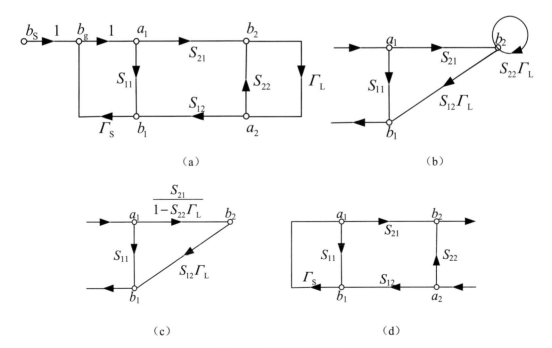

图 2.23 信号流图化简图

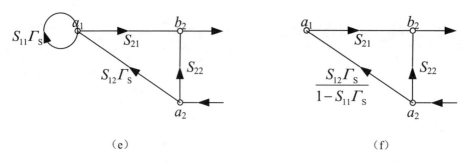

（e）   （f）

图 2.23　信号流图化简图（续）

此外，本例中所求 $\Gamma_{in} = b_1/a_1$、$\Gamma_{out} = b_2/a_2$ 属于简单信号流图化简。若求 b_1/b_S，则采用上述规则化简会比较烦琐，此时借助梅森公式可快速获得。

（2）梅森公式法。

梅森公式又称为梅森不接触环法则。根据梅森公式，可以直接求出信号流图中任意两个节点之间的传输值。求信号流图中节点 i 至节点 j 的传输值 T_{ij} 的梅森公式为

$$T_{ij} = \frac{a_j}{a_i} = \frac{\sum\limits_{k=1}^{n} P_k \Delta_k}{\Delta} \tag{2.207}$$

其中，a_i、a_j 分别为节点 i 和 j 的值；P_k 为节点 i 至节点 j 的第 k 条通路的传输值；n 表示从节点 i 至节点 j 的通路有 n 条；Δ 和 Δ_k 分别为

$$\Delta = 1 - \sum L_1 + \sum L_2 - \sum L_3 + \cdots + (-1)^m \sum L_m + \cdots \tag{2.208}$$

$$\Delta_k = 1 - \sum L_{1k} + \sum L_{2k} - \sum L_{3k} + \cdots + (-1)^m \sum L_{mk} + \cdots \tag{2.209}$$

其中，Δ 为图行列式；$\sum L_1$ 为所有一阶环传输值之和，所谓一阶环，就是指流图中的每一个环，传输值等于该环中所有支路传输值之积；$\sum L_2$ 为所有二阶环传输值之和，任意两个不接触的一阶环构成一个二阶环，传输值为两个一阶环传输值之积；$\sum L_m$ 为所有 m 阶环传输值之和，任意 m 个不接触的一阶环构成一个 m 阶环，传输值为 m 个一阶环传输值之积；Δ_k 为不接触节点 i 至节点 j 的第 k 条通路的图行列式；$\sum L_{1k}$ 为所有不接触第 k 条通路的一阶环传输值之和；$\sum L_{mk}$ 为所有不接触第 k 条通路的 m 阶环传输值之和。

例 2.8　用梅森公式求如图 2.23（a）所示的信号流图中 b_1/b_S 的表达式。

解：从 b_S 至 b_1 的通路有两条，传输值分别为 $P_1 = S_{11}$，$P_2 = S_{21}S_{12}\Gamma_L$。在图 2.23（a）中，一阶环有 3 个，传输值分别为 $S_{11}\Gamma_S$、$S_{22}\Gamma_L$、$S_{12}S_{21}\Gamma_S\Gamma_L$；二阶环有 1 个，传输值为 $S_{11}S_{22}\Gamma_S\Gamma_L$；没有三阶及以上的环。由此可得

$$\Delta = 1 - (S_{11}\Gamma_S + S_{22}\Gamma_L + S_{12}S_{21}\Gamma_S\Gamma_L) + S_{11}S_{22}\Gamma_S\Gamma_L$$

在图 2.23（a）中，与通路 P_1 不接触的环只有一个，传输值为 $S_{22}\Gamma_L$，不存在与通路 P_2 不接触的环，因此有

$$\Delta_1 = 1 - S_{22}\Gamma_L$$

$$\Delta_2 = 1$$

根据梅森公式，可得

$$\frac{b_1}{b_S} = \frac{S_{11}(1 - S_{22}\varGamma_L) + S_{12}S_{21}\varGamma_L}{1 - (S_{11}\varGamma_S + S_{22}\varGamma_L + S_{12}S_{21}\varGamma_S\varGamma_L) + S_{11}S_{22}\varGamma_S\varGamma_L}$$

例 2.9　用如图 2.24 所示的信号流图求信号源的资用功率 P_{AVS}。

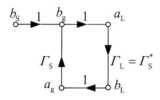

图 2.24　负载与信号源共轭匹配时的信号流图

解：信号源的资用功率等于负载与信号源内阻共轭匹配时负载上获得的功率。因此，上述信号源的资用功率为

$$P_{AVS} = P_L\Big|_{\varGamma_L = \varGamma_S^*} = \frac{1}{2}\left(\left|a_L\right|^2 - \left|b_L\right|^2\right)\Big|_{\varGamma_L = \varGamma_S^*}$$

需要求出 a_L 和 b_L 分别与 b_S 的关系式。由信号流图可得如下关系式：

$$\begin{cases} a_L = b_S + a_g\varGamma_S = b_S + b_L\varGamma_S & (2.210) \\ b_L = a_L\varGamma_L = a_L\varGamma_S^* & (2.211) \end{cases}$$

将式（2.211）代入式（2.210），可解出 a_L；再将结果代入式（2.211），可解出 b_L，结果为

$$a_L = \frac{b_S}{1 - \left|\varGamma_S\right|^2}$$

$$b_L = \frac{b_S\varGamma_S^*}{1 - \left|\varGamma_S\right|^2}$$

将解出的 a_L、b_L 代入上述信号源的资用功率计算表达式，得

$$P_{AVS} = \frac{1}{2} \cdot \frac{\left|b_S\right|^2}{1 - \left|\varGamma_S\right|^2}$$

参考文献

[1]　李宗谦，佘京兆，高葆新. 微波工程基础[M]. 北京：清华大学出版社，2004.

[2]　清华大学《微带电路》编写组. 微带电路[M]. 北京：清华大学出版社，2017.

[3]　梁昌洪，谢拥军，官伯然. 简明微波[M]. 北京：高等教育出版社，2006.

[4] POZAR D M. 微波工程[M]. 谭云华，周乐柱，吴德明，等，译. 4 版. 北京：电子工业出版社，2019.

[5] KUROKAWA K. Power Waves and the Scattering Matrix [J]. IEEE Transactions on Microwave Theory and Techniques，1965，13（2）：194-202.

[6] GONZALEZ G. 微波晶体管放大器分析与设计[M]. 白晓东，译. 2 版. 北京：清华大学出版社，2003.

 习题

1．按散射参量的定义和归一化 ABCD 参量的定义推导出二端口网络两组参量的转换关系。

2．一段电长度为 θ、特性阻抗为 Z_0 的传输线，假设两个端口的特性阻抗均为 Z_0，试求其 ABCD 矩阵和 S 矩阵。

3．在两个端口上驱动二端口网络的电压和电流如下（$Z_0=50\Omega$）：$V_1=20\angle 0°\text{V}$，$I_1=0.4\angle 90°\text{A}$；$V_2=4\angle -90°\text{A}$，$I_2=0.08\angle 0°\text{A}$。求每个端口的输入阻抗及每个端口上的入射电压和反射电压。

4．在如图 2.25 所示的电路中，二端口网络前后各接一段长度为 $\lambda/8$、特性阻抗为 50Ω 的传输线。a、b 分别表示入射波和反射波，V_1、I_1（流进网络）表示端口 1 上的电压、电流。

（1）计算 $V_1(0)$、$I_1(0)$。

（2）计算 $a_1(\lambda/8)$ 和 $b_1(\lambda/8)$。

（3）如果在 $x_1=x_2=\lambda/8$ 的参考面上测量出的二端口网络的散射参量是 $S_{11}=0.447\angle 63.4°$、$S_{12}=0.01\angle 40°$、$S_{21}=5\angle 135°$、$S_{22}=0.6\angle 40°$，那么请计算负载 Z_2 上的功率。

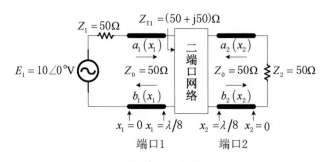

图 2.25　电路

5．证明互易二端口网络的归一化 ABCD 参量、T 参量满足下列两式：

$$\overline{a}\overline{d}-\overline{b}\overline{c}=1$$

$$T_{11}T_{22}-T_{12}T_{21}=1$$

6．设单级对称二端口网络的归一化 ABCD 矩阵为

$$\overline{\boldsymbol{a}}_1 = \begin{bmatrix} \cos\theta & \mathrm{j}\sin\theta \\ \mathrm{j}\sin\theta & \cos\theta \end{bmatrix}$$

证明当 n 级相同的这种网络级联时，总网络的归一化 ABCD 矩阵为

$$\overline{\boldsymbol{a}} = \overline{\boldsymbol{a}}_1{}^n = \begin{bmatrix} \cos(n\theta) & \mathrm{j}\sin(n\theta) \\ \mathrm{j}\sin(n\theta) & \cos(n\theta) \end{bmatrix}$$

7．考虑一个二端口网络，$Z_{\mathrm{SC}}^{(1)}$、$Z_{\mathrm{SC}}^{(2)}$、$Z_{\mathrm{OC}}^{(1)}$、$Z_{\mathrm{OC}}^{(2)}$ 分别表示当端口 2 短路时端口 1 处的输入阻抗、端口 1 短路时端口 2 处的输入阻抗、端口 2 开路时端口 1 处的输入阻抗、端口 1 开路时端口 2 处的输入阻抗。证明其阻抗参量分别为 $Z_{11} = Z_{\mathrm{OC}}^{(1)}$、$Z_{22} = Z_{\mathrm{OC}}^{(2)}$、$Z_{12}^2 = Z_{21}^2 = \left(Z_{\mathrm{OC}}^{(1)} - Z_{\mathrm{SC}}^{(1)} \right) Z_{\mathrm{OC}}^{(2)}$。

8．考虑一个无耗二端口网络。

（1）若网络互易，则证明 $|S_{21}|^2 = 1 - |S_{11}|^2$。

（2）若网络非互易，则证明其不可能有单向传输性，其中，$S_{12} = 0$ 且 $S_{21} \neq 0$。

9．若两个二端口网络的散射矩阵分别为 $\boldsymbol{S}_{\mathrm{A}}$ 和 $\boldsymbol{S}_{\mathrm{B}}$，试借助信号流图求解这两个网络级联后总网络的散射矩阵。

第 3 章

典型无源器件——功率分配/合成器、

90°/180°耦合器

常用的射频与微波无源器件包括功率分配/合成器、定向耦合器、衰减器、滤波器等。这里所说的无源器件通常指不会产生新的频率分量的器件。在某些极端情况下，如传输功率极大的滤波器也会产生无源三阶交调（新的频率分量），这不在本章讨论范围内。其中，滤波器因为设计理论相对独立，有专门的著作对其设计进行论述，所以本书在此不再赘述。本书着重讲解在射频与微波工程里经常用到的三端口功率分配/合成器和四端口功率混合网络，如图 3.1 所示。因为这两类器件的设计方法是系统性采用前述几章理论来解决工程设计实际问题的良好应用，所以，掌握本章的网络分析、奇偶模分析法、等效电路分析法等内容，可以帮助读者深入领会如何将前述章节的理论运用在工程实际中。

功率分配器简称功分器，用于功率分配或功率组合，是一种典型的三端口器件。掌握三端口器件的关键是理解无源、无耗且 3 个端口都匹配的三端口器件在物理上不存在。本章开始运用网络理论证明这一结论。在此基础上，可以推广得到：如果希望三端口器件的 3 个端口都能获得匹配，则必须有耗。这也是威尔金森（Wilkinson）功分器必须包含阻性元器件的原因之一。波导型功分器分别包括 E 平面和 H 平面波导 T 型结，平面电路形式包括微带/带状线 T 型结、威尔金森功分器等。采用基片集成波导技术设计的功分器虽然在外形和加工工艺上属于平面电路，但是其工作原理与波导功分器类似，是一种平面/非平面电路混合集成的典型成功案例。功分器通常等地地进行功率分配，有时也会用到不等分的形式。本章也将讲解如何设计不等分的功分器，以及采用集总参数设计的功分器。

掌握常用的射频与微波四端口网络的核心在于，当满足某些简化条件时（如网络无耗），四端口网络的散射参量具有能量守恒特性或幺正性，通过矩阵运算可以得到四端口网络特有的端口之间的幅度和相位关系，在满足不同的幅度和相位关系的情况下，可以得到具有不同功能的四端口器件。例如，满足输出支路和耦合支路功率相等、相位差为 90°的 90°混合结（也称正交混合结、分支线耦合器等），Riblet 耦合器等；满足输出支路和耦合支路功率相等、相位差为 180°的 180°混合结（也称 Rat-race ring、180°混合环、平面魔 T），波导魔 T（也称波导 ET 耦合器）等；更为一般的情况，即具有任意功率分配比的定向耦合器，如 Bethe 孔耦合器、多孔定向耦合器、十字槽定向耦合器等。由于平面传输线的应用，各种新型耦合器和功分器（如分支线混合网络和耦合线定向耦合器等）也得到快速发展，甚至成为一个专门的研究方向。

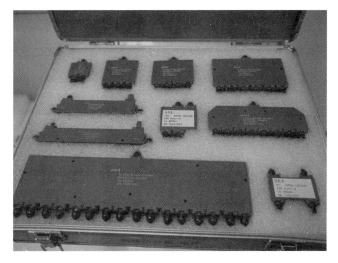

图 3.1　三端口、四端口和 N 端口网络

本章首先讨论三端口和四端口网络的一些通用特性，其次介绍无耗功分器和威尔金森功分器的分析与设计，之后对 90°混合结和 180°混合结的分析与设计进行详细讨论。

3.1　三端口与四端口器件的网络分析与表征

3.1.1　三端口 T 型结及特性

三端口 T 型结功分器由一个输入和两个输出组成，是功分器中结构最简单的一种，散射矩阵如下：

$$\boldsymbol{S} = \begin{bmatrix} S_{11} & S_{12} & S_{13} \\ S_{21} & S_{22} & S_{23} \\ S_{31} & S_{32} & S_{33} \end{bmatrix} \tag{3.1}$$

不含各向异性材料且无源器件的三端口网络是互易的，散射矩阵是对称的，即 $S_{ij}=S_{ji}$。在实际应用中，为避免功率损耗，通常希望网络本身无耗且各端口都匹配。但对于三端口网络，无法得到所有端口都匹配的三端口无耗互易网络，现证明如下。

假设所有端口都匹配，即 $S_{ii}=0$，同时，若网络互易，则散射矩阵简化为

$$\boldsymbol{S} = \begin{bmatrix} 0 & S_{12} & S_{13} \\ S_{12} & 0 & S_{23} \\ S_{S_{13}} & S_{23} & 0 \end{bmatrix} \tag{3.2}$$

假设此三端口网络也无耗，根据能量守恒式：

$$\sum_{k=1}^{N} S_{ki} S_{kj}^* = 1, \quad i = j$$

$$\sum_{k=1}^{N} S_{ki} S_{kj}^* = 0, \quad i \neq j \tag{3.3}$$

可得无耗网络的散射矩阵是一个幺正阵，利用能量守恒式将 $\boldsymbol{S}$ 矩阵展开：

$$\left| S_{12} \right|^2 + \left| S_{13} \right|^2 = 1 \tag{3.4}$$

$$\left| S_{12} \right|^2 + \left| S_{23} \right|^2 = 1 \tag{3.5}$$

$$\left| S_{13} \right|^2 + \left| S_{23} \right|^2 = 1 \tag{3.6}$$

$$S_{13}^* S_{23} = 0 \tag{3.7}$$

$$S_{23}^* S_{12} = 0 \tag{3.8}$$

$$S_{12}^* S_{13} = 0 \tag{3.9}$$

从式（3.7）～式（3.9）可以看出，S_{12}、S_{13}、S_{23} 这 3 个参量中至少有两个参量为 0。但这一条件又与式（3.4）～式（3.6）矛盾，从而证明了三端口网络不可能同时满足无耗、互易且全部端口匹配这 3 个条件。

假如这 3 个条件中只需满足任意两个，那么这种器件就物理可实现。

第一种情况，假设三端口网络非互易，满足另两个条件，即满足全部端口输入匹配和能量守恒这两个条件。也就是说，需要证明任何匹配、无耗的三端口网络必定非互易。

若三端口网络的全部端口输入匹配，则其 $\boldsymbol{S}$ 矩阵有下列形式：

$$\boldsymbol{S} = \begin{bmatrix} 0 & S_{12} & S_{13} \\ S_{21} & 0 & S_{23} \\ S_{31} & S_{32} & 0 \end{bmatrix} \tag{3.10}$$

同样，由于无耗网络的 $\boldsymbol{S}$ 矩阵是幺正阵，所以有下列结论：

$$S_{31}^* S_{32} = 0 \tag{3.11}$$

$$S_{21}^* S_{23} = 0 \tag{3.12}$$

$$S_{12}^* S_{13} = 0 \tag{3.13}$$

$$\left| S_{12} \right|^2 + \left| S_{13} \right|^2 = 1 \tag{3.14}$$

$$\left| S_{12} \right|^2 + \left| S_{23} \right|^2 = 1 \tag{3.15}$$

$$\left| S_{31} \right|^2 + \left| S_{32} \right|^2 = 1 \tag{3.16}$$

此时，有下面两种情况之一来满足上述这些结论：

$$S_{12} = S_{23} = S_{31} = 0, \quad \left| S_{21} \right| = \left| S_{32} \right| = \left| S_{13} \right| = 1 \tag{3.17}$$

或

$$S_{21}=S_{32}=S_{13}=0 , \quad |S_{12}|=|S_{23}|=|S_{31}|=1 \tag{3.18}$$

从以上的推导可以看出，当 $i \neq j$ 时，$S_{ij} \neq S_{ji}$，即该器件非互易，能量只能沿着一个方向流动。满足以上条件的器件称为环形器，其非互易的特性可以利用各向异性材料（如铁氧体）实现。感兴趣的读者可以参考相关书籍了解环形器的详细介绍[1]，此处仅在数学上对其进行分析。

以上两种解分别对应如图 3.2 所示的环形器，存在两种可能，它们的不同之处在于各端口间能量流动的方向，式（3.17）对应的环形器的能量流动需要沿顺时针方向流动，而式（3.18）对应的环形器的能量流动需要沿逆时针方向流动。

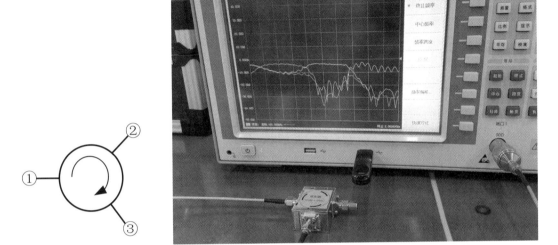

图 3.2　环形器符号图与实测环形器

第二种情况，假设三端口网络只有两个端口是匹配的，就可以实现网络的无耗且互易，但是根据这种条件设计的三端口网络缺乏实际应用，故此处不再详细讨论。

还有一种情况具有高度实际工程应用价值，即三端口网络有损耗，但满足三端口网络互易的条件，并且 3 个端口均能完全匹配。阻性功分器即可满足上述条件，且有耗三端口网络可以达到输出端口之间相互隔离的效果，常用的阻性功分/合成器为威尔金森功分/合成器。

3.1.2　四端口网络及定向耦合器的测量

前面介绍了三端口网络，并证明了三端口网络中所有端口都匹配的三端口无耗互易网络是不存在的。本节将证明四端口网络可以实现所有端口都匹配，且网络是无耗且互易的，并在此基础上介绍四端口网络的分析方法；通过了解耦合器方向性的测量方法，把前述章节的理论知识进行实际应用，对四端口网络建立较为深入的认识。

若四端口网络是互易的，且其所有端口都匹配，则该四端口网络的 **S** 矩阵可以表示为

$$S = \begin{bmatrix} 0 & S_{12} & S_{13} & S_{14} \\ S_{12} & 0 & S_{23} & S_{24} \\ S_{13} & S_{23} & 0 & S_{34} \\ S_{14} & S_{24} & S_{34} & 0 \end{bmatrix} \tag{3.19}$$

若该四端口网络同时无耗，则根据散射矩阵的幺正性或无耗网络的能量守恒条件，可以得出 10 个方程。令 S 矩阵中的第 1 行和第 2 行相乘、第 4 行和第 3 行相乘，则有

$$S_{13}^* S_{23} + S_{14}^* S_{24} = 0 \tag{3.20}$$

$$S_{14}^* S_{13} + S_{24}^* S_{23} = 0 \tag{3.21}$$

将 S_{13}^* 乘以式（3.21）减去 S_{24}^* 乘以式（3.20），可得

$$S_{14}^* \left(|S_{13}|^2 - |S_{24}|^2 \right) = 0 \tag{3.22}$$

同理，令 S 矩阵中的第 1 行和第 3 行相乘、第 2 行和第 4 行相乘，则有

$$S_{12}^* S_{23} + S_{14}^* S_{34} = 0 \tag{3.23}$$

$$S_{14}^* S_{12} + S_{34}^* S_{23} = 0 \tag{3.24}$$

再将 S_{12} 乘以式（3.23）减去 S_{34} 乘以式（3.24），可得

$$S_{23} \left(|S_{12}|^2 - |S_{34}|^2 \right) = 0 \tag{3.25}$$

此时，如果 $S_{14} = S_{23} = 0$，则可以满足式（3.22）和式（3.25），这是其中的一种解，物理实现即定向耦合器。

令式（3.19）形成的幺正阵的各行乘以各行本身，可得

$$|S_{12}|^2 + |S_{13}|^2 = 1 \tag{3.26}$$

$$|S_{12}|^2 + |S_{24}|^2 = 1 \tag{3.27}$$

$$|S_{13}|^2 + |S_{34}|^2 = 1 \tag{3.28}$$

$$|S_{24}|^2 + |S_{34}|^2 = 1 \tag{3.29}$$

根据式（3.26）和式（3.27），可得 $|S_{13}| = |S_{24}|$。同理，根据式（3.27）和式（3.29），可得 $|S_{12}| = |S_{34}|$。

为了进一步简化四端口网络的 S 矩阵，可以选择 3 个端口的相位参考面/点。令 $S_{12} = S_{34} = \alpha$、$S_{13} = \beta \exp(j\theta)$、$S_{24} = \beta \exp(j\varphi)$（$\alpha$ 和 β 为实数，θ 和 φ 是特定的相位常数，4 个参数中有 1 个可自由选择）。

再将 S 矩阵的第 2 行和第 3 行相乘，可得

$$S_{12}^* S_{13} + S_{24}^* S_{34} = 0 \tag{3.30}$$

此时可得到相位常数之间的关系：

$$\theta + \varphi = \pi \pm 2n\pi \tag{3.31}$$

如果暂时不考虑 2π 的整倍数，则根据参考面的选择不同，通常有两种解：对称耦合器和反对称耦合器。

当 $\theta=\varphi=\pi/2$ 时，若令有振幅 β 的那些项的相位相等，则构成对称耦合器，其散射矩阵 S 可以写为

$$S=\begin{bmatrix} 0 & \alpha & j\beta & 0 \\ \alpha & 0 & 0 & j\beta \\ j\beta & 0 & 0 & \alpha \\ 0 & j\beta & \alpha & 0 \end{bmatrix} \tag{3.32}$$

当 $\theta=0$，$\varphi=\pi$ 时，若令有振幅 β 的那些项的相位相差 180°，则构成反对称耦合器，其散射矩阵 S 可以写为

$$S=\begin{bmatrix} 0 & \alpha & \beta & 0 \\ \alpha & 0 & 0 & -\beta \\ \beta & 0 & 0 & \alpha \\ 0 & -\beta & \alpha & 0 \end{bmatrix} \tag{3.33}$$

此外，根据式（3.26），有如下约束：

$$\alpha^2+\beta^2=1 \tag{3.34}$$

从式（3.34）可知，一个理想的定向耦合器能获得的自由度只有一个（相位参考面/点除外）。

当 $|S_{13}|=|S_{24}|$ 和 $|S_{12}|=|S_{34}|$ 时，也满足式（3.22）和式（3.25），这是另一种解。从式（3.31）出发，选择相位参考面/点，使得 $S_{13}=S_{24}=\alpha$ 和 $S_{12}=S_{34}=j\beta$。此时，式（3.20）可改写为 $\alpha(S_{23}+S_{14}^{*})=0$，式（3.23）可改写为 $\beta(S_{14}^{*}-S_{23})=0$。这两个方程有两个可能的解，第一个解为 $S_{14}=S_{23}=0$，与上面的定向耦合器的解是一样的；另一个解为 $\alpha=\beta=0$，此时，$S_{12}=S_{13}=S_{24}=S_{34}=0$，这是两个去耦二端口网络的情况，缺乏工程应用意义，这里不再进行进一步讨论。

综上可知，任何互易、无耗且各端口均匹配的四端口网络均是一个定向耦合器。图 3.3 给出了常用的定向耦合器的表示符号和习惯的端口定义。若端口 1 为输入端口，端口 2 为直通端口，端口 3 为耦合端口，端口 4 为隔离端口，则定义耦合系数 $|S_{31}|^2=|S_{13}|^2=\beta^2$，表示端口的功率耦合到端口 3。剩余的输入功率传送到端口 2，由系数 $|S_{21}|^2=|S_{12}|^2=\alpha^2=1-\beta^2$ 表示。在理想的耦合器中，没有功率传送到端口 4（隔离端）。

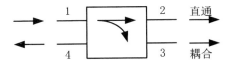

图 3.3　常用的定向耦合器（单向）的表示符号和习惯的端口定义

定向耦合器可用以下参量来表征：

$$耦合度=C=10\log\frac{P_1}{P_3}=-20\log\beta\,\text{dB} \tag{3.35}$$

$$方向性=D=10\log\frac{P_3}{P_4}=20\log\frac{\beta}{|S_{14}|}\,\text{dB} \tag{3.36}$$

$$隔离度=I=10\log\frac{P_1}{P_4}=-20\log|S_{14}|\,\text{dB} \tag{3.37}$$

其中，输入功率与耦合到耦合端口的功率的比值定义为耦合度。将耦合器隔离前向波和反向波能力的量度定义为方向性，上述各参量之间的关系为

$$I = (D + C)\text{dB} \tag{3.38}$$

理想耦合器的方向性和隔离度无限大（$S_{14}=0$），因此，可根据耦合度 C 确定 α 和 β 的值。

定向耦合器的一种特殊情况是混合结（耦合器），混合结的耦合度是 3dB，此时 $\alpha=\beta=1/\sqrt{2}$。混合结通常有两种类型，分别是 90°（正交）混合结和 180°混合结或环形波导混合网络，后面会对这两种混合结的工作原理和设计方法进行详细讨论，这里仅简要介绍其散射参数。

正交混合结/网络是一个对称耦合器，当在端口 1 馈入时，端口 2 和端口 3 之间有 90°相移（$\theta=\varphi=\pi/2$），S 矩阵为

$$S = \frac{1}{\sqrt{2}}\begin{bmatrix} 0 & 1 & j & 0 \\ 1 & 0 & 0 & j \\ j & 0 & 0 & 1 \\ 0 & j & 1 & 0 \end{bmatrix} \tag{3.39}$$

反对称耦合器的典型代表是 180°混合结/网络或波导魔 T，当在端口 4 馈入时，端口 2 和端口 3 之间有 180°相差，S 矩阵为

$$S = \frac{-j}{\sqrt{2}}\begin{bmatrix} 0 & 1 & 1 & 0 \\ 1 & 0 & 0 & -1 \\ 1 & 0 & 0 & 1 \\ 0 & -1 & 1 & 0 \end{bmatrix} \tag{3.40}$$

方向性是定向耦合器分离前向波分量和反向波分量的能力的量度。通常要求定向耦合器具有较好的方向性，这是因为差的方向性将限制反射计的精度，导致在直通端即使存在微小的阻抗不匹配，耦合端的功率电平也会相应发生改变。

由于耦合器含有一个低电平信号，而直通端上的反射波功率可能会掩盖这个低电平信号，因此耦合器的方向性通常不能直接测量。举个例子，假设耦合器的耦合度 C=20dB，方向性 D=35dB，此时接一个回波损耗 RL=30dB 的负载，那么通过方向性通道的信号电平将低于输出功率 55dB（由 $D+C$ 得到），但是通过耦合端的反射功率只低于输入功率 50dB（由 RL+C 得到），因而会淹没方向性通道的低电平信号，从而无法直接测量得到耦合器的方向性。

一种古老但经典的测量方法是启用滑动匹配负载来间接测量耦合器的方向性，理解这种测量方法是一种具有高度学习价值的思维体操，具体测量步骤如下。

首先，将信号源和匹配负载分别与耦合器相连，测量耦合端口输出功率，如图 3.4（a）所示。假定输入功率为 P_i，则输出功率 $P_c=C^2 P_i$，其中，C 是耦合器用数值表示的电压耦合度，$C = 10^{(-C\text{dB})/20}$。

然后，将耦合器的方向翻转，令直通端终端接滑动负载，如图 3.4（b）所示。

改变滑动负载的位置，使负载反射的信号产生可变相移，并将可变相移耦合到输出端口，此时，输出端口的电压为

$$V_0 = V_i\left(\frac{C}{D} + C|\Gamma|\mathrm{e}^{-j\theta}\right)$$

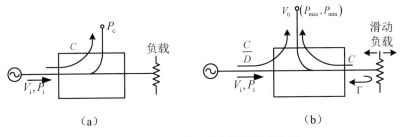

（a）　　　　　　　　　　　　（b）

图 3.4　定向耦合器方向性测量示意图

其中，V_i 是输入电压；D 是数值表示的方向性，$D=10^{(DdB)/20} \gg 1$；$|\Gamma|$ 是负载反射系数的幅值；θ 是定向信号和反射信号之间的通道电长度差。通过移动滑动负载来改变通道电长度差 θ，从而使这两个信号组合成一个圆的轨迹，如图 3.5 所示。

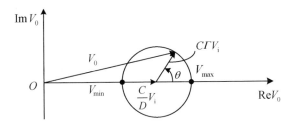

图 3.5　定向耦合器测量原理

结合图 3.5 可知，此时的最小功率和最大功率分别为

$$P_{\min} = P_i \left(\frac{C}{D} - C|\Gamma| \right)^2, \quad P_{\max} = P_i \left(\frac{C}{D} + C|\Gamma| \right)^2$$

可以用这些功率来定义系数 M 和 m：

$$M = \frac{P_c}{P_{\max}} = \left(\frac{D}{1+|\Gamma|D} \right)^2, \quad m = \frac{P_{\max}}{P_{\min}} = \left(\frac{1+|\Gamma|D}{1-|\Gamma|D} \right)^2$$

在信号源和耦合器之间添加一个可变衰减器，可以精确地测量相应的比值；再根据 M 和 m 的值，可求出方向性 D 的数值为

$$D = M \left(\frac{2m}{m+1} \right)$$

注意：在使用这种测量方法时，需要满足 $|\Gamma| < 1/D$；若用 dB 表示，则需要满足 RL>D。

3.2　无耗功分器和威尔金森功分器

本节将介绍无耗功分器和威尔金森功分器。功分器通常是一种多端口的器件。这里只介绍最简单的三端口器件，即 T 型结功分器，并详细讨论一种在实际应用中很常见的威尔金森功分器的分析方法。最后把这一分析方法拓展到设计不等分功分器的设计原理中。

3.2.1　无耗功分器

T 型结功分器可由多种类型的传输线来制造。它作为一种基本的三端口器件，既可以用作功率分配，又可以用作功率组合。图 3.6 给出了一些常用波导型和同轴接口 T 型结功分器。这里讨论的 T 型结是不存在传输线损耗的无耗结。根据前面的讨论可知，这种 T 型结不能同时满足全部端口匹配。

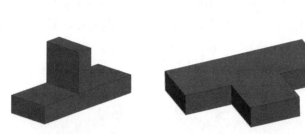

（a）E 平面波导 T 型结　　　（b）H 平面波导 T 型结　　　（c）国产同轴接口 T 型结功分器

图 3.6　各种 T 型结功分器

图 3.7 所示的无耗 T 型结传输线模型可以用来简化如图 3.6 所示的无耗 T 型结。由于结的不连续性，在不连续处会存在高次模，在图 3.7 中，用集总电纳 jB 来近似估算杂散场或高次模的能量存储。T 型结的阻抗可以写成电纳 jB、Z_1 和 Z_2 并联的形式，为了实现传输线匹配，使 T 型结的输入阻抗等于传输线的特性阻抗，即

$$Y_{in} = jB + \frac{1}{Z_1} + \frac{1}{Z_2} = \frac{1}{Z_0} \tag{3.41}$$

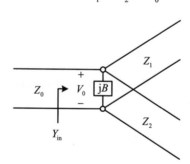

图 3.7　无耗 T 型结传输线模型

若假设传输线是无耗的，且杂散场或高次模的能量存储为 0，即 B=0，则式（3.41）可简化为

$$\frac{1}{Z_1} + \frac{1}{Z_2} = \frac{1}{Z_0} \tag{3.42}$$

事实上，在一般情况下，$B \neq 0$，即使在较窄的频带上。在工业实际中，可以添加一个电抗性调谐元器件以抵消电纳 B 带来的影响。例如，在波导的 T 型结中，常用一金属螺钉或金属隔膜片来达到这一目的。

在工程上，给定功率分配比后，就可以通过合理设置输出传输线特性阻抗 Z_1 和 Z_2 来实现功率分配。因此，对于特性阻抗为 50Ω 的输入传输线，若需要 3dB 功分器，即等分功分器，则选择 $Z_1 = Z_2 = 100Ω$ 就可以实现；若需要实现其他阻抗值，则可以通过 1/4 波长阻抗变换器进行阻抗变换来实现。若两个输出端的传输线是匹配的，则输入传输线也是匹配的，但两个输出端口没有隔离，而且从输出端口向功分器内看是失配的。

例 3.1　H 平面波导 T 型结。

图 3.6（b）是一 H 平面波导 T 型结，请尝试解释其工作方式。

解：H 平面波导 T 型结的工作方式可以用图 3.8 来说明：当信号从 1 臂输入时，2 臂和 3 臂有同相输出，如图 3.8（a）所示；当信号从 3 臂输入时，1 臂和 2 臂有同相输出，如图 3.8（b）所示。

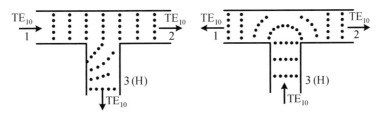

（a）1 臂输入，2、3 臂输出　　　（b）3 臂输入，1、2 臂输出

图 3.8　三端口 T 型结工作原理示意图

例 3.2　K 波段 H 平面波导 T 型结设计实例。

图 3.9 给出了一种常见的 H 平面波导 T 型结功分器设计实例，采用标准 WR42 波导。

表 3.1 给出了 H 平面波导 T 型结的设计参数。端口 3 通常设计为 H 臂，端口 1、端口 2 与端口 3 为共面端口。从图 3.9（a）中也可以看出，信号的功率流是从 H 臂流入的。根据电场的分布可知，这 3 个波导是并联连接的。信号进入 H 臂后，在两个共面臂之间平均分配。注意到当横隔膜 W_2 恰好在 L_1 中间时，端口 1、2 输出的功率是同相的。本例中，H 臂的匹配使用电感膜片实现，如图 3.9（a）、（b）所示；整个功分器的散射参数仿真结果如图 3.9（c）所示。请读者根据本书所列的结构物理尺寸，采用仿真软件建模，对其主要散射参数进行计算验证。

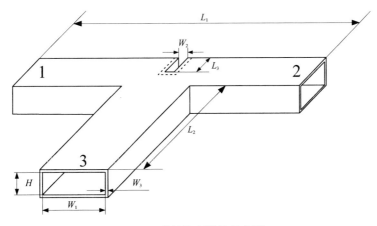

（a）T 型结物理结构示意图

图 3.9　H 平面波导 T 型结功分器设计实例

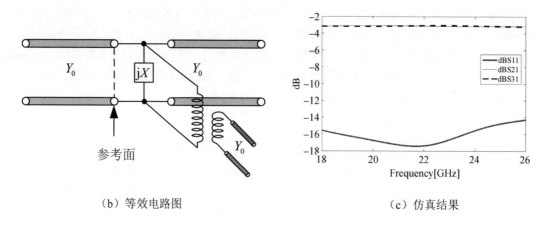

（b）等效电路图 　　　　　　　　　　　（c）仿真结果

图 3.9　*H* 平面波导 T 型结功分器设计实例（续）

表 3.1　*H* 平面波导 T 型结的设计参数

几 何 符 号	数值/mm
L_1	50
L_2	25
L_3	4.437
W_1	10.67
W_2	0.753
W_3	0.21
H	4.32

3.2.2　威尔金森功分/合成器

　　前面介绍的无耗 T 型结功分器的缺点是不能实现全部端口的匹配，而且输出端口之间会由于不同的负载情况而相互影响，没有隔离。本节介绍威尔金森功分/合成器。它既可以实现功率分配，又可以实现功率合成。从前面的讨论可知，对于三端口网络，若三端口网络是有耗的，则可以实现全部端口的匹配及输出端口之间的隔离。威尔金森功分器的巧妙之处是通过在输出端口之间跨接电阻性元器件来有效抑制由于输出端口的非理想特性导致的端口之间的不平衡；如果功率分配是等分的，则电阻性元器件中没有电流流过。一个典型的应用场景是把两个晶体管放大器的输出合成为一路输出，可以预见，如果输入信号的幅度和相位不一致，则电阻性元器件将吸收不平衡引起的功率反射。

　　威尔金森功分器可制成任意功率分配比，下面先考虑最简单的等分，即 3dB 的情况。为便于平面集成，功分器常使用微带或带状线来实现，如图 3.10（a）和（b）所示。其中，图 3.10（a）是微带威尔金森功分器的结构，图 3.10（b）是性能优化后的微带威尔金森功分器版图；图 3.10（c）是这种功分器对应的传输线等效电路模型，图 3.10（d）是由集总参数元器件实现的等效电路模型。由传输线等效电路模型可以预计，由于威尔金森功分器采用 1//4 波长传输线，所以整个器件的带宽可能会受限。事实上，经过优化的功分器的带宽可以接近 50%，而且类似的结构可以实现任意功率分配比，如图 3.10（e）所示。

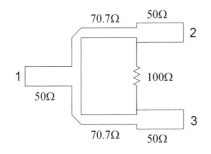

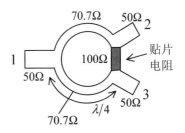

（a）微带威尔金森功分器的结构　　　　　（b）性能优化后的微带威尔金森功分器版图

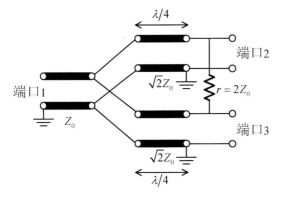

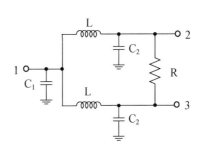

（c）传输线等效电路模型　　　　　　　　（d）集总参数等效电路模型

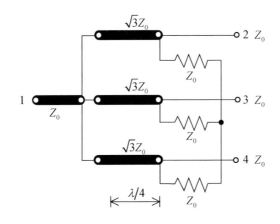

（e）威尔金森 1 分 3 功分器

图 3.10　威尔金森功分器

　　威尔金森功分器的工作原理可以这样直观理解：考虑如图 3.11（a）所示的 1 分 2 功分器的驱动点阻抗（假设端口 1 输入）。因为功率由端口 1 输入，所以端口 2、3 的信号将一致，这意味着端口 2、3 之间的电阻不存在，1/4 波长传输线端的输入阻抗为 $Z_1=2Z_0$。因此，图 3.11（a）所示的电路可以化简为图 3.11（b），其中两个阻抗值为 $2Z_0$ 的负载为并联模式，故等效电路可以进一步简化为图 3.11（c），并进而得到图 3.11（d），即端口 1 为匹配模式。类似地，可以得到端口 2 和端口 3 也分别匹配，且输入阻抗为 Z_0，从而容易得到威尔金森功分器的散射矩阵。

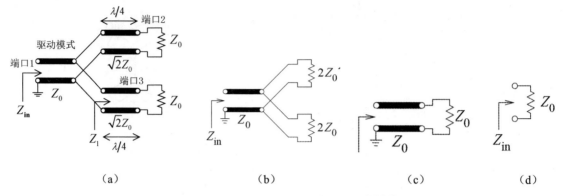

（a）　　　　　　　　（b）　　　　　　（c）　　　　（d）

图 3.11　威尔金森功分器直观分析等效及简化等效电路

严格的求解方法可以采用如图 3.12 所示的等效电路，这种传输线模型可以拆分为两个较简单的电路，在两个电路的输出端口分别使用对称和反对称源来驱动，从而分析电路的性能，这种方法也称为奇偶（Odd-Even Mode）模分析法[1,2]。奇偶模分析法对分析其他很多网络都是适用的。

为便于分析，用特性阻抗 Z_0 对所有阻抗进行归一化，并在输出端口接电压源，可以将如图 3.10（c）所示的电路转化为图 3.12 所示的网络。从图 3.12 中可以看出，电路在形式上是中心对称的，两个归一化源电阻的值是 2，在端口 2 和端口 3 处并联组成的归一化的电阻的值为 1，为匹配源的阻抗。1/4 波长传输线的归一化特性阻抗为 Z，并联电阻的归一化值为 r；对于等分功分器，如图 3.10（a）、（b）所示，归一化特性阻抗 $Z=\sqrt{2}$ 和并联电阻归一化值 $r=2$。

至此，根据如图 3.13 所示的电路激励形式，定义两个互相线性独立的模式，即偶模激励和奇模激励。偶模激励时，$V_{g2}=V_{g3}=2V_0$；奇模激励时，$V_{g2}=-V_{g3}=2V_0$。待求出不同激励下的端口电压后，将这两个模式线性叠加，最终得到的有效激励是 $V_{g2}=4V_0$，$V_{g3}=0$，由此可求出该网络的 S 矩阵。

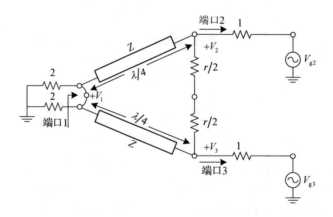

图 3.12　归一化和对称形式下的威尔金森功分器电路

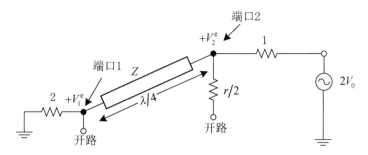

（a）偶模激励

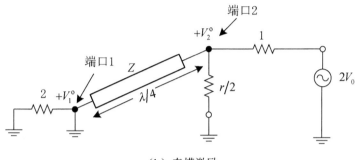

（b）奇模激励

图 3.13　功分器电路剖分成两部分

下面分别对这两种模式进行分析。

首先分析偶模激励下的端口电压，其中，源电压 $V_{g2} = V_{g3} = 2V_0$，即 $V_2^e = V_3^e$，因此，端口 2 和端口 3 之间的两个 $r/2$ 电阻上没有电流流过，在端口 1 的两根传输线之间的传输线上也没有电流流过。上下两个电路完全对称，从而可以将如图 3.12 所示的电路模型拆分成如图 3.13（a）所示的电路进行分析。在图 3.13（a）中，没有画出 1/4 波长传输线的接地端子。对于从端口 2 向左看进去的阻抗，可以将传输线视作一个 1/4 波长阻抗变换器，其阻抗值为

$$Z_{in}^e = \frac{Z^2}{2} \tag{3.43}$$

因此，如果 $Z = \sqrt{2}$，则 $Z_{in}^e = 1$，即端口 2 是匹配的。由电压分压原理可知，端口 2 的电压为阻抗为 1 的电阻所分的源电压 V_{g2}，所以 $V_2^e = V_0$。$r/2$ 电阻的一端因为是开路，所以它没有用处，这一部分可以忽略。而 V_1^e 可以利用传输线方程求解，设端口 1 处的坐标 $x=0$，横坐标 x 指向左侧，则端口 2 处的坐标为 $x = -\lambda/4$，此时传输线上任意一点的电压可表示为

$$V(x) = V^+ \left(e^{-j\beta x} + \Gamma e^{j\beta x} \right)$$

从而可以写出以下关系式：

$$V_2^e = V(-\lambda/4) = jV^+(1 - \Gamma) = V_0 \tag{3.44a}$$

$$V_1^e = V(0) = V^+(1 + \Gamma) = jV_0 \frac{\Gamma + 1}{\Gamma - 1} \tag{3.44b}$$

由式（3.44a）可以求解得到 V^+ 用 V_0 表示的式子，即 $V^+ = V_0/(j - j\Gamma)$，从而可以得到式（3.44b）。而从端口 1 处向左看过去的反射系数 Γ 为

$$\varGamma = \frac{2-\sqrt{2}}{2+\sqrt{2}}$$

因此，端口 1 处的电压为

$$V_1^e = -jV_0\sqrt{2} \tag{3.45}$$

下面分析奇模激励下的端口电压：因为 $V_{g2} = -V_{g3} = 2V_0$，即 $V_2^o = -V_3^o$，在如图 3.12 所示的电路中，沿着等效电路结构中线是电压的零点，所以可将电路结构中心平面上的点接地，如图 3.13（b）所示。从端口 2 向左看，阻抗为 $r/2$ 的电阻与 1/4 波长传输线段并联。而传输线在端口 1 处短路，即从端口 2 向左看，1/4 波长传输线段相当于开路。因此，从端口 2 向左看的阻抗为 $r/2$。对于奇模激励，如果 $r=2$，那么端口 2 是匹配的，即有 $V_2^o = V_0$ 和 $V_1^o = 0$。对于奇模激励，所有的功率都将消耗在阻抗为 $r/2$ 的电阻上，没有功率进入端口 1。

最后，求当端口 2 和端口 3 终端分别接匹配负载时，端口 1 处的输入阻抗，图 3.14（a）为此时的等效电路。此时的等效电路与偶模激励相似，有 $V_2 = V_3$，同样，归一化值为 2 的电阻上没有电流流过，相当于开路，可将电路等效为图 3.14（b）。此时的电路为两路并联的形式，每一路分别由归一化值为 1 的负载电阻与 1/4 波长阻抗变换器串联组成。因此，输入阻抗为

$$Z_{in} = \frac{1}{2}\left(\sqrt{2}\right)^2 = 1 \tag{3.46}$$

综上所述，对于威尔金森功分器，根据上述分析过程，可以求得其 **S** 参量：

$$S_{11} = 0 \qquad （端口 1，\ Z_{in} = 1）$$

$$S_{22} = S_{33} = 0 \qquad （端口 2 和端口 3 匹配，对于偶模和奇模）$$

$$S_{12} = S_{21} = \frac{V_1^e + V_1^o}{V_2^e + V_2^o} = -j/\sqrt{2}$$

（对称，由于互易性；其中 V_1^e、V_1^o、V_2^e、V_2^o 由上述分析所求得数值代入计算）

$$S_{13} = S_{31} = -j/\sqrt{2} \qquad （端口 2 和端口 3 对称）$$

$$S_{23} = S_{32} = 0$$

（由于无论在何种激励下，两个端口之间均为短路或开路，所以端口 2 和端口 3 互相没有作用，即两个端口是相互隔离的）

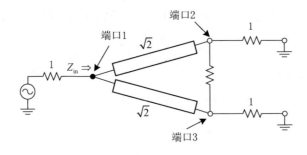

（a）有终端的威尔金森功分器

图 3.14　对威尔金森功分器求 S_{11} 的分析

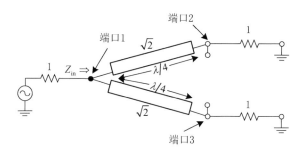

（b）图（a）中电路的分割

图 3.14 对威尔金森功分器求 S_{11} 的分析（续）

对于 S_{12} 方程，需要补充说明的是，当终端接匹配负载时，所有端口都是匹配的，因此，关于 S_{12} 的定义，即某个散射参量的定义建立在其他端口匹配的前提下是成立的。另外，当功分器从端口 1 输入且输出端匹配时，电阻 r 上没有功率消耗。因此，当输出端口均匹配时，功分器无耗；仅当有从端口 2 或端口 3 上反射功率时，电阻 r 上才有功率消耗。

例 3.3 设计威尔金森功分器。

设计一个由集总元器件构成的 2 路威尔金森功分器，系统阻抗为 60Ω，中心频率为 10GHz。

解： 首先需要设计一个传输线类型的威尔金森功分器，如图 3.15 所示；然后转换为由集总元器件组成的威尔金森功分器。设计参数为：$Z_0 = 60\Omega$、$f_0 = 10\text{GHz}$、$\omega = 2\pi \times 10^{10} \approx 6.283 \times 10^{10}\text{rad/s}$。

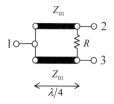

图 3.15 传输线类型的威尔金森功分器

由已知条件可知，功分器中的 1/4 波长传输线的特性阻抗为

$$Z_{01} = \sqrt{2}Z_0 \approx 84.85\Omega$$

并联的电阻值为

$$R = 2Z_0 = 120\Omega$$

下一步是将传输线转换为集总元器件。1/4 波长传输线的一种宽带集总元器件的设计如图 3.16 所示。

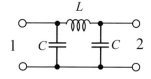

图 3.16 1/4 波长传输线的一种宽带集总元器件的设计

在图 3.16 中，有

$$L = \frac{Z_{01}}{\omega} = \frac{84.85}{\omega} \approx 1.350\text{nH}$$

$$C = \frac{1}{Z_{01}\omega} = \frac{1}{84.85\omega} \approx 187.6\text{fF}$$

因此，最终的由集总元器件组成的威尔金森功分器如图 3.17 所示。

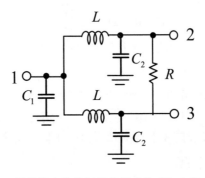

图 3.17 最终的由集总元器件组成的威尔金森功分器

在图 3.17 中，有

$$C_1 = 2C = 375.1\text{fF}$$

$$C_2 = C = 187.6\text{fF}$$

$$L = 1.350\text{nH}$$

$$R = 120\Omega$$

阻性功分器可以进一步推广为任意功率分配比的情况，如图 3.18 所示。

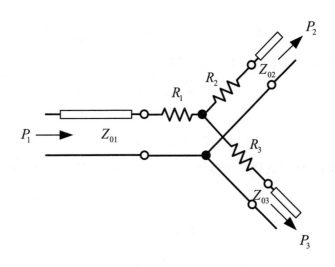

图 3.18 任意功率分配比的阻性功分器

对于如图 3.18 所示的阻性功分器，假设功率分配比为 $\alpha = P_2/P_3$，则对电阻 R_1、R_2、R_3 的推导过程如下。其中，输出端口特性阻抗分别为 Z_{02} 和 Z_{03}，源阻抗为 Z_0，且各端口均匹配。令 $Z_1 = R_1 + Z_{01}$，$Z_2 = R_2 + Z_{02}$，$Z_3 = R_3 + Z_{03}$，因为 $\alpha = P_2/P_3$，所以必须有

$$\frac{Z_{02}Z_3^2}{Z_2^2 Z_{03}} = \alpha \tag{3.47}$$

因为所有端口均匹配，所以有

$$Z_{01} = R_1 + \frac{Z_2 Z_3}{Z_2 + Z_3} \tag{3.48}$$

$$Z_{02} = R_2 + \frac{Z_1 Z_3}{Z_1 + Z_3} \tag{3.49}$$

$$Z_{03} = R_3 + \frac{Z_1 Z_2}{Z_1 + Z_2} \tag{3.50}$$

同时，假设端口 2 和端口 3 最终用 1/4 波长阻抗变换器实现和 Z_{01} 的阻抗匹配，则有

$$Z_{02}Z_{03} = Z_{01}^2 \tag{3.51}$$

用式（3.47）和式（3.51）从式（3.48）～式（3.50）中消去 Z_3 与 Z_{03}，即式（3.48）可以化简为

$$R_1 = \frac{Z_{01}\left[Z_{02} + \sqrt{\alpha}\left(Z_{01} - Z_2\right)\right]}{Z_{02} + \sqrt{\alpha}Z_{01}} \tag{3.52}$$

$$Z_1 = \frac{Z_{01}\left[2Z_{02} + \sqrt{\alpha}\left(2Z_{01} - Z_2\right)\right]}{Z_{02} + \sqrt{\alpha}Z_{01}} \tag{3.53}$$

式（3.49）和式（3.50）可以化简为

$$Z_2\left[\left(Z_{02} + \sqrt{\alpha}Z_{01}\right)^2 - \alpha Z_{01}Z_{02}\right] = 2Z_{02}^2\left(Z_{02} + \sqrt{\alpha}Z_{01}\right) \tag{3.54}$$

$$Z_2\left[\left(Z_{02} + \sqrt{\alpha}Z_{01}\right)^2 - Z_{01}Z_{02}\right] = 2Z_{01}^2\left(Z_{02} + \sqrt{\alpha}Z_{01}\right) \tag{3.55}$$

将式（3.54）和式（3.55）相比，整理之后，可得到关于 Z_{02} 的 4 阶方程：

$$Z_{02}^4 + Z_{01}(2\sqrt{\alpha} - 1)Z_{02}^3 + Z_{01}^2(\alpha - 1)Z_{02}^2 + Z_{01}^3(\alpha - 2\sqrt{\alpha})Z_{02} - \alpha Z_{01}^4 = 0 \tag{3.56}$$

在一般工程设计中，通常给定 Z_{01}、α 后，通过数值求解上述关于 Z_{02} 的方程，从而得到 R_1、R_2、R_3 和 Z_{03}。

3.3 正交（90°）混合结

正交混合结也称分支线耦合器、正交耦合器等，通过具有特定长度的传输线单元，实现输出直通端和耦合端的 90°相位差，是一种特别的 3dB 定向耦合器。该器件的分析方法可以采用与分析威尔金森功分器类似的奇偶模分析法。在工作频率较低时，正交混合网络通常由微带线

或带状线组成，如图 3.19（a）所示；当工作频率升高时，由于传输线长度变短，导致相邻枝节之间的互耦变得强烈，影响工作性能[3]，因而为了减弱枝节之间的互耦，需要将耦合器撑开为环形，如图 3.19（b）所示（请注意：这与后面要讨论的 180°混合环不是同一种耦合器）；当频率升高到毫米波频段时，更为彻底的解决方案是放弃相互之间容易产生互耦的微带电路，而改用具有完全封闭导波场的基片集成波导结构来设计具体的电路，如图 3.19（c）所示，即采用基片集成波导 90°混合结的单平衡混频器，其所采用的 90°混合结/网络电场幅度分布如图 3.19（d）所示，可以清晰地观察到，当远端一个端口的场强最大时，另一相邻端口的场强最小，两者相位相差 90°，其工作带宽也比采用单一微带电路结构要宽。另外一种展宽工作频带的方法是采用多节的并联结构，如图 3.19（e）所示，但要注意这种改进方法仅限于工作频率较低的场合。

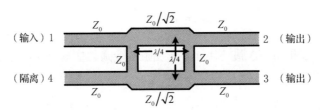

（a）低频微带分支线耦合器

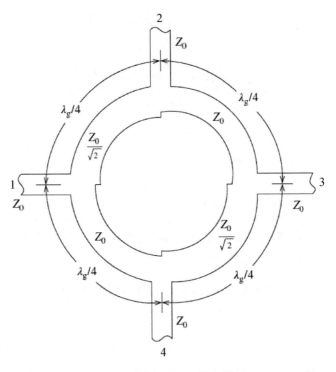

（b）高频环形 90°耦合器

图 3.19　几种不同的 90°混合结

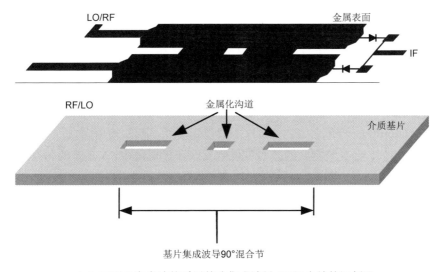

（c）可用于毫米波的采用基片集成波导 90°混合结的混频器

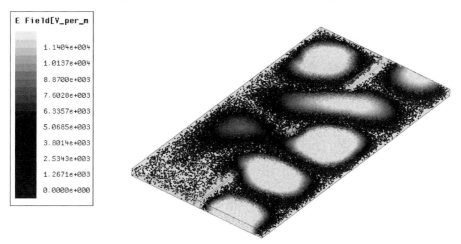

（d）所采用的 90°混合结/网络电场幅度分布

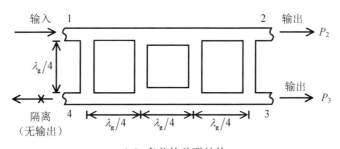

（e）多节的并联结构

图 3.19　几种不同的 90°混合结（续）

以图 3.19（a）给出的分支线耦合器为例，其基本工作原理如下。

若分支线耦合器的所有端口是匹配的，则功率从端口 1 输入后，对等地分配到端口 2 和端口 3，端口 2 和端口 3 之间有 90°的相位差；端口 4 为隔离端口，没有功率耦合到端口 4。根据这一原理可以写出相应的 **S** 矩阵，即

$$S = \frac{-1}{\sqrt{2}} \begin{bmatrix} 0 & j & 1 & 0 \\ j & 0 & 0 & 1 \\ 1 & 0 & 0 & j \\ 0 & 1 & j & 0 \end{bmatrix} \qquad (3.57)$$

从图 3.19（a）中也可以看出，分支线耦合器的结构具有高度的对称性，4 个端口中的任意一个端口都可以作为一个输入端口，与这个端口相反的一侧即输出端口，与输入端同侧的另一个端口即隔离端口。分支线耦合器的对称性也反映在 S 矩阵中，S 矩阵的每行可从第 1 行互换位置得到。

下面采用奇偶模分析法对分支线耦合器进行分析。为使后续设计过程具有普遍性，在分析时，画出分支线耦合器的传输线模型归一化等效电路，如图 3.20 所示，读者应该意识到图示实际上是一个 4 端口网络，共有 8 个端子（4 个端口/port，各对应 4 个接地端子/terminal）。假设端口 1 输入单位幅值 A_1 为 1 的入射波，采用奇偶模分析法，可将该输入分解为偶模激励和奇模激励的线性叠加，如图 3.21 所示，由于该电路结构是线性的，即输出不会产生新的频率分量，所以实际的散射波响应即偶模激励响应和奇模激励响应之和。

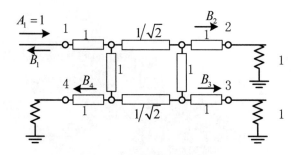

图 3.20　分支线耦合器的传输线模型归一化等效电路

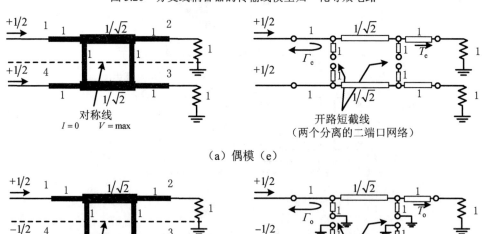

（a）偶模（e）

（b）奇模（o）

图 3.21　分支线耦合器分解为偶模和奇模

根据激励的对称性和反对称性，可将这两种激励情况下的四端口网络分别分解成两组各两个无耦合的二端口网络，如图 3.21 所示，即偶模激励下两个二端口网络的激励均为+1/2，而奇模激励下两个二端口网络的激励分别为+1/2 和-1/2，这样，合起来的激励仍为 1，但是在分支线耦合器每个端口处的散射波的振幅可以拆解为偶模响应和奇模响应之和，分别如下：

$$B_1 = \frac{1}{2}\varGamma_e + \frac{1}{2}\varGamma_o \tag{3.58}$$

$$B_2 = \frac{1}{2}T_e + \frac{1}{2}T_o \tag{3.59}$$

$$B_3 = \frac{1}{2}T_e - \frac{1}{2}T_o \tag{3.60}$$

$$B_4 = \frac{1}{2}\varGamma_e - \frac{1}{2}\varGamma_o \tag{3.61}$$

其中，$\varGamma_{e,o}$ 分别表示二端口网络的偶模反射系数和奇模反射系数；$T_{e,o}$ 分别表示二端口网络的偶模传输系数和奇模传输系数。需要注意的是，B_3 和 B_4 中的奇模传输系数 T_o 和奇模反射系数 $\varGamma_o$ 前面的系数是-1/2。

分析该结构的基本思路是：首先通过将输入分解为偶模激励和奇模激励，分别求解对应的偶模网络参量（具体来说为 ABCD 矩阵）和奇模网络参量；然后利用线性网络 ABCD 矩阵和散射矩阵的一一对应关系，求得对应的偶模网络的 S_{11} 和 S_{21}，以及奇模的 S_{11} 和 S_{21}，即 $\varGamma_{e,o}$ 和 $T_{e,o}$，将所得结果按前述分解公式重新组合起来，即得到在端口 1 激励为 1 的情况下，各个端口的散射波，也即原四端口网络的 S_{11}、S_{21}、S_{31} 和 S_{41}；最后通过网络结构的对称性得到其他的散射矩阵元素，从而完成对此结构的分析过程。

先求解计算偶模的反射系数 $\varGamma_e$ 和传输系数 T_e 所必需的 ABCD 矩阵。在图 3.21 中，分解后偶模网络的 ABCD 矩阵无表可查，但仔细研读可知，它实际上由 3 个已知网络级联而成，即一段长度为 $\lambda/8$、特性阻抗为 1 的终端开路并联短截线，级联一段长度为 $\lambda/4$、特性阻抗为 $1/\sqrt{2}$ 的传输线，再级联一段长度为 $\lambda/8$、特性阻抗为 1 的终端开路并联短截线。因为级联网络的 ABCD 矩阵可由每个网络的 ABCD 矩阵连乘得到，所以总的 ABCD 矩阵为

$$\begin{bmatrix} A & B \\ C & D \end{bmatrix}_e = \begin{bmatrix} 1 & 0 \\ j & 1 \end{bmatrix}\underbrace{\begin{bmatrix} 0 & j/\sqrt{2} \\ j\sqrt{2} & 0 \end{bmatrix}}_{\substack{1/4波长\\传输线}}\underbrace{\begin{bmatrix} 1 & 0 \\ j & 1 \end{bmatrix}}_{\substack{并联分支\\Y=j}} = \frac{1}{\sqrt{2}}\begin{bmatrix} -1 & j \\ j & -1 \end{bmatrix} \tag{3.62}$$

（并联分支 $Y=j$ 标注于第一个矩阵下方）

以第一个子网络为例，并联开路 $\lambda/8$ 短截线的导纳为 $Y = j(\tan\beta l) = j$，其 ABCD 矩阵可以从表 3.2 中找到；通过 ABCD 矩阵与散射矩阵的对应关系，可以求得散射参数中的 S_{11}（反射系数）和 S_{21}（传输系数）。

表 3.2　一些常用的二端口网络的 ABCD 参量

电　路	ABCD 参量	
Z	$A = 1$	$B = Z$
	$C = 0$	$D = 1$

电　路	ABCD 参量	
(并联 Y)	$A=1$	$B=0$
	$C=Y$	$D=1$
$Z_0,\ B$，长度 l	$A=\cos\beta l$	$B=\mathrm{j}Z_0\sin\beta l$
	$C=\mathrm{j}Y_0\sin\beta l$	$D=\cos\beta l$
$N:1$ 变压器	$A=N$	$B=0$
	$C=0$	$D=\dfrac{1}{N}$
π 型网络 Y_1,Y_2,Y_3	$A=1+\dfrac{Y_2}{Y_3}$	$B=\dfrac{1}{Y_3}$
	$C=Y_1+Y_2+\dfrac{Y_1Y_2}{Y_3}$	$D=1+\dfrac{Y_1}{Y_3}$
T 型网络 Z_1,Z_2,Z_3	$A=1+\dfrac{Z_1}{Z_3}$	$B=Z_1+Z_2+\dfrac{Z_1Z_2}{Z_3}$
	$C=\dfrac{1}{Z_3}$	$D=1+\dfrac{Z_2}{Z_3}$

二端口网络各参量的转换如表 3.3 所示。

表 3.3　二端口网络的各参量转换

参量	S	Z	Y	ABCD
S_{11}	S_{11}	$\dfrac{(Z_{11}-Z_0)(Z_{22}+Z_0)-Z_{12}Z_{21}}{\Delta Z}$	$\dfrac{(Y_{11}-Y_0)(Y_{22}+Y_0)-Y_{12}Y_{21}}{\Delta Y}$	$\dfrac{A+B/Z_0-CZ_0-D}{A+B/Z_0+CZ_0+D}$
S_{12}	S_{12}	$\dfrac{2Z_{12}Z_0}{\Delta Z}$	$\dfrac{-2Y_{12}Y_0}{\Delta Z}$	$\dfrac{2(AD-BC)}{A+B/Z_0+CZ_0+D}$
S_{21}	S_{21}	$\dfrac{2Z_{21}Z_0}{\Delta Z}$	$\dfrac{-2Y_{21}Y_0}{\Delta Z}$	$\dfrac{2}{A+B/Z_0+CZ_0+D}$
S_{22}	S_{22}	$\dfrac{(Z_{11}+Z_0)(Z_{22}-Z_0)-Z_{12}Z_{21}}{\Delta Z}$	$\dfrac{(Y_{11}+Y_0)(Y_{22}-Y_0)-Y_{12}Y_{21}}{\Delta Y}$	$\dfrac{-A+B/Z_0-CZ_0+D}{A+B/Z_0+CZ_0+D}$
Z_{11}	$Z_0\dfrac{(1+S_{11})(1-S_{22})+S_{12}S_{21}}{(1-S_{11})(1-S_{22})-S_{12}S_{21}}$	Z_{11}	$\dfrac{Y_{22}}{\lvert Y\rvert}$	$\dfrac{A}{C}$
Z_{12}	$Z_0\dfrac{2S_{12}}{(1-S_{11})(1-S_{22})-S_{12}S_{21}}$	Z_{12}	$\dfrac{-Y_{12}}{\lvert Y\rvert}$	$\dfrac{AD-BC}{C}$
Z_{21}	$Z_0\dfrac{2S_{21}}{(1-S_{11})(1-S_{22})-S_{12}S_{21}}$	Z_{21}	$\dfrac{-Y_{21}}{\lvert Y\rvert}$	$\dfrac{1}{C}$
Z_{22}	$Z_0\dfrac{(1-S_{11})(1+S_{22})+S_{12}S_{21}}{(1-S_{11})(1-S_{22})-S_{12}S_{21}}$	Z_{22}	$\dfrac{Y_{11}}{\lvert Y\rvert}$	$\dfrac{D}{C}$
Y_{11}	$Y_0\dfrac{(1-S_{11})(1+S_{22})+S_{12}S_{21}}{(1+S_{11})(1+S_{22})-S_{12}S_{21}}$	$\dfrac{Z_{22}}{\lvert Z\rvert}$	Y_{11}	$\dfrac{D}{B}$
Y_{12}	$Y_0\dfrac{-2S_{12}}{(1+S_{11})(1+S_{22})-S_{12}S_{21}}$	$\dfrac{-Z_{12}}{\lvert Z\rvert}$	Y_{12}	$\dfrac{BC-AD}{B}$

续表

参量	S	Z	Y	ABCD
Y_{21}	$Y_0 \dfrac{-2S_{21}}{(1+S_{11})(1+S_{22})-S_{12}S_{21}}$	$\dfrac{-Z_{21}}{\|Z\|}$	Y_{21}	$\dfrac{-1}{B}$
Y_{22}	$Y_0 \dfrac{(1+S_{11})(1-S_{22})+S_{12}S_{21}}{(1+S_{11})(1+S_{22})-S_{12}S_{21}}$	$\dfrac{Z_{11}}{\|Z\|}$	Y_{22}	$\dfrac{A}{B}$
A	$\dfrac{(1+S_{11})(1-S_{22})+S_{12}S_{21}}{2S_{21}}$	$\dfrac{Z_{11}}{Z_{21}}$	$\dfrac{-Y_{22}}{Y_{21}}$	A
B	$Z_0 \dfrac{(1+S_{11})(1+S_{22})-S_{12}S_{21}}{2S_{21}}$	$\dfrac{\|Z\|}{Z_{21}}$	$\dfrac{-1}{Y_{21}}$	B
C	$\dfrac{1}{Z_0}\dfrac{(1-S_{11})(1-S_{22})-S_{12}S_{21}}{2S_{21}}$	$\dfrac{1}{Z_{21}}$	$\dfrac{-\|Y\|}{Y_{21}}$	C
D	$\dfrac{(1-S_{11})(1+S_{22})+S_{12}S_{21}}{2S_{21}}$	$\dfrac{Z_{22}}{Z_{21}}$	$\dfrac{-Y_{11}}{Y_{21}}$	D
$\|Z\|=Z_{11}Z_{22}-Z_{12}Z_{21}$	$\|Y\|=Y_{11}Y_{22}-Y_{12}Y_{21}$	$\Delta Y=(Y_{11}+Y_0)(Y_{22}+Y_0)-Y_{12}Y_{21}$	$\Delta Z=(Z_{11}-Z_0)(Z_{22}+Z_0)-Z_{12}Z_{21}$	$Y_0=1/Z_0$

从而可以得到偶模的反射系数 Γ_{e} 和传输系数 T_{e}：

$$\Gamma_{\mathrm{e}}=S_{11\mathrm{e}}=\frac{A+B-C-D}{A+B+C+D}=\frac{(-1+\mathrm{j}-\mathrm{j}+1)/\sqrt{2}}{(-1+\mathrm{j}+\mathrm{j}-1)/\sqrt{2}}=0 \tag{3.63}$$

$$T_{\mathrm{e}}=S_{21\mathrm{e}}=\frac{2}{A+B+C+D}=\frac{2}{(-1+\mathrm{j}+\mathrm{j}-1)/\sqrt{2}}=\frac{-1}{\sqrt{2}}(1+\mathrm{j}) \tag{3.64}$$

类似地，求得奇模的 ABCD 矩阵转换为

$$\begin{bmatrix} A & B \\ C & D \end{bmatrix}_{\mathrm{o}}=\begin{bmatrix} 1 & 0 \\ -\mathrm{j} & 1 \end{bmatrix}\begin{bmatrix} 0 & \mathrm{j}/\sqrt{2} \\ \mathrm{j}\sqrt{2} & 0 \end{bmatrix}\begin{bmatrix} 1 & 0 \\ -\mathrm{j} & 1 \end{bmatrix}=\frac{1}{\sqrt{2}}\begin{bmatrix} 1 & \mathrm{j} \\ \mathrm{j} & 1 \end{bmatrix} \tag{3.65}$$

则其对应的反射系数和传输系数为

$$\Gamma_{\mathrm{o}}=0 \tag{3.66}$$

$$T_{\mathrm{o}}=\frac{1}{\sqrt{2}}(1-\mathrm{j}) \tag{3.67}$$

将式（3.63）、式（3.64）和式（3.66）、式（3.67）代入式（3.58）~式（3.61）中，可得

$$B_1=0 \tag{3.68}$$

$$B_2=-\frac{\mathrm{j}}{\sqrt{2}} \tag{3.69}$$

$$B_3=-\frac{1}{\sqrt{2}} \tag{3.70}$$

$$B_4=0 \tag{3.71}$$

观察上述结果可以发现，通过奇偶模分析法得出的结论与式（3.57）给出的 S 矩阵的第 1 行和第 1 列散射参数是一致的，矩阵其他位置的元素可以通过互换元素的位置得到。

在实际应用中，由于电路结构使用 1/4 波长传输线，故其相对带宽在 10% 左右。要展宽该结构的工作带宽，可以通过使用多节级联的形式，如图 3.19（e）所示。此外，分支线耦合器

还可用于非等分功率分配的情况，也可用于输出端口有不同特性阻抗的情况。

例 3.4　正交混合网络的设计。

设计一个特性阻抗为 50Ω 的分支线正交 3dB 混合结，采用 RT6002 介质材料，厚度为 20mil（1mil=0.0254mm），中心频率为 5.8GHz。

解：根据前面的分析，分支线耦合器的线长在设计频率上是 $\lambda/4$，可以求得分支线阻抗为

$$\frac{Z_0}{\sqrt{2}} = \frac{50}{\sqrt{2}}\Omega \approx 35.4\Omega$$

请读者根据微带线综合公式求解不同阻抗的微带线，在本例给定的介质基片上对应的线宽，并确定合适的电长度，根据自己掌握的仿真工具进行仿真计算。一个由 Advanced Design System（ADS）Momentum 工具设计得到的分支线耦合器版图如图 3.22 所示，对于分支线耦合器，可能需要将并联臂延长 10°～20° 来解决其结点处的不连续性效应。

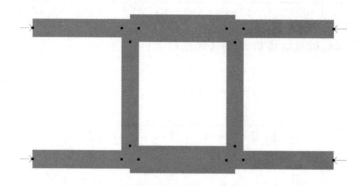

图 3.22　分支线耦合器版图

分支线耦合器的 **S** 参量如图 3.23 所示。在本例中，分支线耦合器实现了在中心频率 f_0 处的 3dB 功率分配，即端口 2 和端口 3 在 f_0 处的功率是等分的，端口 4 在频率 f_0 为 5.8GHz 处实现了隔离，端口 1 在频率 f_0 处得到了较好的 S_{11}，端口 2、3 之间的相位差在中心频率附近都为 90°。然而，在频率偏离 f_0 后，所有的 **S** 参量都偏离设计要求。

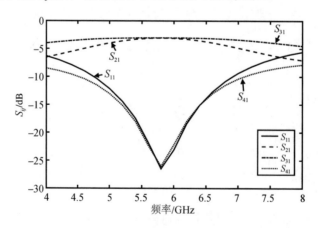

（a）频率响应和

图 3.23　分支线耦合器的 **S** 参量

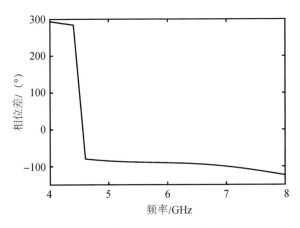

（b）端口 2、3 之间的相位差

图 3.23　分支线耦合器的 S 参量（续）

　　对于分支线耦合器，可以进一步推广到更为一般的情形，即不等分功率分配比如图 3.24 所示。假设所有臂长均为 $\lambda/4$，端口 2 和端口 3 的功率分配比为 $P_2/P_3 = \alpha$。

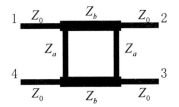

图 3.24　分支线耦合器电路

　　对阻抗 Z_0 进行归一化后，令 $a = Z_a/Z_0$，$b = Z_b/Z_0$，对激励也做归一化分解，则偶模、奇模在端口 1 的激励幅度均为 1/2，用奇偶模分析法可以推导其设计公式。

　　在偶模激励下，电路图如图 3.25 所示。

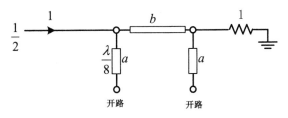

图 3.25　分支线耦合器分解为偶模的电路图

　　在奇模激励下，电路图如图 3.26 所示。

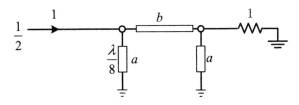

图 3.26　分支线耦合器分解为奇模的电路图

综上可得偶模激励下的 ABCD 矩阵为

$$\begin{bmatrix} A & B \\ C & D \end{bmatrix}_e = \begin{bmatrix} 1 & 0 \\ j/a & 1 \end{bmatrix} \begin{bmatrix} 0 & jb \\ j/b & 0 \end{bmatrix} \begin{bmatrix} 1 & 0 \\ j/a & 1 \end{bmatrix} = \begin{bmatrix} -b/a & jb \\ j/b - jb/a^2 & -b/a \end{bmatrix} \quad (3.72)$$

奇模激励下的 ABCD 矩阵为

$$\begin{bmatrix} A & B \\ C & D \end{bmatrix}_o = \begin{bmatrix} 1 & 0 \\ -j/a & 1 \end{bmatrix} \begin{bmatrix} 0 & jb \\ j/b & 0 \end{bmatrix} \begin{bmatrix} 1 & 0 \\ -j/a & 1 \end{bmatrix} = \begin{bmatrix} b/a & jb \\ j/b - jb/a^2 & b/a \end{bmatrix} \quad (3.73)$$

因此，偶模和奇模的反射系数 Γ_e、Γ_o 分别为

$$\Gamma_e = \frac{A + B - C - D}{A + B + C + D} = \frac{j\left(b - 1/b + b/a^2\right)}{-2b/a + j\left(b + 1/b - b/a^2\right)} \quad (3.74)$$

$$\Gamma_o = \frac{A + B - C - D}{A + B + C + D} = \frac{j\left(b - 1/b + b/a^2\right)}{2b/a + j\left(b + 1/b - b/a^2\right)} \quad (3.75)$$

端口 1 的反射波的幅度为（匹配时）

$$B_1 = \frac{1}{2}\left(\Gamma_e + \Gamma_o\right) = \frac{j}{2}\left(b - \frac{1}{b} + \frac{b}{a^2}\right)\frac{-2j\left(b + \frac{1}{b} - \frac{b}{a^2}\right)}{\left(\frac{2b}{a}\right)^2 + \left(b + \frac{1}{b} - \frac{b}{a^2}\right)^2} = 0 \quad (3.76)$$

因为不可能有 $b+1/b-b/a^2=0$，否则 $B_2 = B_3 = 0$，所以有 $b-1/b+b/a^2=0$，则

$$a = b/\sqrt{1 - b^2} \quad (3.77)$$

因此，偶模和奇模的正向传输系数 T_e 和 T_o 分别为

$$T_e = \frac{2}{A + B + C + D} = \frac{2}{-2\dfrac{b}{a} + j\left(b + \dfrac{1}{b} - \dfrac{b}{a^2}\right)} = \frac{1}{-\dfrac{b}{a} + jb} \quad (3.78)$$

$$T_o = \frac{2}{A + B + C + D} = \frac{1}{\dfrac{b}{a} + jb} \quad (3.79)$$

故端口 2 和端口 3 的出射波为

$$B_2 = \frac{1}{2}\left(T_e + T_o\right) = \frac{-j}{b\left(1 + 1/a^2\right)} \quad (3.80)$$

$$B_3 = \frac{1}{2}\left(T_e - T_o\right) = \frac{-1/a}{b\left(1 + 1/a^2\right)} \quad (3.81)$$

可见，端口 2 和端口 3 之间有 90° 的相位差。

考虑到端口 2 和端口 3 的功率分配比为 $P_2/P_3 = \alpha$，即

$$P_2 = \alpha P_3 \quad (3.82)$$

则

$$|B_2|^2 = \alpha |B_3|^2 \qquad (3.83)$$

因此有

$$a = \sqrt{\alpha} \text{ 或 } Z_a = \sqrt{\alpha} Z_0 \qquad (3.84)$$

又因为 $b = \dfrac{a}{\sqrt{1+a^2}}$，所以有

$$b = \sqrt{\frac{\alpha}{1+\alpha}} , \quad Z_b = \sqrt{\frac{\alpha}{1+\alpha}} Z_0 \qquad (3.85)$$

而在端口 4 处，有

$$B_4 = \frac{1}{2}(\varGamma_e - \varGamma_o) = 0 \qquad (3.86)$$

因此端口 4 与端口 1 隔离。

以上介绍的分支线耦合器可以很容易地采用微带电路实现。但是当设计频率升高时，由于 1/4 波长传输线段段长度缩短，所以主线和分支线之间会产生强烈的互耦，使得整个耦合器的性能迅速恶化。改善的方法：一是把分支线撑开为环形；另一个更为彻底的解决方法是采用基片集成波导结构[3]。

以标准波导为例，下面介绍另一种 90°混合网络——3dB 混合结（桥），也称 Riblet 耦合器。Riblet 耦合器是在两个并列的波导的公共侧壁上开一个高度为 b（波导窄壁高度）的缝隙构成的，如图 3.27（a）所示[4]。此时，缝隙处形成一个宽为 $2a+\delta \approx 2a$（δ 为波导公共侧壁的厚度）、长度为 l 的宽波导。由于波导宽度加倍，所以 TE$_{10}$ 波的截止波长变为 $4a$，TE$_{20}$ 波的截止波长变为 $2a$（与标准波导中的 TE$_{10}$ 波的截止波长相等），因此，在宽波导中，TE$_{10}$ 波和 TE$_{20}$ 波的截止波长都大于工作波长。也就是说，宽波导中可以同时存在 TE$_{10}$ 波和 TE$_{20}$ 波。实际传播的波形是 TE$_{10}$ 波和 TE$_{20}$ 波的叠加。由于 TE$_{10}$ 波和 TE$_{20}$ 波的场结构、波导波长、相速均不同，所以两者叠加的结果形成了 Riblet 耦合器的定向性和相移特性，其工作原理如图 3.27（b）所示。

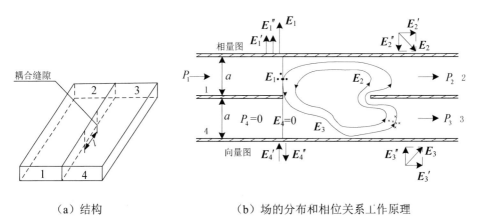

（a）结构　　　　　　（b）场的分布和相位关系工作原理

图 3.27　3dB 混合桥的结构及工作原理

从图 3.27 中可以看到，TE$_{10}$ 波从主波导的端口 1 输入，到达缝隙始端时，会在宽波导中激励起 TE$_{10}$ 波和 TE$_{20}$ 波。假设信号功率平均分配于 TE$_{10}$ 和 TE$_{20}$ 两种模式中，则在波导端口 1 处的 TE$_{10}$ 波的电场 E_1' 和 TE$_{20}$ 波的电场 E_1'' 的大小相等、方向相同。而在端口 4 处的 TE$_{10}$ 波

的电场和 TE$_{20}$ 波的电场的大小相等、方向相反，因此端口 4 叠加后的电场为 0，即无输出，P_4=0。在缝隙的末端，主波导的端口 2 处，TE$_{10}$ 波的电场 $\boldsymbol{E}_2'$ 的相位比端口 1 处的电场 $\boldsymbol{E}_1'$ 的相位落后 $2\pi l / \lambda_g'$，而 TE$_{20}$ 波的电场 $\boldsymbol{E}_2''$ 的相位比电场 $\boldsymbol{E}_1''$ 的相位落后 $2\pi l / \lambda_g''$，这里 λ_g' 和 λ_g'' 分别为宽波导中 TE$_{10}$ 波和 TE$_{20}$ 波的波导波长，有

$$E_2' = E_1' \mathrm{e}^{-\mathrm{j}\frac{2\pi}{\lambda_g'}l} \tag{3.87}$$

$$E_2'' = E_1'' \mathrm{e}^{-\mathrm{j}\frac{2\pi}{\lambda_g''}l} = E_1' \mathrm{e}^{-\mathrm{j}\frac{2\pi}{\lambda_g''}l} \tag{3.88}$$

在缝隙的末端，主波导中的总电场 $\boldsymbol{E}_2$ 为电场 $\boldsymbol{E}_2'$ 和电场 $\boldsymbol{E}_2''$ 的叠加，即

$$
\begin{aligned}
E_2 &= E_2' + E_2'' = E_1'(\mathrm{e}^{-\mathrm{j}\frac{2\pi}{\lambda_g'}l} + \mathrm{e}^{-\mathrm{j}\frac{2\pi}{\lambda_g''}l}) \\
&= E_1' \mathrm{e}^{-\mathrm{j}\left(\frac{2\pi}{\lambda_g'}+\frac{2\pi}{\lambda_g''}\right)\frac{l}{2}}[\mathrm{e}^{\mathrm{j}\left(\frac{2\pi}{\lambda_g'}-\frac{2\pi}{\lambda_g''}\right)\frac{l}{2}} + \mathrm{e}^{-\mathrm{j}\left(\frac{2\pi}{\lambda_g'}-\frac{2\pi}{\lambda_g''}\right)\frac{l}{2}}] \\
&= 2E_1' \cos[(\frac{2\pi}{\lambda_g'}-\frac{2\pi}{\lambda_g''})\frac{l}{2}]\mathrm{e}^{-\mathrm{j}\left(\frac{2\pi}{\lambda_g'}+\frac{2\pi}{\lambda_g''}\right)\frac{l}{2}}
\end{aligned} \tag{3.89a}
$$

同理，在缝隙的末端，辅波导中的总电场 $\boldsymbol{E}_3$ 为 TE$_{10}$ 波的电场 $\boldsymbol{E}_3'$ 和 TE$_{20}$ 波的电场 $\boldsymbol{E}_3''$ 的叠加：

$$
\begin{aligned}
E_3' &= E_2' \\
E_3'' &= -E_2'' \\
E_3 &= E_3' + E_3'' = E_2' - E_2'' \\
&= E_1' \mathrm{e}^{-\mathrm{j}\left(\frac{2\pi}{\lambda_g'}+\frac{2\pi}{\lambda_g''}\right)\frac{l}{2}}[\mathrm{e}^{\mathrm{j}\left(\frac{2\pi}{\lambda_g'}-\frac{2\pi}{\lambda_g''}\right)\frac{l}{2}} - \mathrm{e}^{-\mathrm{j}\left(\frac{2\pi}{\lambda_g'}-\frac{2\pi}{\lambda_g''}\right)\frac{l}{2}}] \\
&= \mathrm{j}2E_1' \sin[(\frac{2\pi}{\lambda_g'}-\frac{2\pi}{\lambda_g''})\frac{l}{2}]\mathrm{e}^{-\mathrm{j}\left(\frac{2\pi}{\lambda_g'}+\frac{2\pi}{\lambda_g''}\right)\frac{l}{2}}
\end{aligned} \tag{3.89b}
$$

当 $|\boldsymbol{E}_2| = |\boldsymbol{E}_3|$ 时，主波导的端口 2 的输出功率与端口 3 的输出功率相等，而端口 4 的输出功率为 0，耦合为 3dB，因此该结构也称为 3dB 桥。为了使 $|\boldsymbol{E}_2| = |\boldsymbol{E}_3|$，需要选择合适的缝隙长度，即 l 需要满足以下条件：

$$
\cos\left[\left(\frac{2\pi}{\lambda_g'}-\frac{2\pi}{\lambda_g''}\right)\frac{l}{2}\right] = \sin\left[\left(\frac{2\pi}{\lambda_g'}-\frac{2\pi}{\lambda_g''}\right)\frac{l}{2}\right]
$$
$$
\left(\frac{2\pi}{\lambda_g'}-\frac{2\pi}{\lambda_g''}\right)\frac{l}{2} = \frac{\pi}{4} \tag{3.90}
$$

因此，缝隙长度 l 的值为

$$l = \frac{1}{4\left(\dfrac{1}{\lambda_g'}-\dfrac{1}{\lambda_g''}\right)} \tag{3.91}$$

结合 E_3 和 E_2 的表达式，即式（3.89）及图 3.27（b），可以看出，耦合到辅波导的端口 3 的电场的相位超前于主波导的端口 2 处的相位 $\pi/2$。

另外，为了不产生 TE_{30} 波，保证电桥正常工作，需要满足以下条件（δ 为波导公共侧壁的厚度）：

$$\lambda > \left(\lambda_c\right)_{TE_{30}} = \frac{2}{3}\left(2a + \delta\right) \approx \frac{2}{3}\left(2a\right)$$
$$2a < \frac{3}{2}\lambda$$

（3.92）

为了限制 $2a$ 的大小，通常可以在缝隙中嵌入金属条，或者采用金属螺钉以补偿缝隙两端的电抗。

这里给出一个应用实例，图 3.28 是采用 RT6002 设计的基片集成波导 Riblet 3dB 耦合器，其设计参数如表 3.4 所示，有兴趣的读者可以自己尝试建模验证其工作原理和散射参数，其结果公布在文献[3]中。

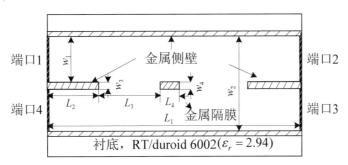

图 3.28　基片集成波导 Riblet 3dB 耦合器

表 3.4　基片集成波导 Riblet 3dB 耦合器的设计参数

几 何 符 号	数值/mm
L_1	20
L_2	4
L_3	5.55
L_4	0.9
w_1	4.75
w_2	10
w_3	0.5
w_4	0.5

3.4　180°混合结

180°混合结/网络是一种常用的四端口网络，其两个输出端之间有 180°的相位差。180°混合网络也可以用作同向输出，其符号表示如图 3.29 所示。若信号从端口 1 输入，则等分成两个同相的分量，从端口 2 和端口 3 输出，端口 4 为隔离端口。若信号从端口 4 输入，则等分成两个具有 180°相位差的信号，从端口 2 和端口 3 输出，此时端口 1 为隔离端口。若有两个信号分别从端口 2 和端口 3 输入，则端口 1 的输出为两个输入信号的和，端口 4 的输出为两个输入信号的差，故端口 1 称为和端口（Σ），端口 4 称为差端口（Δ）。理想的 3dB 混合网络的 S 矩阵可以写为

$$S = \frac{-\mathrm{j}}{\sqrt{2}} \begin{bmatrix} 0 & 1 & 1 & 0 \\ 1 & 0 & 0 & -1 \\ 1 & 0 & 0 & 1 \\ 0 & -1 & 1 & 0 \end{bmatrix} \tag{3.93}$$

对于这个矩阵，可以很容易证明其幺正性和对称性，这里不再赘述。

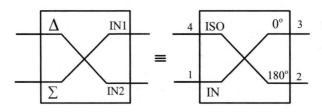

图 3.29　180°混合网络的符号表示

180°混合网络的微波实现方式多种多样，图 3.30 为几种常见的 180°混合网络。图 3.30（a）为微带环形混合网络，因为其独有的环形结构将两路输入信号取和或取差的特性，就像魔法一样，所以有时也称为平面魔 T。这种形式的混合结可以制成微带线或带状线的平面形式，也可以制成波导的形式。图 3.30（b）为其波导形式的物理实现，因为每个分支之间的间隔为 λ/4，所以通常在 H 平面容纳不下，因而波导的混合环绝大多数都在 E 平面。图 3.30（c）为波导魔 T 组成的 180°混合网络，也称波导和差网络。

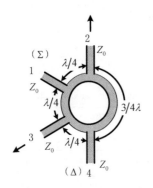

（a）微带形混合网络/平面魔 T

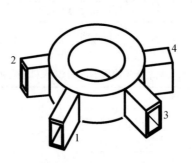

（b）波导形式的混合环

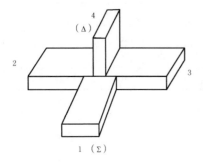

（c）波导和差网络/波导魔 T

（d）混合环实物

图 3.30　几种常见的 180°混合网络

当 180°混合网络被用作功率合成器的时候，和端口（Σ）输出信号；当被用作比较器的时候，差端口（Δ）输出信号。为了对波导和差

网络输出信号的波形建立一些直观感觉,图 3.31 分别展示了当两路输入信号分别同相、有 180°
相位差、有 90° 相位差时,和端口及差端口输出信号的波形。

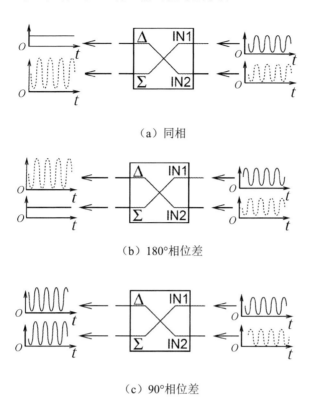

（a）同相

（b）180°相位差

（c）90°相位差

图 3.31　输入信号具有不同相位差时混合环的输出信号波形

　　作为一种兼具很高的学习价值和工程价值的射频与微波元器件,彻底掌握这种结构既有
利于灵活运用前述章节的知识,达到举一反三的目标;又能为后续章节的深入学习(如混频器
设计)打好扎实的基础,具体的学习策略可以参考文献[5]。下面用奇偶模分析法来分析环形混
合网络[1]。

　　如图 3.30（a）所示,首先假设归一化激励振幅为 1 的波从端口 1 入射到环形网络中,被
环形网络分解为两个分量,从端口 2 和端口 3 同相输出,而在端口 4 输出的相位相差 180°。
采用奇偶模分析法,将激励分解为偶模激励和奇模激励叠加的形式,其对应的两个电路如
图 3.32 所示。叠加之后,环形混合结/网络的各端口散射波的振幅分别为

$$B_1 = \frac{1}{2}\Gamma_e + \frac{1}{2}\Gamma_o \tag{3.94}$$

$$B_2 = \frac{1}{2}T_e + \frac{1}{2}T_o \tag{3.95}$$

$$B_3 = \frac{1}{2}\Gamma_e - \frac{1}{2}\Gamma_o \tag{3.96}$$

$$B_4 = \frac{1}{2}T_e - \frac{1}{2}T_o \tag{3.97}$$

请注意，在计算 B_3 和 B_4 时，奇模的反射系数和传输系数前面的系数是 "$-1/2$"。通过采用与前述分析正交耦合器类似的思路和方法，求解图 3.32 中的偶模和奇模的二端口电路（当端口 1 用单位振幅输入波激励时，环形混合网络按偶模和奇模被分解为两个子网络）的 ABCD 矩阵，可以计算出上述 4 个式子中的反射系数和传输系数。由电路结构分别计算得到的偶模和奇模 ABCD 参数如下：

$$\begin{bmatrix} A & B \\ C & D \end{bmatrix}_e = \begin{bmatrix} 1 & 0 \\ j/\sqrt{2} & 1 \end{bmatrix} \begin{bmatrix} 0 & j\sqrt{2} \\ j/\sqrt{2} & 0 \end{bmatrix} \begin{bmatrix} 1 & 0 \\ -j/\sqrt{2} & 1 \end{bmatrix} = \begin{bmatrix} 1 & j\sqrt{2} \\ j\sqrt{2} & -1 \end{bmatrix} \tag{3.98}$$

$$\begin{bmatrix} A & B \\ C & D \end{bmatrix}_o = \begin{bmatrix} 1 & 0 \\ -j/\sqrt{2} & 1 \end{bmatrix} \begin{bmatrix} 0 & j\sqrt{2} \\ j/\sqrt{2} & 0 \end{bmatrix} \begin{bmatrix} 1 & 0 \\ j/\sqrt{2} & 1 \end{bmatrix} = \begin{bmatrix} -1 & j\sqrt{2} \\ j\sqrt{2} & 1 \end{bmatrix} \tag{3.99}$$

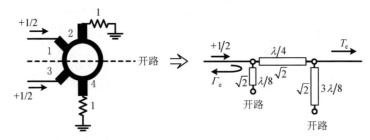

（a）偶模

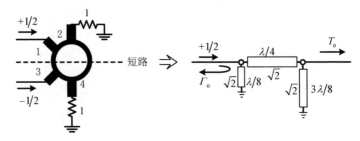

（b）奇模

图 3.32　当端口 1 用单位振幅输入波激励时，环形混合网络按偶模和奇模被分解为两个子网络

通过 ABCD 参数与 S_{11} 和 S_{21} 的转换，可得

$$\Gamma_e = S_{11} = \frac{A+B-C-D}{A+B+C+D} = \frac{-j}{\sqrt{2}} \tag{3.100}$$

$$T_e = S_{21} = \frac{2}{A+B+C+D} = \frac{-j}{\sqrt{2}} \tag{3.101}$$

$$\Gamma_o = \frac{j}{\sqrt{2}} \tag{3.102}$$

$$T_o = \frac{-j}{\sqrt{2}} \tag{3.103}$$

将这些结果代入式（3.94）～式（3.97），可得

$$B_1 = 0 \tag{3.104}$$

$$B_2 = \frac{-j}{\sqrt{2}} \tag{3.105}$$

$$B_3 = \frac{-j}{\sqrt{2}} \tag{3.106}$$

$$B_4 = 0 \tag{3.107}$$

从式（3.104）～式（3.107）可以看出，输入端口是匹配的，输入功率等分地从端口 2 和端口 3 同相输出，端口 4 是隔离端口。对比式（3.93），可以看出，结果与散射矩阵中的第 1 行和第 1 列是一致的。

然后，考虑归一化单位振幅波从环形混合网络的端口 4 输入，如图 3.30（a）所示。此时，经过环形混合网络后，分成两个同相的波，从端口 2 和端口 3 输出，端口 2 和端口 3 之间的净相位差为 180°，这两个波分量在端口 1 的相位差为 180°。将此激励下的环形结/网络分为偶模和奇模两个子网络，如图 3.33 所示。此时，散射波的振幅为

$$B_1 = \frac{1}{2}T_e - \frac{1}{2}T_o \tag{3.108}$$

$$B_2 = \frac{1}{2}\Gamma_e - \frac{1}{2}\Gamma_o \tag{3.109}$$

$$B_3 = \frac{1}{2}T_e + \frac{1}{2}T_o \tag{3.110}$$

$$B_4 = \frac{1}{2}\Gamma_e + \frac{1}{2}\Gamma_o \tag{3.111}$$

在图 3.33 中，偶模和奇模电路的 ABCD 矩阵分别为

$$\begin{bmatrix} A & B \\ C & D \end{bmatrix}_e = \begin{bmatrix} 1 & 0 \\ -j/\sqrt{2} & 1 \end{bmatrix}\begin{bmatrix} 0 & j\sqrt{2} \\ j/\sqrt{2} & 0 \end{bmatrix}\begin{bmatrix} 1 & 0 \\ j/\sqrt{2} & 1 \end{bmatrix} = \begin{bmatrix} -1 & j\sqrt{2} \\ j\sqrt{2} & 1 \end{bmatrix} \tag{3.112}$$

$$\begin{bmatrix} A & B \\ C & D \end{bmatrix}_o = \begin{bmatrix} 1 & 0 \\ j/\sqrt{2} & 1 \end{bmatrix}\begin{bmatrix} 0 & j\sqrt{2} \\ j/\sqrt{2} & 0 \end{bmatrix}\begin{bmatrix} 1 & 0 \\ -j/\sqrt{2} & 1 \end{bmatrix} = \begin{bmatrix} 1 & j\sqrt{2} \\ j\sqrt{2} & -1 \end{bmatrix} \tag{3.113}$$

这里要特别注意的是，当从端口 4 入射时，虽然网络结构和之前完全一样，但是级联的次序不同，为从右到左级联，因此，把从端口 1 入射的 3 个 ABCD 矩阵交换次序相乘即可。类似地，通过 ABCD 参数与 S_{11} 和 S_{21} 的转换，可得

$$\Gamma_e = \frac{j}{\sqrt{2}} \tag{3.114}$$

$$T_e = \frac{-j}{\sqrt{2}} \tag{3.115}$$

$$\Gamma_o = \frac{-j}{\sqrt{2}} \tag{3.116}$$

$$T_o = \frac{-j}{\sqrt{2}} \tag{3.117}$$

将这些结果代入式（3.108）～式（3.111），可得

$$B_1 = 0 \tag{3.118}$$

$$B_2 = \frac{j}{\sqrt{2}} \tag{3.119}$$

$$B_3 = \frac{-j}{\sqrt{2}} \tag{3.120}$$

$$B_4 = 0 \tag{3.121}$$

从式（3.118）～式（3.121）可知，输入端口 4 是匹配的（因为 B_4=0），输入功率等分地从端口 2 和端口 3 输出，但相位相差 180°，端口 1 是隔离端口。对比式（3.93），可以看出，结果与散射矩阵中的第 4 行和第 4 列是一致的。其他矩阵元素可由对称性获得。

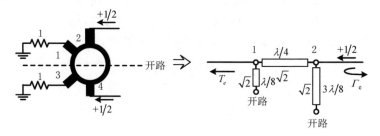

（a）偶模

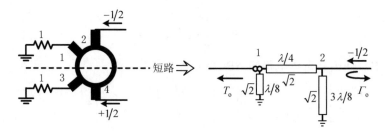

（b）奇模

图 3.33 偶模和奇模被分解为两个子网络

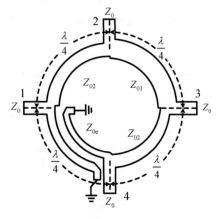

图 3.34 宽带混合环

环形混合结/网络的工作原理与环的电长度有关，因而带宽受限于频率，一般相对带宽大约有 20%。如果需要增加带宽，则可以采用如图 3.34 所示的结构，详细的设计过程请查阅文献[6]。

参考文献

[1] POZAR D M．微波工程[M]．谭云华，周乐柱，吴德明，等，译．4版．北京：电子工业出版社，2019.

[2] STEER M．Microwave and RF Design-A System Approach[M]．2nd ed．New Jersey： SciTech Publishing，2013.

[3] LI Z L，WU K.24 GHz Frequency-Modulation Continuous-Wave Radar Front-End System-on-Substrate[J]. IEEE Transaction on Microwave Theory and Techniques，2008，56（2）：278-285.

[4] 赵克玉，许福永．微波原理与技术[M]．北京：高等教育出版社，2006.

[5] LI Z L．Effective Learning and Teaching Strategies for Microwave Engineering[J]．IEEE Microwave Magazine，2018，19（4）：134-137.

[6] BAHL I，BHARTIA P．Microwave Solid State Circuit Design[M]．2nd ed．New York： John Wiley & Sons，2003.

 习题

1．一个 6dB 微带定向耦合器如图 3.35 所示，其耦合度为 6dB，方向性系数为 30dB。假设耦合器无损，若输入功率为 10mW，计算端口 2、3 和 4 的输出功率。

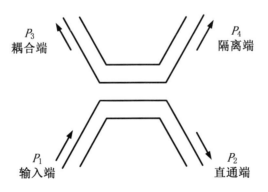

图 3.35　6dB 微带定向耦合器

2．一个三路功分器，插入损耗为 0.5dB，如果输入功率是 0，那么任意一输出端口的输出功率分别为多少 dBm 和 mW？

3．以威尔金森功分器为基础，设计一个采用集总元器件的（双向）功率分配/合成器，工作频率为 1GHz，系统阻抗为 75Ω。

4．考虑如图 3.36 所示的 T 型和 π 型阻性衰减器电路。假如输入和输出匹配到 Z_0，输出电压与输入电压的比是 α，试推导出每个电路的 R_1 和 R_2 的设计公式。若 $Z_0=50Ω$，试计算每种类型衰减器的衰减量为 3dB、10dB 和 20dB 时的 R_1 和 R_2。

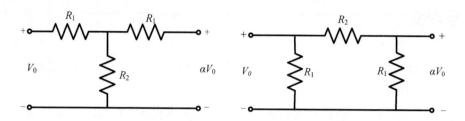

图 3.36 T 型和 π 型阻性衰减器电路

5. 以威尔金森功分器为基础，设计一个系统阻抗为 75Ω 的三路功分器。功分器的传输线长度用波长表示。

6. 以威尔金森功分器为基础，设计一个采用集总元器件的三路功分器，工作频率为 1GHz，系统阻抗为 75Ω。

7. 一个三端口电阻式功分器，从端口 1 输入，从端口 2、3 等功率地输出，即 $S_{21} = S_{31}$。因为功分器存在损耗，所以端口 2、3 的输出功率的总和并不等于端口 1 的输入功率。设计一个阻抗为 75Ω 的三端口功分器，并且输入端电阻匹配，即 $S_{11}=0=S_{22}=S_{33}$。请画出电阻电路图，并计算出每个元器件的电阻值。

8. 设计一个工作频率为 30GHz、系统阻抗为 100Ω 的混合环。

9. 设计一个采用集总元器件的 90°混合结/网络，工作频率为 1900MHz，所用电感为 1nH，所用电容需要自己计算。

10. 设计一个采用集总元器件的 90°混合结，工作频率为 500MHz，系统阻抗为 75Ω。

第 **4** 章

射频与微波半导体器件

射频与微波电路中除了存在线性的和无源的器件，还需要使用许多非线性的和有源的器件实现信号的检测、混频、放大、倍频、开关及射频与微波信号源。早在 20 世纪 30 年代初期，贝尔实验室的索斯沃思（Southworth）等人就使用晶体检波器实现了某一频率的信号通过电路。在这之后，随着真空电子管的发现与发展，真空电子管逐步取代了晶体检波器；而从 20 世纪 60 年代开始，随着半导体技术的飞速发展，射频与微波半导体器件在无线电技术领域中占有越来越重要的地位。目前，基于半导体器件的射频与微波电路已广泛地应用于通信、雷达、制导、测量及各种飞行器的电子设备中。

因此，本章将介绍目前常用于制备射频与微波器件的半导体材料，并讨论各种射频与微波半导体器件的特性。

4.1 新型半导体材料

1947 年，贝尔实验室采用锗材料研制出了点接触三极管器件，这是世界上第一只半导体管级器件，奠定了微电子工业的基础。20 世纪 50 年代，美国德州仪器公司制造出了的第一块锗基集成电路，之后十几年间，锗材料都是制造半导体器件的主要支撑材料。随着半导体技术的蓬勃发展，对半导体器件的性能、尺寸、可靠性及成本的要求不断提高。1960 年以后，硅基半导体器件表现出比锗基半导体器件更强的优势。首先硅的地球储量丰富，在自然界分布极广，是地壳中仅次于氧的第二丰富元素，硅基半导体的原料成本低廉；此外，最重要的是硅材料在高温下与氧反应生成无定形二氧化硅，其性能稳定、绝缘性好，可以用于制造半导体器件的掩蔽层和隔离层，通过后退火等工艺，可以获得极其完美的二氧化硅与硅界面。因此在器件的性能、可靠性及制造成本方面，硅基半导体器件比起锗基半导体器，都有显著优势。目前，硅基半导体产业依旧占据半导体产业的绝大多数份额，硅仍是最重要的半导体材料。

随着通信、光电、集成电路产业的发展，由于半导体硅材料本身的限制，硅基器件的性能已经接近理论极限，不能满足日益苛刻的应用需求。表 4.1 中列举了包括硅在内的几种半导体材料的物理参数。其中，半导体材料的电子迁移率描述半导体内部电子在电场作用下移动快慢的程度，影响半导体电导率，决定其低电压条件下的高频工作性能，电子迁移率越高，需要的电子渡越时间越短，器件截止频率越高。饱和漂移速度指的是在强电场条件下，由于低能谷中的电子能量增加，可能被散射到高能谷中而造成电子有效质量增大，电子迁移率降低，半导体载流子的运动速度不再随电场的增加而增加，此时载流子所能达到的最大运动速度。饱和漂移速度决定高压条件下半导体器件的高频工作性能。半导体材料中的电子处于能带状态，能带与能带之间隔着禁带，禁带中不存在公有化运动状态的能量范围，电子通过吸收能量，可以从低能带跃迁到高能带。半导体禁带宽度指的是半导体材料导带底与价带顶之间的能量差，是反映价带电子被束缚强弱程度的一个物理量，即产生本征激发所需的最小能量。半导体禁带宽度将直接决定器件的击穿电压和最高工作温度。热导率指的是半导体材料传导热量的能力，热导率越高，半导体器件的散热性能越好。

对于半导体硅材料，其较低的电子迁移率及饱和漂移速度限制了它在高频器件方面的应用，而较小的禁带宽度、击穿电场和较低的热导率限制了它在大功率器件方面的应用。为了满足高速通信产业、互联网产业和射频与微波产业发展催生的更高的数据传输速率、更高的器件工作频率的需求，半导体产业从业者开发了以砷化镓、磷化铟为主导的第二代半导体材料。通过表 4.1 可知，砷化镓的电子迁移率与饱和漂移速度分别是硅材料的约 6 倍和 2 倍，可以显著提升半导体器件的高频性能。但是第二代半导体依旧没有满足半导体器件在高温、强辐射、大功率等条件下的应用需求。1990 年以后，第三代半导体——宽禁带半导体材料和器件的研究开发成为焦点。目前，国际上一般把禁带宽度大于或等于 2.3eV 的半导体材料定义为第三代半导体材料。常见的第三代半导体材料包括 4H 碳化硅、氮化镓、金刚石、氧化锌、氮化铝等。其中 4H 碳化硅和氮化镓技术发展相对成熟，已经开始产业化应用，而金刚石、氧化锌、氮化铝等材料尚处于研发起步阶段。以 4H 碳化硅和氮化镓为例，其禁带宽度、击穿电场和热导率远高于第一代半导体材料硅和第二代半导体材料砷化镓，而且饱和漂移速度也是硅材料的 2 倍及以上，因此其器件具有高频、大功率、小损耗、耐高压、耐高温、抗辐射能力强等优势，被认为将广泛应用在光电器件、大功率射频器件等领域。

表 4.1　几种半导体材料的物理参数

性 能 指 标	硅（Si）	砷化镓（GaAs）	4H 碳化硅（4H-SiC）	氮化镓（GaN）
电子迁移率/cm²/(V·s)	1400	8500	1020	1000
饱和漂移速度/10⁷cm/s	1.0	2.0	2.0	2.7
禁带宽度/eV	1.12	1.42	3.26	3.39
击穿电场/（MV/cm）	0.3	0.4	3.0	3.3
热导率/（W/(m·K)）	1.5	0.5	4.9	2.0

4.2　射频与微波二极管

本节介绍用于射频与微波电路的半导体二极管器件。二极管器件具有非线性的 I-V 特性，其性能可以概括为正向导通、反向关断。利用二极管的非线性，可以在电路中实现开关、信号检测、解调、倍频等功能。最基础的二极管器件为硅基 PN 结，但是由于经典的 PN 结二极管有相对较大的结电容，所以仅能用在频率较低的电路中。

4.2.1　肖特基二极管

早在 1874 年，德国物理学家布劳恩就发现金属和半导体接触在存在正向加压与反向加压条件下，电流的大小有很大的不同，存在非对称的导电特性。直到 1938 年，德国物理学家肖特基利用金属–半导体势垒效应从理论上解释了该现象，并将其命名为肖特基势垒效应，而由金属–半导体接触构成的二极管被称为肖特基二极管，其结构如图 4.1 所示。根据肖特基势垒理论，当金属与半导体接触时，由于金属与半导体之间的功函数差，半导体和金属之间会发生载流子扩散。以金属和 n 型半导体接触为例，当金属的功函数大于半导体的功函数时，半导体一侧的电子会向金属扩散，留下带正电的离子，在金属-半导体接触结构中，半导体一侧会形成正电性的空间电荷区。空间电荷区内建电场将弯曲能带，在金属-半导体界面附近形成表面势垒，如图 4.2（a）所示。当外加正向偏压时，肖特基二极管的半导体端接电源正极，金属接负极，半导体区域的势垒降低，如图 4.2（b）所示，半导体区的电子可以轻易地越过该势垒注入金属区域，形成随着正向偏压 V 的升高而增大的电流。当外加反向偏压时，肖特基二极管的半导体端接电源负极，金属接正极，半导体区域的势垒增高，如图 4.2（c）所示，该势垒抑制电子从半导体向金属流动，而金属区域势垒不变，因此电压反偏时二极管的电流很小，可以解释肖特基二极管的非对称导电特性。

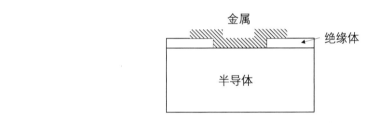

图 4.1　肖特基二极管的结构

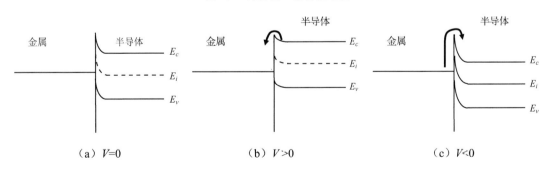

图 4.2　金属-半导体接触能带图

肖特基二极管的导电特性与传统 PN 结二极管类似，都具有显著的非对称导电特性，在正偏条件下，电流随电压的升高而指数增大，不考虑串联的内外电阻，理想的 PN 结、肖特基二极管正偏电流-电压表达式分别为

$$J = J_s \left(e^{\frac{qV}{k_0 T}} - 1 \right) \tag{4.1}$$

（PN 结）

$$J_s = \frac{q D_n n_i^2}{N_A L_n} + \frac{q D_p n_i^2}{N_D L_p} \tag{4.2}$$

其中，J 和 V 为 PN 结的正偏电流和正偏电压；N_D 为 N 区的施主掺杂浓度；N_A 为 P 区的受主掺杂浓度；n_i 为本征载流子浓度；D_n 和 D_p 分别为电子和空穴的扩散系数，且分别正比于电子与空穴的迁移率；L_n 和 L_p 分别为电子扩散长度和空穴扩散长度。

$$J = J_{sT} \left(e^{\frac{qV}{k_0 T}} - 1 \right) \tag{4.3}$$

（肖特基结）

$$J_{sT} = A^* T^2 e^{\frac{q\phi_{ns}}{k_0 T}} \tag{4.4}$$

其中，J 和 V 为肖特基结正偏电流和正偏电压；A^* 为热电子发射的有效理查森常数；ϕ_{ns} 为金属半导体接触势垒。虽然两者正偏的电流特性非常相似，但两者的载流子输运机制不同，PN 结电流是由少数载流子扩散引起的，而肖特基结是由多数载流子通过热发射越过势垒形成的；而且两者的反向饱和电流 J_s 和 J_{sT} 公式区别很大，一般情况下，$J_{sT} \gg J_s$，因此，肖特基二极管的开启电压远低于 PN 结二极管的开启电压，而其整流电流远大于 PN 结二极管的整流电流。此外，PN 结二极管在高频率工作时，正偏过程会累积少数载流子，在反偏电压下，这些载流子只有通过漂移或复合才能消除，因此在开关转换过程中，会出现明显的反向恢复过程，影响器件的开关速度；而肖特基二极管是一种多数载流子导电器件，不需要考虑少数载流子的寿命，因此反向恢复过程非常短，器件开关速度非常快。肖特基二极管具有超高速、大电流、低功耗的优点，可以用于 X 波段、C 波段、S 波段及毫米波、太赫兹等超高频信号的检波和混频，也被广泛应用在高速集成电路中。

在高频状态下，肖特基二极管的小信号等效电路模型如图 4.3 所示，忽略了管壳的寄生电容等寄生参数，R_s 为肖特基二极管的串联电阻，R_j 为肖特基二极管的结电阻，C_j 为肖特基二极管的结电容，其中 C_j 和 R_j 是非线性变化的电容和电阻。理想状态下的肖特基二极管的结电阻可以通过式（4.3）和式（4.4）求出；而 C_j 为肖特基二极管耗尽区电容，其表达式为

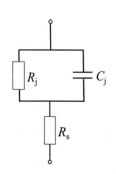

图 4.3　肖特基二极管的小信号等效电路模型

$$C_j(V) = A \sqrt{\frac{q \cdot N_D \cdot \varepsilon_s}{2(V_{bi} - V_j)}} \tag{4.5}$$

其中，q 为电子电荷量；N_D 为半导体区的施主掺杂浓度；ε_s 为半导体介电常数；V_{bi} 为内建势垒；V_j 为落在肖特基结上的外加电压。

由此可知,肖特基二极管是一个结电阻可变的非线性器件。非线性器件中的输出电流与输入电压关系式可以表示为 $J=f(v)$,对其进行泰勒展开,可得

$$J = f(0) + f'(0)v + \frac{1}{2!}f''(0)v^2 + \frac{1}{3!}f'''(0)v^3 + \cdots \tag{4.6}$$

假设输入电压信号为正弦信号,则有

$$v = A_1 \cos(\omega t) \tag{4.7}$$

此时电流信号可以表达为

$$J = \left[f(0) + \frac{1}{4}f''(0)V_0^2 \right] + \left[f'(0)V_0 + \frac{1}{8}f'''(0)V_0^3 \right]\cos(\omega t) +$$

$$\frac{1}{4}f''(0)V_0^2 \cos(2\omega t) + \frac{1}{24}f'''(0)V_0^3 \cos(3\omega t) + \cdots \tag{4.8}$$

由式(4.8)可知,在输出信号频谱中,不但包含原有的基波信号频率分量,而且包含直流分量与各奇次和偶次谐波信号频率分量。因此,利用肖特基二极管的非线性及超高频工作频率的特性,可以实现超高频率的整流器、倍频器及混频器。

虽然肖特基二极管具有许多 PN 结二极管不具备的优点,但它也有缺点。由于肖特基势垒高度较低,空间电荷区较薄,所以与 PN 结二极管相比,其反向漏电流较大,反向击穿电压较低,这些缺点限制了其在高压、大功率条件下的应用。若肖特基结的半导体区域掺杂浓度继续提高,则半导体的空间电荷区将进一步变薄,金属中的电子不想越过肖特基势垒,而通过隧穿效应,电子可以直接"穿"过肖特基势垒形成很大的反向电流,此时金属-半导体接触将丧失整流特性,称为欧姆接触。

4.2.2　PIN 二极管

PIN 二极管的基本结构如图 4.4 所示,包括 P⁺区、I 区、N⁺区 3 部分,受主重掺杂形成 P⁺区,施主重掺杂形成 N⁺区,在 P⁺区与 N⁺区之间加入一个未掺杂的本征区 I 区,P⁺区与 I 区接触、N⁺区与 I 区接触,与一般 PN 结类似。在正偏电压下,P⁺I 和 IN⁺结正偏,P⁺区空穴和 N⁺区电子注入 I 区,由于 I 区本身载流子浓度很低,因此,外加电源注入的电子和空穴远大于 I 区本征载流子,注入的电子和空穴边扩散边复合,依靠外加电源不断注入载流子,I 区载流子处于平衡状态,其载流子分布如图 4.5(a)所示。假设 I 区载流子寿命 τ 的值很大,扩散长度远大于 I 区宽度,I 区电子、空穴接近均匀分布,且满足电中性条件,空穴密度与电子密度近似相等。此时 I 区复合电流为

$$I_0 = \frac{Q_0}{\tau} \tag{4.9}$$

其中,Q_0 为 I 区电子或空穴电荷量,电压偏压越高,注入载流子越多,Q_0 越大,I_0 越大。同时,I 区的电阻率与 I 区载流子浓度相关,Q_0 越大,I 区电阻越小,其表达式如下:

$$R = \frac{W}{e\rho(\mu_n + \mu_p)A} = \frac{W^2}{I_0(\mu_n + \mu_p)\tau} \tag{4.10}$$

其中，μ_n 和 μ_p 为电子和空穴迁移率；W 为 I 区宽度。在正偏状态下，P^+ I 和 I N^+ 结开启，PIN 二极管的阻值主要由 I 区阻值决定，电流越大，阻值越小，器件电流随电压指数增大，处于开通状态；在反偏状态下，与 PN 结类似，反向电流较小，空间电荷区随电压的升高而展宽，由于 I 区掺杂非常轻，所以空间电荷区主要分布在 I 区，势垒厚度也远大于 PN 结二极管，其反向击穿电压较高，可以工作在高压大功率条件下。因此，在直流条件下，PIN 二极管具有明显的单向导电特性。

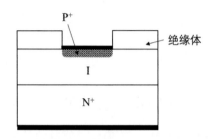

图 4.4　PIN 二极管的基本结构

在低频条件下由反向到正向过渡时，I 区从耗尽状态转换为充满载流子，且电荷量 $Q_0=I_0\tau$，过渡时间与 τ 值大小相近；当由正向状态转换到反向时，载流子停止注入，开始复合，经过寿命 τ 时间后，I 区又呈现耗尽状态。可见，由正向到反向的过渡时间也和载流子寿命有关。当信号频率很低时，信号周期远大于 PIN 器件开关过渡时间，过渡时间的影响可以忽略，在这种状态下，PIN 二极管的电流-电压特性类似于普通 PN 结二极管，可以用于制作单刀开关及相移器。

随着工作频率的升高，在微波或毫米波频段，PIN 二极管的电学性能发生明显转变。当 PIN 结上的微波总瞬时电流为 $i=I_0+I_1 sin(\omega t)$ 时，对于微波小信号，由于信号周期小于 I 区载流子寿命 τ，无论微波信号处于正半周还是负半周，I 区都存在载流子堆积情况，器件一直导通；对于微波大信号，由于直流 I_0 的作用，I 区中一直储存电荷 Q_0，当加入交流信号正半周时，空穴和电子从 I 区两侧大量注入，且从 I 区边界到中心的浓度梯度逐渐减小，而在负半周，只要负半周时间够短，I 区的电荷就足够维持器件导通。因此，对于直流偏置的 PIN 二极管，其 I 区载流子浓度及结电阻由直流电流 I_0 决定，I_0 越大，载流子越多，电阻越小。当不加直流偏置而采用微波提供 I 区载流子时，在负半周，I 区中未复合的电子、空穴在反向电压的作用下返回，造成 I 区两端电荷堆积，由于扩散作用，部分载流子会继续向 I 区中央扩散，最终 I 区中残留一定数量的载流子，二极管并未达到真正的截止状态。高频微波信号作用下的 PIN 二极管 I 区载流子分布如图 4.5（b）所示。当微波信号幅度较小时，I 区积累的载流子很少，PIN 二极管呈现较大阻抗；当微波信号幅度较大时，I 区残留的载流子较多，经过若干周期的积累，I 区的载流子浓度将大大升高，PIN 二极管呈现出很低的射频与微波阻抗。在射频与微波信号作用下，PIN 二极管的 I 区阻抗近似如下：

$$R = \frac{W}{\sqrt{D/(2\pi f)}} \frac{1}{\beta I} \tag{4.11}$$

其中，D 是材料的扩散系数；$\beta=q/(kT)$，q 是电子电荷量，k 是玻耳兹曼常数，T 是环境温度；I 是注入 PIN 二极管的微波电流，频率为 f。可以发现，PIN 二极管的 I 区阻抗与电流成反比，随着频率的上升而增大。

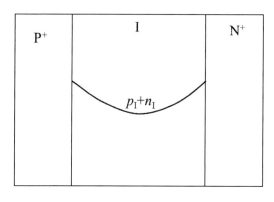 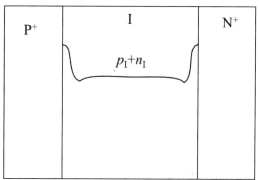

（a）直流正偏状态下的载流子分布 （b）高频微波信号作用下的 PIN 二极管 I 区载流子分布

图 4.5 PIN 二极管

因此在射频与微波领域，PIN 二极管常作为限幅器使用，它是通过 I 区中积累的载流子而不是通过非线性起限幅作用的。图 4.6 为一个较为典型的 PIN 二极管限幅器电路，由 PIN 二极管和电感级联而成。其中，电感起到直流通路的作用，保证由注入 PIN 二极管 I 区的电子、空穴连续不断地复合产生直流电流导通。当输入射频与微波信号时，电感呈高阻状态。当输入信号幅值较小时，PIN 二极管呈高阻状态，信号可以无损地馈入输出端；当输入信号幅值很大时，PIN 二极管呈低阻状态，信号通过 PIN 二极管导通到地。

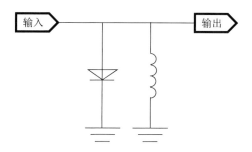

图 4.6 较为典型的 PIN 二极管限幅器电路

4.3 射频晶体管

晶体管是目前集成电路中最重要的、最常见的器件，也是现代射频与微波系统中的关键器件。晶体管可以分为场效应晶体管（Field Effect Transistor，FET）和结型晶体管（Junction Transistor，JT）两类。

场效应晶体管包括金属氧化物半导体晶体管（Metal-Oxide-Semiconductor Field-Effect Transistor，MOSFET）、金属半导体晶体管（Metal-Semiconductor Field Effect Transistor，MSFET）及高电子迁移率晶体管（High Electron Mobility Transistor，HEMT）等；而结型晶体管包括双极性晶体管（Bipolar Junction Transistor，BJT）和异质结双极性晶体管（Heterojunction Bipolar Transistor，HBT）。下面介绍 MOSFET、HEMT 及 HBT 等射频晶体管的基本结构与电学特性。

4.3.1　金属氧化物半导体晶体管

由于硅的氧化物 SiO_2 具有良好的绝缘特性及稳定的化学性质，所以使 MOSFET 器件在硅基集成电路中得到了广泛应用。最基本的 MOSFET 结构如图 4.7 所示，包括栅（G）、源（S）、漏（D）、衬底 4 个端口，栅极下方为氧化层，与衬底隔离；对于 nMOSFET，其源、漏区为 n 型重掺杂，沟道区域为 p 型掺杂；对于 pMOSFET，其源、漏区为 p 型重掺杂，沟道区域为 n 型掺杂。通过加栅极电压控制氧化层下方衬底电荷，形成沟道，从而控制源、漏之间电流的大小。在直流条件下，一个 nMOSFET 的典型电流特性如下：

$$I_{ds} = \frac{\mu C_{OX} W}{L} \left\{ \left(V_G - V_T \right) V_D - \frac{V_D^2}{2} \right\} \quad \begin{pmatrix} V_G \geqslant V_T \\ V_{Dsat} \geqslant V_D \geqslant 0 \end{pmatrix} \text{（线性区）} \quad (4.12)$$

$$I_{ds} = \frac{\mu C_{OX} W}{2L} \left(V_G - V_T \right)^2 \quad \begin{pmatrix} V_G \geqslant V_T \\ V_D \geqslant V_{Dsat} \end{pmatrix} \text{（饱和区）} \quad (4.13)$$

其中，V_D、V_G 分别为栅端电压和漏端电压；C_{OX} 为单位面积栅氧化层电容；μ 为沟道迁移率；V_T 为阈值电压，V_{Dsat} 等于 $V_G - V_T$。从直流特性来看，MOSFET 是一个典型的开关器件，关断时漏电流非常小，开启后漏电流很大。

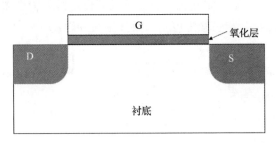

图 4.7　最基本的 MOSFET 结构

典型 MOSFET 的低频小信号模型如图 4.8（a）所示，没有考虑器件衬底体效应的影响，其中，g_m 为器件跨度，r_0 为由沟道调制效应引起的源极-漏极电阻。在低频状态下，栅源、栅漏之间可以简单处理为开路状态，此时漏电流为

$$i_d = g_m v_g + v_d / r_0 \quad (4.14)$$

当频率较高时，需要考虑各个端口之间的电容耦合，此时 MOSFET 的小信号模型如图 4.8（b）所示，C_{gd} 和 C_{gs} 分别为栅漏电容和栅源电容，而源、漏之间的电容一般可忽略。

由图 4.8（b）可以研究 MOSFET 的最高工作频率或截止频率。定义最高工作频率 f_{max} 为短路时输出电流与输入电流绝对值之比为 1 对应的频率，即 MOSFET 失去放大输入信号作用时的频率。短路时对应的输入电流为

$$i_{in} = j\omega \left(C_{gs} + C_{gd} \right) v_g \approx j \left(2\pi f \right) C_0 v_g \quad (4.15)$$

其中，假设 C_{gd} 较小；$C_{gs} \approx C_0$。同时，输出电流为

$$i_{out} \approx g_m v_g \quad (4.16)$$

令 $\left| i_{out} / i_{in} \right| = 1$，可以求解 f_{max}：

$$f_{\max} \approx \frac{g_{\mathrm{m}}}{2\pi C_0} = \frac{\mu V_{\mathrm{D}}}{2\pi L^2} \tag{4.17}$$

可以发现，最高工作频率 $f_{\max}$ 和器件的沟道迁移率 μ，以及沟道长度 L 密切相关，随着集成电路工艺的进步，MOSFET 器件的沟道长度不断减小，器件的最高工作频率不断提高，基于目前先进集成电路工艺制备的 MOSFET 器件已经可以在射频与微波频段正常工作。

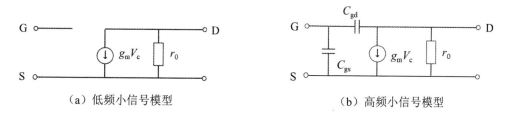

（a）低频小信号模型　　　　　　　　　　　（b）高频小信号模型

图 4.8　典型 MOSFET

4.3.2　高电子迁移率晶体管

对于一般的 MOSFET，沟道载流子迁移率受电离杂质散射的影响，因此，重掺杂半导体材料的载流子迁移率往往远低于轻掺杂或本征半导体材料的载流子迁移率。为了提高沟道载流子迁移率，应当尽量降低沟道掺杂浓度。但是降低掺杂浓度会使得沟道载流子浓度降低，反而使导通电阻增大，增加功耗和电容充电时间，影响器件在集成电路中的性能。为了解决沟道掺杂对晶体管沟道载流子迁移率的影响，研究者提出了将提供电子和电子迁移的区域分开，实现高迁移率高电子浓度的晶体管沟道，这种结构被称为高电子迁移率晶体管（HEMT）。HEMT 器件是一种异质场效应晶体管，最早在 1980 年由富士通公司研制；1985 年，马塞林克提出了 InGaAs/AlGaAs HEMT 器件；1993 年，美国 APA Optics 公司制造出 AlGaN/GaN HEMT 器件。目前，GaAs 体系和 GaN 体系 HEMT 器件是最为常见的 HEMT 器件，而其中 GaN 作为第三代半导体，具有禁带宽度大、击穿电场大、热导率高等优势，在高温、高压、大功率应用场合更具优势。图 4.9 是 AlGaN/GaN HEMT 器件结构图，其最核心的部分是 AlGaN/GaN 形成的异质结。

HEMT 是依靠二维电子气（Two-Dimensional Electron Gas，2DEG）实现电流输运的开关器件。2DEG 是指三维固体中电子在某一个运动方向上受限，局域于一个很小的尺寸范围内，而在另外两个方向上可以自由运动，一般来说，是通过较深、较窄（<100Å）的势阱将电子限制在势阱薄层内实现的。以 AlGaN/GaN HEMT 器件为例，图 4.10 为该器件中心位置垂直方向的导带示意图。可以看到，AlGaN/GaN 形成了一个异质结，在 AlGaN/GaN 界面靠 GaN 部分形成一个三角势阱，费米能级淹没三角势阱，因此，大量电子被限制在势阱中，形成 2DEG。改变栅极电压可以改变异质结三角势阱的深度和宽度，从而改变 2DEG 的浓度，控制 HEMT 器件源极和漏极之间电流的大小。由于 HEMT 器件中的 GaN 未掺杂，所以三角势阱中的电子来源是 AlGaN 层，三角势阱中的电子和 AlGaN 层中的杂质中心在空间上分离，电子运动时不会受杂质中心散射的影响，因此电子迁移率非常高。此外，由于电子和杂质中心在空间上分离，在极低温度下，电子也无法与杂质中心复合，所以器件在极低温度下依旧能正常工作。

由于 HEMT 器件无杂质散射、电子迁移率高，因此具有超高速、低噪声的优势，可以作为超高速逻辑电路的开关器件，也可以作为目前毫米波、太赫兹信号的混频器、放大器、振荡器等电路的核心器件。

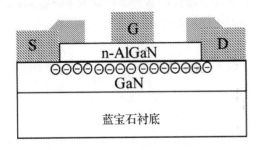
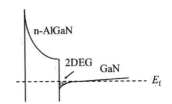

图 4.9　AlGAN/Gan HEMT 器件结构图　　　图 4.10　AlGaN/GaN HEMT 器件中心位置垂直方向的导带示意图

4.3.3　异质结双极性晶体管

HBT（异质结双极性晶体管）是一种在 BJT（双极性晶体管）基础上改进的双极结型晶体管结构，与 BJT 类似，HBT 的基本结构中包括发射区（E）、基区（B）和集电区（C）3 个区域。与一般的 BJT 不同的是，其各个区域由禁带宽度不同的材料构成，采用异质结代替晶体管中的同质结。HBT 结构最早在 1951 年由肖克利（Shockley）提出；1957 年，克勒默（Kroemer）提出了宽能带发射区理论，解释了 HBT 高注入效率和电流放大系数的原理。但是由于当时制备工艺技术的限制，难以实现 HBT 的制备。直到 20 世纪 70 年代，随着液相外延（Liquid Phase Epitaxy）技术的出现，这种晶体管才得到较快的发展。目前常见的 HBT 包括：①GaAlAs/GaAs HBT，发射区采用 $Ga_{(1-x)}Al_xAs$ 材料，基区和集电区采用 GaAs 材料，GaAlAs/GaAs 体系具有良好的晶格匹配，性能优秀；②InGaAs HBT，发射区采用 InGaAs 材料，基区和集电区采用 InAlAs 或 InP 材料，InGaAs 材料中的电子迁移率高，本征电子迁移率达到 GaAs 的 1.6 倍；③$Si/Si_xGe_{(1-x)}$ HBT，发射区采用 Si 材料，基区和集电区加入 Ge 以减小禁带宽度，采用成熟的 Si 工艺，利于集成，成本低廉。常见的 GaAlAs/GaAs HBT 的基本结构如图 4.11 所示。

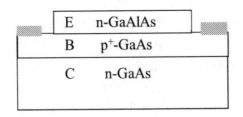

图 4.11　常见的 GaAlAS/GaAS HBT 的基本结构

为了提高 HBT 的电流增益，会在宽禁带-窄禁带材料转换的发射结区域设计一个逐渐改变合金材料组分的缓变异质结，如 $Ga_{(1-x)}Al_xAs$ 的 x 逐渐减为 0，该缓变异质结一般在几十纳米量级。图 4.12（a）为 PNP 型 HBT 的能带示意图，禁带宽度逐渐减小为基区禁带宽度。与

BJT 的能带结构［见图 4.12（b）］相比，HBT 中的发射区和基区的价带势垒要比导带势垒高 ΔE_V，空穴从基区注入发射区需要克服额外的势垒 ΔE_V。根据 Kroemer 的理论计算，在电流放大模式下，HBT 的主要电流包括由发射区电子注入基区形成的电子电流 I_{nE}、电子穿过基区形成的集电区电流 I_{nC}、基区复合电流 $I_{nE}-I_{nC}$、由基区空穴注入发射区形成的空穴电流 I_{pE}、发射结复合电流 I_{rE}，式（4.18）为共发射极电流增益，式（4.19）为注入比：

$$\beta = \frac{I_{nc}}{I_{pE} + I_{nE} - I_{nC} + I_{rE}} < \frac{I_{nE}}{I_{pE}} = \beta_{max} \tag{4.18}$$

$$\beta_{max} \approx \frac{D_{nB}}{D_{pE}} \cdot \frac{L_E}{W} \cdot \frac{n_{OB}}{p_{OE}} = \frac{D_{nB}}{D_{pE}} \cdot \frac{L_E}{W} \cdot \frac{N_E}{N_B} \cdot \frac{n_{iB}^2}{n_{iE}^2} \tag{4.19}$$

其中，D_{nB} 为基区少数载流子扩散系数；D_{pE} 为发射区少数载流子扩散系数；W 为基区宽度；L_E 为发射区少数载流子扩散长度；n_{OB} 为热平衡条件下基区少数载流子浓度；p_{OE} 为热平衡条件下发射区少数载流子浓度；N_B 为基区掺杂浓度；N_E 为发射区掺杂浓度；n_{iB} 为基区本征载流子浓度；n_{iE} 为发射区本征载流子浓度。忽略不同半导体材料有效态密度之间的差异，基区和发射区本征载流子浓度为

$$n_{iB}^2 = N_V N_C \, e^{-\frac{E_{gB}}{kT}} \tag{4.20}$$

$$n_{iE}^2 = N_V N_C \, e^{-\frac{E_{gE}}{kT}} \tag{4.21}$$

其中，N_V 和 N_C 分别是导带和价带底的有效状态密度；E_{gB} 和 E_{gE} 分别是基区材料禁带宽度和发射区材料禁带宽度。此时注入比为

$$\beta_{max} \approx \frac{D_{nB}}{D_{pE}} \cdot \frac{L_E}{W} \cdot \frac{N_E}{N_B} \cdot e^{\frac{\Delta E_g}{kT}} \tag{4.22}$$

其中，ΔE_g 是发射区材料禁带宽度和基区材料禁带宽度的差值，对于同质结，$\Delta E_g=0$，通常 HBT 的 $\Delta E_g > 0.25\mathrm{eV}$，因此，与相同掺杂的 BJT 相比，HBT 的注入比和电流增益明显更高，HBT 的注入比可以是 BJT 的注入比的 10^4 倍。

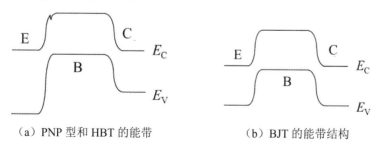

（a）PNP 型和 HBT 的能带　　　　（b）BJT 的能带结构

图 4.12　示意图

分析 HBT 和 BJT 的高频性能，其截止频率 f_T 可以用式（4.23）表示：

$$f_T \approx \frac{1}{2\pi\left(\tau_E + \tau_B + \tau_C + \tau_X\right)} \tag{4.23}$$

其中，τ_E 为发射结电容的充放电时间；τ_B 为基区渡越时间；τ_C 为集电结电容的充放电时间，

τ_X 为渡越集电结耗尽层的时间。由于 BJT 中的 $\Delta E_g=0$，所以为了提高注入比和电流增益，必须采用轻掺杂的基区。这样，BJT 更容易穿通，这一效应限制了基区宽度 W，也使得 BJT 的基区渡越时间 τ_B 较长；同时，基区电阻较大，使得 BJT 结电容充放电时间更长。而 HBT 由于存在 ΔE_g，所以基区可以重掺杂，可以显著缩短基区渡越时间 τ_E 和结电容充放电时间，因此，比起 BJT，HBT 除了拥有更高的电流增益和注入比，其截止频率也更高。

除了一般的宽禁带发射区 HBT，还存在缓变基区 HBT，其基区采用宽禁带半导体材料，通过改变材料组分控制基区禁带宽度缓变，使得基区导带存在缓变的梯度势垒和基区内建电场。缓变基区 HBT 的内建电场可以达到 20kV/cm，加速基区少数载流子运动，显著缩短基区渡越时间，提高器件的截止频率。

参考文献

[1] 李宝珠. 宽禁带半导体材料技术[J]. 电子工业专用设备，2010，39（8）：5-10.

[2] 施敏. 半导体器件物理与工艺[M]. 赵鹤鸣，钱敏，黄秋萍，译. 2 版. 苏州：苏州大学出版社，2003.

[3] POZAR D M. 微波工程[M]. 谭云华，周乐柱，吴德明，等，译. 4 版. 北京：电子工业出版社，2019.

[4] LEENOV D. The Silicon PIN Diode as a Microwave Radar Protector at Megawatt Levels[J]. IEEE Transactions on Electron Devices，1964，11（2）：53-61.

[5] KETTERSON A，MOLONEY M，MASSELINK W，et al. High transconductance InGaAs/AlGaAs pseudomorphic modulation-doped field-effect transistors[J]. IEEE Electron Device Letters，1985，6（12）：628-630.

[6] SHOCKLEY W，SPARKS M，TEAL G. p-n Junction Transistors[J]. Physical Review，1951，83（1）：151-162.

[7] KROEMER H. Theory of a Wide-Gap Emitter for Transistors[J]. Proceedings of the IRE，1957，45（11）：1535-1537.

习题

1. 举例并简述第二代半导体材料和第三代半导体材料的特征。在知道第二代半导体材料和第三代半导体材料的优势之后，思考并简述为什么到目前为止，第二代及第三代半导体材料未能取代硅成为最主流的半导体材料。

2. 一个理想的硅基 PN 结，其本征载流子浓度 $n_i=1.5\times10^{10}\text{cm}^{-3}$，N 区的施主掺杂浓度 $N_D=1\times10^{15}\text{cm}^{-3}$，P 区的受主掺杂浓度 $N_A=5\times10^{17}\text{cm}^{-3}$，电子和空穴的扩散系数 $D_n=12.8\text{cm}^2/\text{s}$、$D_p=11.2\text{cm}^2/\text{s}$，电子扩散长度和空穴扩散长度 $L_n=8.1\times10^{-3}\text{cm}$、$L_p=3.26\times10^{-3}\text{cm}$，计算 300K 下

反向饱和电流密度的理论值，以及 PN 结两端偏压为 0.7V、0.3V、−0.7V 时的正向和反向电流密度值。

3．对于上题中的硅基 PN 结，若截面积 $A=10^{-5}\text{cm}^2$，规定正向电流达到 0.1mA 时的电压为阈值电压，则该 PN 结的阈值电压为多少？改用锗材料，常温下本征载流子浓度 $n_i=2.4\times10^{13}\text{cm}^{-3}$，若其他参数不变，则 PN 结的阈值电压为多少？

4．一个理想肖特基二极管的反向饱和电流 I_{sT} 为 2×10^{-11}A，不考虑串联电阻，求电压为 0.5V 时的电流大小。

5．若上题的肖特基二极管串联一个电阻（$R=100\Omega$），电流大小保持不变，则二极管和电阻串联的电路两端电压是多少？

6．请总结 PIN 二极管的高频及低频特性和应用领域。

7．当信号频率 f=3MHz 时，PIN 二极管信号周期小于 I 区载流子寿命 τ 的值，其阻抗值符合近似公式，若二极管的电流 I=0.1mA，则其阻抗为 20Ω，试估算信号频率 f=3MHz、电流 I=0.01mA，信号频率 f=3MHz、电流 I=10mA，以及信号频率 f=12MHz、电流 I=0.1mA 时 PIN 二极管的阻抗。

8．采用上题中的 PIN 二极管构筑如图 4.6 所示的限幅器电路，其中输出电路阻抗为 20Ω，当输入信号频率 f=3MHz、PIN 二极管上的电流为 0.1mA 时，输出功率与输入功率的比值是多少？若输入信号频率 f=3MHz、PIN 二极管上的电流为 1mA，则输出功率与输入功率的比值是多少？

9．试说明 MOSFET 的结构和特性。

10．思考场效应管晶体管小信号模型和大信号模型的主要区别。

第5章

射频与微波放大器

　　射频与微波放大器在整个射频与微波电路中具有十分突出的重要地位，是各种射频、微波和毫米波系统的核心，其进展往往标志着整个射频与微波电路的进展，其指标也成为考核射频与微波系统的一个重要因素。固态射频与微波放大器按照分类方式不同可分为许多种类：按照采用元器件的不同，可分为参量放大器、晶体管放大器、雪崩管放大器、转移电子放大器、隧道二极管放大器等；按照功能不同，可分为用于微弱信号放大的低噪声放大器和用于获得大功率输出的功率放大器等。不同的放大器有不同的功能与特点，以及不同的适用范围，当然，也就有不同的分析与设计方法。早期的射频与微波放大器是依赖电子管或基于隧道二极管/变容二极管的负阻特性的固态放大器。自 20 世纪 70 年代以来，特别是进入 21 世纪后，固态技术及器件的发展日新月异。当前绝大多数射频与微波放大器均使用晶体管器件，这些晶体管采用 Si 或 SiGe BJT、SiGe 或 GaAs HBT、GaAs 或 InP FET、GaAs HEMT 或 pHEMT、GaN HEMT 等工艺实现。射频与微波晶体管放大器具有可靠性高、易集成、体积小、价格相对低廉等优点，适合需要小体积、低噪声系数、宽频带和中小功率容量等场合使用。在需要很高的频率或很大的功率的情况下，仍然需要电子管，但随着晶体管性能的提升，特别是新材料、新工艺的发展，对电子管的需求也越来越少。本章主要讲述射频与微波晶体管放大器的分析和设计的一些基本原理。基于晶体管 S 参量和特定的需要，介绍一些射频与微波晶体管放大器系统设计过程。

　　在射频与微波晶体管放大器设计中，最重要的设计观念是电路的稳定性、功率增益、工作带宽、噪声和直流偏置等。本章主要涉及窄带放大器的稳定性和功率增益问题，同时讨论电压驻波比问题。另外，对低噪声放大器、宽带放大器和功率放大器等也一并讨论。

　　射频与微波放大器作为一个二端口网络，其两个端口的端接负载情况直接影响放大器的增益特性。作为研究放大器增益特性的基础，必须研究晶体管端接任意负载时的输入/输出阻抗和对应的反射系数，求得各端口的功率表达式，并由此定义放大器的各种功率增益。

　　稳定性是射频与微波放大器的首要问题。如果放大器不稳定，就可能产生振荡。放大器是否稳定可以通过放大器的输入/输出阻抗是否有负阻来判断（可转化为对端口反射系数幅度的判别），若存在负阻，则可能（并非一定）产生振荡[1]。通常将放大器的稳定程度分为两类：绝对稳定或无条件稳定、潜在不稳定或条件稳定。一个放大器的设计一般起始于根据指标要求选择适当的晶体管，然后通过对系统进行分析并求取数值解，以辅助作图等方法（通常可借助电子辅助设计软件完成）决定晶体管在特定稳定度和功率增益要求下的工作条件（信号源和负载的反射系数）。一个绝对稳定的晶体管在端接任意无源负载的条件下都不会产生振荡。换言之，用一个非绝对稳定的晶体管进行设计，必须经过仔细分析并采取一定的措施才能端接无源负载获得稳定的放大器。

在设计射频与微波放大器时，除了考虑稳定性和增益，还有个重要的设计考虑，即噪声系数。在接收机应用中尤其如此，因为接收信号的信噪比一般较低，如果用普通放大器进行放大，则信噪比会进一步恶化，所以前置放大器需要有尽可能低的噪声系数，特别是前端接收机第一级放大器，起着决定性的作用。对于一个放大器，通常不可能在获得最低噪声系数的同时获得最高增益，因此，必须在噪声系数和增益之间进行权衡[1,2]。这种权衡可借助等增益圆和等噪声系数圆完成。

在雷达或通信等无线发射机的末端常使用功率放大器，用以提高辐射功率电平。对于射频与微波功率放大器，着重需要考虑的是输出功率、效率、线性度和热效应等指标[3]。单管的输出功率都存在一定的上限，这与工作频率和晶体管采用的制作工艺等相关。如果要实现更大功率的输出，那么可组合多个晶体管，采用功率合成的方法实现[4]。

随着通信信号带宽的不断拓展，射频与微波放大器的工作带宽也要随之拓展，因此，有必要针对宽带甚至超宽带放大器的特点进行分析，研究各种拓展放大器带宽的方法。常用拓展放大器工作带宽的方法有补偿匹配网络、有耗匹配网络、负反馈、平衡式放大器和分布式放大器等[2,5]。

5.1 放大器的功率增益与驻波比

本节根据晶体管的 S 参量，结合信号流图推导出二端口放大器的几种常用功率增益表达式。

5.1.1 放大器的功率增益

一个完整的射频与微波放大电路如图 5.1（a）所示，包含信号源、放大器（可等效为一个二端口网络）和负载 3 部分；实际的原理电路通常如图 5.1（b）所示。在图 5.1（b）中，内阻为 50Ω 的信号源与输入匹配网络构成图 5.1（a）中的信号源，其内阻用 Z_S 表示，改变输入匹配网络，可以将 Z_S 调整为所需值；输出匹配网络与 50Ω 负载构成图 5.1（a）中的负载 Z_L，改变输出匹配网络，可以将 Z_L 调整为所需值，该放大电路的信号流图如图 5.2 所示。

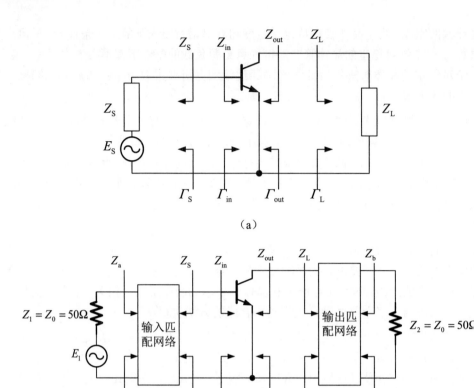

（a）

（b）

图 5.1　射频与微波放大器原理图

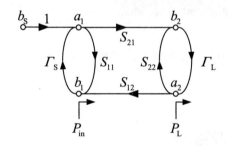

图 5.2　放大电路的信号流图

射频与微波放大器中常见的 3 种功率增益分别为转换功率增益 G_T、功率增益 G_P（也称工作功率增益）、资用功率增益 G_A。下面来定义这 3 种功率增益：

$$G_T = \frac{负载获得的功率}{信号源的资用功率} = \frac{P_L}{P_{AVS}}$$

$$G_P = \frac{负载获得的功率}{输入网络的功率} = \frac{P_L}{P_{in}}$$

$$G_A = \frac{网络的资用功率}{信号源的资用功率} = \frac{P_{ANV}}{P_{ANS}}$$

显然，上述定义中的各种功率的计算表达式为

$$P_{in} = \frac{1}{2}\left(|a_1|^2 - |b_1|^2\right) = \frac{1}{2}|a_1|^2\left(1 - |\Gamma_{in}|^2\right) \tag{5.1}$$

$$P_L = \frac{1}{2}\left(|b_2|^2 - |a_2|^2\right) = \frac{1}{2}|b_2|^2\left(1 - |\Gamma_L|^2\right) \tag{5.2}$$

$$P_{AVS} = P_{in}\Big|_{\Gamma_S = \Gamma_{in}^*} \tag{5.3}$$

$$P_{AVN} = P_L\Big|_{\Gamma_L = \Gamma_{out}^*} \tag{5.4}$$

前面章节中已求出信号源的资用功率表达式，如果再求出负载获得功率 P_L 的表达式，就可得到转换功率增益 G_T。由式（5.2）可知，需要求出 b_2，其实只要能求出 b_2/b_S 即可，因为此时 b_2 可用 b_S 表示，而 b_S 由信号源决定（系统的参考阻抗 Z_0 为 50Ω）。借助信号流图，应用梅森公式，可求得

$$\begin{aligned}\frac{b_2}{b_S} &= \frac{S_{21}}{1 - (S_{11}\Gamma_S + S_{22}\Gamma_L + S_{21}S_{12}\Gamma_S\Gamma_L) + S_{11}\Gamma_S S_{22}\Gamma_L}\\ &= \frac{S_{21}}{(1 - S_{11}\Gamma_S)(1 - S_{22}\Gamma_L) - S_{21}S_{12}\Gamma_S\Gamma_L}\end{aligned} \tag{5.5}$$

将式（5.5）代入式（5.2），得

$$P_L = \frac{1}{2}\left|\frac{S_{21}b_S}{(1 - S_{11}\Gamma_S)(1 - S_{22}\Gamma_L) - S_{21}S_{12}\Gamma_S\Gamma_L}\right|^2 \left(1 - |\Gamma_L|^2\right) \tag{5.6}$$

因为

$$P_{AVS} = \frac{1}{2}\frac{|b_S|^2}{1 - |\Gamma_S|^2} \tag{5.7}$$

所以

$$G_T = \frac{P_L}{P_{AVS}} = \frac{\left(1 - |\Gamma_S|^2\right)|S_{21}|^2\left(1 - |\Gamma_L|^2\right)}{\left|(1 - S_{11}\Gamma_S)(1 - S_{22}\Gamma_L) - S_{21}S_{12}\Gamma_S\Gamma_L\right|^2} \tag{5.8}$$

经整理得

$$G_T = \frac{1 - |\Gamma_S|^2}{|1 - \Gamma_{in}\Gamma_S|^2}|S_{21}|^2\frac{1 - |\Gamma_L|^2}{|1 - S_{22}\Gamma_L|^2} \tag{5.9}$$

或

$$G_T = \frac{1 - |\Gamma_S|^2}{|1 - S_{11}\Gamma_S|^2}|S_{21}|^2\frac{1 - |\Gamma_L|^2}{|1 - \Gamma_{out}\Gamma_L|^2} \tag{5.10}$$

其中

$$\Gamma_{in} = S_{11} + \frac{S_{12}S_{21}\Gamma_L}{1 - S_{22}\Gamma_L} \tag{5.11}$$

$$\Gamma_{\text{out}} = S_{22} + \frac{S_{12}S_{21}\Gamma_{\text{S}}}{1 - S_{11}\Gamma_{\text{S}}} \tag{5.12}$$

工作功率增益 G_{P} 定义为负载获得的功率 P_{L} 与网络从信号源获取的功率 P_{in} 的比值，可表示为

$$G_{\text{P}} = \frac{P_{\text{L}}}{P_{\text{in}}} = \frac{|b_2|^2 \left(1 - |\Gamma_{\text{L}}|^2\right)}{|a_1|^2 \left(1 - |\Gamma_{\text{in}}|^2\right)} \tag{5.13}$$

分子分母同时除以 $|b_{\text{S}}|^2$，得

$$G_{\text{P}} = \frac{\left|\dfrac{b_2}{b_{\text{S}}}\right|^2 \left(1 - |\Gamma_{\text{L}}|^2\right)}{\left|\dfrac{a_1}{b_{\text{S}}}\right|^2 \left(1 - |\Gamma_{\text{in}}|^2\right)} \tag{5.14}$$

由于 b_2/b_{S} 已经求出，即式（5.5），因此，利用梅森公式，可求出 a_1/b_{S}：

$$\frac{a_1}{b_{\text{S}}} = \frac{1 - S_{22}\Gamma_{\text{L}}}{1 - \left(S_{11}\Gamma_{\text{S}} + S_{22}\Gamma_{\text{L}} + S_{21}S_{12}\Gamma_{\text{S}}\Gamma_{\text{L}}\right) - S_{11}\Gamma_{\text{S}}S_{22}\Gamma_{\text{L}}} \tag{5.15}$$

将式（5.5）与式（5.15）代入式（5.14），得

$$G_{\text{P}} = \frac{1}{1 - |\Gamma_{\text{in}}|^2} |S_{21}|^2 \frac{1 - |\Gamma_{\text{L}}|^2}{|1 - S_{22}\Gamma_{\text{L}}|^2} \tag{5.16}$$

资用功率增益 G_{A} 定义为网络的资用功率 P_{AVN} 与信号源的资用功率 P_{AVS} 的比值。网络的资用功率为负载与网络输出端共轭匹配时负载获得的功率，即

$$\begin{aligned} P_{\text{AVN}} &= P_{\text{L}}\Big|_{\Gamma_{\text{L}} = \Gamma_{\text{out}}^*} = \frac{1}{2}\left(|b_2|^2 - |a_2|^2\right)\Big|_{\Gamma_{\text{L}} = \Gamma_{\text{out}}^*} \\ &= \frac{1}{2}|b_2|^2 \left(1 - |\Gamma_{\text{L}}|^2\right)\Big|_{\Gamma_{\text{L}} = \Gamma_{\text{out}}^*} = \frac{1}{2}|b_2|^2 \left(1 - |\Gamma_{\text{out}}|^2\right) \end{aligned} \tag{5.17}$$

故可得

$$G_{\text{A}} = \frac{P_{\text{AVN}}}{P_{\text{AVS}}} = \left|\frac{b_2}{b_{\text{S}}}\right|^2 \left(1 - |\Gamma_{\text{out}}|^2\right)\left(1 - |\Gamma_{\text{S}}|^2\right) \tag{5.18}$$

其中，b_2/b_{S} 已经求出，但要注意式（5.5）中的结果是在负载为任意值的情况下获得的，而此处需要负载与网络输出端共轭匹配，故还需要将 $\Gamma_{\text{L}} = \Gamma_{\text{out}}^*$ 的条件代入，有

$$\begin{aligned} \frac{b_2}{b_{\text{S}}} &= \frac{S_{21}}{\left(1 - S_{11}\Gamma_{\text{S}}\right)\left(1 - S_{22}\Gamma_{\text{L}}\right) - S_{21}S_{12}\Gamma_{\text{S}}\Gamma_{\text{L}}}\bigg|_{\Gamma_{\text{L}} = \Gamma_{\text{out}}^*} \\ &= \frac{S_{21}}{\left(1 - S_{11}\Gamma_{\text{S}}\right)\left(1 - \Gamma_{\text{out}}\Gamma_{\text{L}}\right)}\bigg|_{\Gamma_{\text{L}} = \Gamma_{\text{out}}^*} \\ &= \frac{S_{21}}{\left(1 - S_{11}\Gamma_{\text{S}}\right)\left(1 - |\Gamma_{\text{out}}|^2\right)} \end{aligned} \tag{5.19}$$

将式（5.17）与式（5.19）代入式（5.18），得

$$G_{A} = \frac{1-\left|\varGamma_{S}\right|^{2}}{\left|1-S_{11}\varGamma_{S}\right|^{2}}\left|S_{21}\right|^{2}\frac{1}{1-\left|\varGamma_{out}\right|^{2}} \qquad (5.20)$$

至此，已获得射频与微波放大器中常用的 3 种功率增益的计算表达式。

下面再来讨论 P_{in} 与 P_{AVS}、P_{L} 与 P_{AVN}，以及这 3 种功率增益之间存在怎样的关系。根据转换功率增益与工作功率增益的定义及式（5.9）、式（5.16），得

$$\frac{P_{in}}{P_{AVS}} = \frac{G_{T}}{G_{P}} = \frac{\left(1-\left|\varGamma_{S}\right|^{2}\right)\left(1-\left|\varGamma_{in}\right|^{2}\right)}{\left|1-\varGamma_{S}\varGamma_{in}\right|^{2}} = M_{S} \qquad (5.21)$$

其中，M_{S} 称为源失配因子。显然，当 $\varGamma_{S}=\varGamma_{in}^{*}$ 时，$M_{S}=1$，此时 $P_{in}=P_{AVS}$，可表示为

$$P_{in}=P_{AVS}\Big|_{\varGamma_{S}=\varGamma_{in}^{*}} \qquad (5.22)$$

同样，根据转换功率增益与资用功率增益定义式，可得

$$\frac{P_{L}}{P_{AVN}} = \frac{G_{T}}{G_{A}} = \frac{\left(1-\left|\varGamma_{L}\right|^{2}\right)\left(1-\left|\varGamma_{out}\right|^{2}\right)}{\left|1-\varGamma_{L}\varGamma_{out}\right|^{2}} = M_{L} \qquad (5.23)$$

其中，M_{L} 称为负载失配因子。显然，当 $\varGamma_{L}=\varGamma_{out}^{*}$ 时，$M_{L}=1$，此时 $P_{L}=P_{AVN}$，可表示为

$$P_{L}=P_{AVN}\Big|_{\varGamma_{L}=\varGamma_{out}^{*}} \qquad (5.24)$$

由式（5.21）与式（5.23）可得

$$G_{T}=M_{S}G_{P}=M_{L}G_{A} \qquad (5.25)$$

由于 M_{S} 和 M_{L} 均小于或等于 1，所以在同一电路中，$G_{P}\geqslant G_{T}$、$G_{A}\geqslant G_{T}$；但 G_{P} 和 G_{A} 之间的大小关系不确定，与源失配因子 M_{S} 和负载失配因子 M_{L} 相关。

事实上，根据 G_{T}、G_{P} 和 G_{A} 的定义，G_{P} 和 G_{A} 也可通过以下关系式求得：

$$\begin{aligned}G_{P} &= G_{T}\Big|_{\varGamma_{S}=\varGamma_{in}^{*}} = \frac{1-\left|\varGamma_{S}\right|^{2}}{\left|1-\varGamma_{in}\varGamma_{S}\right|^{2}}\left|S_{21}\right|^{2}\frac{1-\left|\varGamma_{L}\right|^{2}}{\left|1-S_{22}\varGamma_{L}\right|^{2}}\bigg|_{\varGamma_{S}=\varGamma_{in}^{*}} \\ &= \frac{1}{1-\left|\varGamma_{in}\right|^{2}}\left|S_{21}\right|^{2}\frac{1-\left|\varGamma_{L}\right|^{2}}{\left|1-S_{22}\varGamma_{L}\right|^{2}}\end{aligned} \qquad (5.26)$$

此式与式（5.16）一致。

$$\begin{aligned}G_{A} &= G_{T}\Big|_{\varGamma_{L}=\varGamma_{out}^{*}} = \frac{1-\left|\varGamma_{S}\right|^{2}}{\left|1-S_{11}\varGamma_{S}\right|^{2}}\left|S_{21}\right|^{2}\frac{1-\left|\varGamma_{L}\right|^{2}}{\left|1-\varGamma_{out}\varGamma_{L}\right|^{2}}\bigg|_{\varGamma_{L}=\varGamma_{out}^{*}} \\ &= \frac{1-\left|\varGamma_{S}\right|^{2}}{\left|1-S_{11}\varGamma_{S}\right|^{2}}\left|S_{21}\right|^{2}\frac{1}{1-\left|\varGamma_{out}\right|^{2}}\end{aligned} \qquad (5.27)$$

此式与式（5.20）一致。若放大器输入/输出端都共轭匹配，即 $M_{S}=M_{L}=1$，则 $G_{T}=G_{P}=G_{A}$ 并同时达到最大值。

考察 3 种功率增益表达式可以发现，G_T 是 Γ_S、Γ_L 及晶体管散射参量的函数（$G_T = f(\Gamma_S, \Gamma_L, \boldsymbol{S})$），而 G_P 仅与 Γ_L 及晶体管 $\boldsymbol{S}$ 参量有关（$G_P = f(\Gamma_L, \boldsymbol{S})$），$G_A$ 仅与 Γ_S 及晶体管 $\boldsymbol{S}$ 参量有关（$G_A = f(\Gamma_S, \boldsymbol{S})$）。$G_T$ 反映的是一般情况下插入放大器后负载实际获得的功率是无放大器时负载从信号源可能获得的最大功率的倍数。注意：此时放大器的输入/输出端不要求共轭匹配。若改变输入/输出端的匹配情况，则 G_T 会随之改变。G_P 可看作放大器输入端共轭匹配时的 G_T，故其与 Γ_S 无关。换言之，若通过 G_T 的表达式获得 G_P，则 Γ_S 不可随意改变，必须等于 Γ_{in}^*，而 Γ_{in}^* 由晶体管的散射参量与负载反射系数 Γ_L 确定。因此，G_P 对研究负载反射系数对放大器功率增益的影响非常理想，如分析功率放大器。G_A 可看作放大器输出端共轭匹配时的 G_T，故其与 Γ_L 无关。换言之，若通过 G_T 的表达式获得 G_A，则 Γ_L 不可随意改变，必须等于 Γ_{out}^*，而 Γ_{out}^* 由晶体管的散射参量与源反射系数 Γ_S 确定。因此，G_A 对研究源反射系数对放大器功率增益的影响非常理想，如分析低噪声放大器。需要注意的是，G_P 并不表示放大器输入端已共轭匹配，但如果共轭匹配，则 $G_P = G_T$；同样，G_A 也不表示放大器输出端已共轭匹配，但如果共轭匹配，则 $G_A = G_T$。

另外，功率增益表达式还可以直接利用散射参量关系推导，此处不再赘述，读者可自行参阅相关文献。

进一步分析失配因子 M_S 和 M_L，考虑如图 5.1（a）所示的网络，在该网络中，有

$$P_{\text{AVS}} = \frac{1}{8} \frac{|E_S|^2}{R_S} \tag{5.28}$$

其中，$R_S = \text{Re}(Z_S)$，为阻抗 Z_S 的电阻部分；而信号源传输给网络的功率为

$$P_{\text{in}} = \frac{1}{2} \left| \frac{E_S}{Z_S + Z_{\text{in}}} \right|^2 R_{\text{in}} = \frac{1}{8} \frac{|E_S|^2}{R_S} \left(\frac{4 R_S R_{\text{in}}}{|Z_S + Z_{\text{in}}|^2} \right) = P_{\text{AVS}} \left(\frac{4 R_S R_{\text{in}}}{|Z_S + Z_{\text{in}}|^2} \right) \tag{5.29}$$

其中，$R_{\text{in}} = \text{Re}(Z_{\text{in}})$，为阻抗 Z_{in} 的电阻部分。

比较式（5.21）与式（5.29），可得失配因子 M_S 的另一个表达式，即

$$M_S = \frac{4 R_S R_{\text{in}}}{|Z_S + Z_{\text{in}}|^2} \tag{5.30}$$

事实上，式（5.21）与式（5.30）一致，读者可自行证明。

利用戴维南等效定理，可将图 5.1（a）中除负载 Z_L 外的部分等效为一个电压为 E_{TH}、内阻为 Z_{out} 的电压源，可得

$$M_L = \frac{4 R_{\text{out}} R_L}{|Z_{\text{out}} + Z_L|^2} \tag{5.31}$$

其中，$R_{\text{out}} = \text{Re}(Z_{\text{out}})$，为阻抗 Z_{out} 的电阻部分。式（5.31）与式（5.23）一致。

此外，无源匹配网络决定了 $|\Gamma_S| < 1$ 及 $|\Gamma_L| < 1$，这对应于阻抗 Z_S 和 Z_L 的实部为正值。但是，对于有些晶体管的 $\boldsymbol{S}$ 参量，则可能会出现 $|\Gamma_{\text{in}}| > 1$ 和/或 $|\Gamma_{\text{out}}| > 1$ 的情况。当 $|\Gamma_{\text{in}}| > 1$ 或 $|\Gamma_{\text{out}}| > 1$ 时，晶体管的输入或输出阻抗呈现负阻性，从而会引起振荡，这在设计放大器时需要避免。

例 5.1 已知如图 5.1（b）所示的放大电路中晶体管的散射参量分别为 $S_{11} = 0.6\angle -160°$，$S_{12} = 0.045\angle 16°$，$S_{21} = 2.5\angle 30°$，$S_{22} = 0.5\angle -90°$；$Z_1 = Z_2 = 50\Omega$。

（1）若 $\Gamma_S = 0.5\angle 120°$、$\Gamma_L = 0.4\angle 90°$，求 G_T、G_P 和 G_A。

（2）若 $|E_1| = 10\text{V}$，求 P_{AVS}、P_{in}、P_{AVN} 和 P_L。

解：（1）根据式（5.11）与式（5.12），可得

$$\Gamma_{in} = 0.6\angle -160° + \frac{(0.045\angle 16°)(2.5\angle 30°)(0.4\angle 90°)}{1-(0.5\angle -90°)(0.4\angle 90°)} \approx 0.627\angle -146.6°$$

$$\Gamma_{out} = 0.5\angle -90° + \frac{(0.045\angle 16°)(2.5\angle 30°)(0.5\angle 120°)}{1-(0.6\angle -160°)(0.5\angle 120°)} \approx 0.471\angle -97.63°$$

再根据式（5.9）、式（5.16）与式（5.20），可得

$$G_T = \frac{1-0.5^2}{\left|1-(0.627\angle -164.6°)(0.5\angle 120°)\right|^2}(2.5)^2\frac{1-0.4^2}{\left|1-(0.5\angle -90°)(0.4\angle 90°)\right|^2} \approx 9.43 \approx 9.75\text{dB}$$

$$G_P = \frac{1}{1-0.627^2}(2.5)^2\frac{1-0.4^2}{\left|1-(0.5\angle -90°)(0.4\angle 90°)\right|^2} \approx 13.51 \approx 11.31\text{dB}$$

$$G_A = \frac{1-0.5^2}{\left|1-(0.6\angle -160°)(0.5\angle 120°)\right|^2}(2.5)^2\frac{1}{1-0.471^2} \approx 9.55 \approx 9.8\text{dB}$$

（2）信号源的资用功率为

$$P_{AVS} = \frac{|E_1|^2}{8\,\text{Re}(Z_1)} = \frac{10^2}{8\times 50} = 0.25(\text{W})$$

输入网络的功率为

$$P_{in} = P_{AVS}M_S = P_{AVS}\frac{G_T}{G_P} = 0.25\times\frac{9.43}{13.51} \approx 0.1745(\text{W})$$

网络的资用功率为

$$P_{AVN} = P_{AVS}G_A = 0.25\times 9.55 \approx 2.39(\text{W})$$

传递给负载的功率为

$$P_L = P_{AVS}G_T = 0.25\times 9.43 \approx 2.36(\text{W})$$

5.1.2 驻波比的计算

传输线上的电压驻波比（VSWR）很容易通过反射系数计算得出。由于 VSWR 为一个标量且与无耗传输线上的位置无关，所以在涉及功率计算时很有用。如果 VSWR 已知，就可以很方便地算出负载的反射功率占入射功率的百分比。如果 VSWR=1.5，则对应的反射系数 $|\Gamma| = 0.2$，而 $|\Gamma|^2 = 0.04$，表明此时有 4%的入射功率被负载反射回去。因此，输入/输出 VSWR

对射频与微波放大器的设计十分重要。许多放大器要求输入 VSWR 低于 1.5，不过在设计低噪声放大器（LNA）时，为了获得较低的噪声系数，需要容忍较高的 VSWR。

对于如图 5.1（b）所示的放大器，在无耗匹配网络的输入端口，对 Z_0（通常为 50Ω）归一化的反射系数标记为 Γ_a，输入 VSWR 记作 $(\text{VSWR})_{\text{in}}$，二者满足如下关系：

$$(\text{VSWR})_{\text{in}} = \frac{1 + |\Gamma_a|}{1 - |\Gamma_a|} \tag{5.32}$$

其中，$\Gamma_a = \dfrac{Z_a - Z_0}{Z_a + Z_0}$。

由于输入匹配网络无耗，所以进入输入匹配网络的功率就等于进入放大器网络的功率，故有

$$P_{\text{in}} = P_{\text{AVS}}\left(1 - |\Gamma_a|^2\right) \tag{5.33}$$

由式（5.21）可得

$$P_{\text{in}} = P_{\text{AVS}} M_{\text{S}} \tag{5.34}$$

由此可得

$$M_{\text{S}} = 1 - |\Gamma_a|^2 \tag{5.35}$$

或

$$|\Gamma_a| = \sqrt{1 - M_{\text{S}}} \tag{5.36}$$

可见，根据式（5.32）和式（5.36），$(\text{VSWR})_{\text{in}}$ 可通过源失配系数 M_{S} 计算出来。

将式（5.21）代入式（5.36）并经简单推导得到下列关系式：

$$|\Gamma_a| = \sqrt{1 - \frac{\left(1 - |\Gamma_{\text{S}}|^2\right)\left(1 - |\Gamma_{\text{in}}|^2\right)}{|1 - \Gamma_{\text{S}}\Gamma_{\text{in}}|^2}} = \left|\frac{\Gamma_{\text{in}} - \Gamma_{\text{S}}^*}{1 - \Gamma_{\text{in}}\Gamma_{\text{S}}}\right| \tag{5.37}$$

表明 Γ_a 可通过 Γ_{in} 和 Γ_{S} 计算出来。

即使没有传输线，反射系数和 VSWR 的概念仍然可用于射频与微波放大器。例如，在图 5.1（b）中，输入匹配网络全部由分立元器件构成，也会产生反射与驻波现象，此时可将反射系数和 $(\text{VSWR})_{\text{in}}$ 看成是由长度为 0、特性阻抗为 Z_0 的传输线造成的。

同样，对于输出 VSWR，有类似的关系式。对于图 5.1（b）中放大器的输出端，有

$$(\text{VSWR})_{\text{out}} = \frac{1 + |\Gamma_b|}{1 - |\Gamma_b|} \tag{5.38}$$

其中，$\Gamma_b = \dfrac{Z_b - Z_0}{Z_b + Z_0}$。

同理，综上可得

$$M_{\text{L}} = 1 - |\Gamma_b|^2 \tag{5.39}$$

或

$$|\Gamma_{\mathrm{b}}| = \sqrt{1 - M_{\mathrm{L}}} \tag{5.40}$$

$$|\Gamma_{\mathrm{b}}| = \sqrt{1 - \frac{\left(1 - |\Gamma_{\mathrm{L}}|^2\right)\left(1 - |\Gamma_{\mathrm{out}}|^2\right)}{|1 - \Gamma_{\mathrm{L}}\Gamma_{\mathrm{out}}|^2}} = \left|\frac{\Gamma_{\mathrm{out}} - \Gamma_{\mathrm{L}}^*}{1 - \Gamma_{\mathrm{out}}\Gamma_{\mathrm{L}}}\right| \tag{5.41}$$

下面结合功率波对 VSWR 进行分析。考虑如图 5.3（a）所示的电路，设定 Γ_{a}、Γ_{b}、$\Gamma_{\mathrm{p,in}}$ 及 $\Gamma_{\mathrm{p,out}}$ 为功率波反射系数。由阻抗 $Z_1 = Z_2 = Z_0 = 50\Omega$ 可知，Γ_{a} 和 Γ_{b} 与传输波反射系数相同，输入/输出端口的等效电路如图 5.3（b）所示。

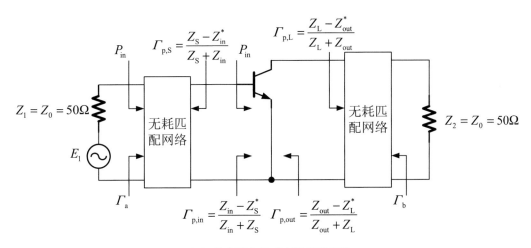

（a）放大器中的功率波反射系数

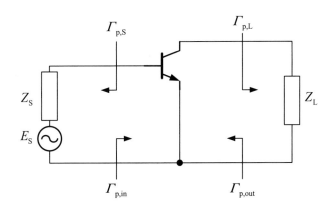

（b）输入/输出端口的等效电路

图 5.3　射频与微波放大器及其等效电路原理图（考虑功率波情况）

在图 5.3（a）中，信号源输入匹配网络的功率为

$$P_{\mathrm{in}} = P_{\mathrm{AVS}}\left(1 - |\Gamma_{\mathrm{a}}|^2\right) = P_{\mathrm{AVS}}M_{\mathrm{S}} \tag{5.42}$$

其中，M_{S} 为输入匹配网络输入端失配因子。由于匹配网络无耗，所以进入匹配网络的功率就

等于进入晶体管的功率，故

$$P_{\text{in}} = P_{\text{AVS}} \left(1 - \left|\Gamma_{\text{p,in}}\right|^2\right) = P_{\text{AVS}} M_S^{'} \tag{5.43}$$

其中，$M_S^{'}$ 为输入匹配网络输出端失配因子；$\Gamma_{\text{p,in}}$ 为晶体管输入端功率波反射系数，即

$$\Gamma_{\text{p,in}} = \frac{Z_{\text{in}} - Z_S^*}{Z_{\text{in}} + Z_S} \tag{5.44}$$

则有

$$M_S^{'} = 1 - \left|\Gamma_{\text{p,in}}\right| \tag{5.45}$$

在图 5.3（b）中，参数 $\Gamma_{\text{p,in}}$ 其实就等于二端口网络的功率波散射参量 S_{p11}。

由式（5.42）与式（5.43）可得

$$M_S^{'} = M_S \tag{5.46}$$

$$\left|\Gamma_{\text{a}}\right| = \left|\Gamma_{\text{p,in}}\right| \tag{5.47}$$

此外，很容易得到

$$\left|\Gamma_{\text{p,in}}\right| = \left|\Gamma_{\text{p,S}}\right| = \left|\frac{Z_S - Z_{\text{in}}^*}{Z_S + Z_{\text{in}}}\right| \tag{5.48}$$

因此，$\left(\text{VSWR}\right)_{\text{in}}$ 还可用下式算出：

$$\left(\text{VSWR}\right)_{\text{in}} = \frac{1 + \left|\Gamma_{\text{p,in}}\right|}{1 - \left|\Gamma_{\text{p,in}}\right|} \tag{5.49}$$

同理，对于图 5.3（a）中放大器的输出端口，有

$$M_L^{'} = M_L \tag{5.50}$$

$$\left|\Gamma_{\text{b}}\right| = \left|\Gamma_{\text{p,out}}\right| = \left|\frac{Z_{\text{out}} - Z_L^*}{Z_{\text{out}} + Z_L}\right| \tag{5.51}$$

$$\left|\Gamma_{\text{p,out}}\right| = \left|\Gamma_{\text{p,L}}\right| = \left|\frac{Z_L - Z_{\text{out}}^*}{Z_L + Z_{\text{out}}}\right| \tag{5.52}$$

$$\left(\text{VSWR}\right)_{\text{out}} = \frac{1 + \left|\Gamma_{\text{p,out}}\right|}{1 - \left|\Gamma_{\text{p,out}}\right|} \tag{5.53}$$

其中，M_L 和 $M_L^{'}$ 分别为输出匹配网络的输出端与输入端失配因子；$\Gamma_{\text{p,out}}$ 为晶体管输出端功率波反射系数，其实就等于二端口网络的功率波散射参量 S_{p22}。

例 5.2 已知条件与例 5.1 相同，求 $\left(\text{VSWR}\right)_{\text{in}}$、$\left(\text{VSWR}\right)_{\text{out}}$。

解：首先可求出 M_S 与 M_L，利用例 5.1 的结果，可得 M_S、M_L 为

$$M_{\mathrm{S}} = \frac{G_{\mathrm{T}}}{G_{\mathrm{P}}} = \frac{9.43}{13.51} \approx 0.698$$

$$M_{\mathrm{L}} = \frac{G_{\mathrm{T}}}{G_{\mathrm{A}}} = \frac{9.43}{9.55} \approx 0.987$$

然后根据式（5.32）、式（5.36）及式（5.38）、式（5.40），可得

$$\left(\mathrm{VSWR}\right)_{\mathrm{in}} = \frac{1+\left|\Gamma_{\mathrm{a}}\right|}{1-\left|\Gamma_{\mathrm{a}}\right|} = \frac{1+\sqrt{1-M_{\mathrm{S}}}}{1-\sqrt{1-M_{\mathrm{S}}}} = \frac{1+\sqrt{1-0.698}}{1-\sqrt{1-0.698}} \approx 3.44$$

$$\left(\mathrm{VSWR}\right)_{\mathrm{out}} = \frac{1+\left|\Gamma_{\mathrm{b}}\right|}{1-\left|\Gamma_{\mathrm{b}}\right|} = \frac{1+\sqrt{1-M_{\mathrm{L}}}}{1-\sqrt{1-M_{\mathrm{L}}}} = \frac{1+\sqrt{1-0.987}}{1-\sqrt{1-0.987}} \approx 1.25$$

5.2　放大器的稳定性

放大器的稳定性是放大器设计中需要考虑的重要因素，与晶体管的散射参量、匹配网络及端接阻抗（指负载及信号源内阻）有关。当放大器输入/输出端口呈现负阻性时，有可能发生振荡。从反射系数角度看，就是当$\left|\Gamma_{\mathrm{in}}\right| > 1$或$\left|\Gamma_{\mathrm{out}}\right| > 1$时，电路可能会发生振荡。对于单向器件（$S_{12} = 0$），若$\left|S_{11}\right| > 1$，则$\left|\Gamma_{\mathrm{in}}\right| > 1$；若$\left|S_{22}\right| > 1$，则$\left|\Gamma_{\mathrm{out}}\right| > 1$。

当端接无源阻抗时，如果网络的Z_{in}和Z_{out}的实部均大于零，则如图 5.4 所示的二端口网络在给定频率范围内绝对稳定；否则，网络就是潜在不稳定的，即对于某些无源负载或信号源内阻，Z_{in}或Z_{out}的实部可能出现负值。

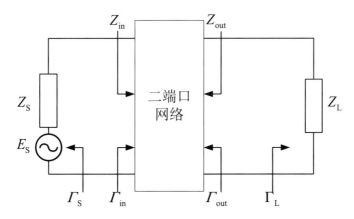

图 5.4　二端口网络的稳定性

采用反射系数表示的在给定频率范围内二端口网络绝对稳定的条件为

$$\left|\Gamma_{\mathrm{S}}\right| < 1 \tag{5.54}$$

$$\left|\Gamma_{\mathrm{L}}\right| < 1 \tag{5.55}$$

$$\left|\Gamma_{\text{in}}\right| = \left|S_{11} + \frac{S_{12}S_{21}\Gamma_{\text{L}}}{1 - S_{22}\Gamma_{\text{L}}}\right| < 1 \tag{5.56}$$

$$\left|\Gamma_{\text{out}}\right| = \left|S_{22} + \frac{S_{12}S_{21}\Gamma_{\text{S}}}{1 - S_{11}\Gamma_{\text{S}}}\right| < 1 \tag{5.57}$$

其中，所有反射系数都采用相同的特性阻抗 Z_0 计算得到。式（5.54）～式（5.57）表明，不但要求源和负载是无源的，网络的输入/输出阻抗也要是无源的。

根据式（5.54）～式（5.57），可给出二端口网络的绝对稳定条件。在讨论绝对稳定的充要条件前，先画出此 4 式的图形，并用图解法分析晶体管存在的潜在不稳定性。

若如图 5.4 所示的二端口网络潜在不稳定，则当 Γ_{S} 和 Γ_{L} 取某些值时，使得 Z_{in} 和 Z_{out} 的实部为正。这些 Γ_{S} 和 Γ_{L} 的值（Smith 圆图中的区域）可用以下图解法获得。

首先确定使得 $\left|\Gamma_{\text{in}}\right| = 1$ 和 $\left|\Gamma_{\text{out}}\right| = 1$ 的 Γ_{L} 与 Γ_{S} 的取值范围，这可令式（5.56）和式（5.57）的幅值等于 1 实现。结果表明，Γ_{L} 和 Γ_{S} 的解均在圆上（称为稳定圆），圆的方程由下列公式给出：

$$\left|\Gamma_{\text{L}} - \frac{\left(S_{22} - \Delta S_{11}^*\right)^*}{\left|S_{22}\right|^2 - \left|\Delta\right|^2}\right| = \left|\frac{S_{12}S_{21}}{\left|S_{22}\right|^2 - \left|\Delta\right|^2}\right| \tag{5.58}$$

$$\left|\Gamma_{\text{S}} - \frac{\left(S_{11} - \Delta S_{22}^*\right)^*}{\left|S_{11}\right|^2 - \left|\Delta\right|^2}\right| = \left|\frac{S_{12}S_{21}}{\left|S_{11}\right|^2 - \left|\Delta\right|^2}\right| \tag{5.59}$$

其中，Δ 为二端口网络散射矩阵的行列式，即 $\Delta = S_{11}S_{22} - S_{12}S_{21}$。可见，在 Γ_{S} 和 Γ_{L} 复平面上，使得 $\left|\Gamma_{\text{out}}\right| = 1$ 和 $\left|\Gamma_{\text{in}}\right| = 1$ 的圆心与半径如下。

使得 $\left|\Gamma_{\text{in}}\right| = 1$ 的 Γ_{L} 值（输出稳定圆）：

$$C_{\text{L}} = \frac{\left(S_{22} - \Delta S_{11}^*\right)^*}{\left|S_{22}\right|^2 - \left|\Delta\right|^2} \quad （圆心） \tag{5.60}$$

$$r_{\text{L}} = \left|\frac{S_{12}S_{21}}{\left|S_{22}\right|^2 - \left|\Delta\right|^2}\right| \quad （半径） \tag{5.61}$$

使得 $\left|\Gamma_{\text{out}}\right| = 1$ 的 Γ_{S} 值（输入稳定圆）：

$$C_{\text{S}} = \frac{\left(S_{11} - \Delta S_{22}^*\right)^*}{\left|S_{11}\right|^2 - \left|\Delta\right|^2} \quad （圆心） \tag{5.62}$$

$$r_{\text{S}} = \left|\frac{S_{12}S_{21}}{\left|S_{11}\right|^2 - \left|\Delta\right|^2}\right| \quad （半径） \tag{5.63}$$

在给出晶体管的 *S* 参量后，就可以算出稳定圆的圆心和半径并在 Smith 圆图上画出该圆。输入稳定圆圆周上的 Γ_{S} 值使得 $\left|\Gamma_{\text{out}}\right| = 1$，同样，输出稳定圆圆周上的 Γ_{L} 值使得 $\left|\Gamma_{\text{in}}\right| = 1$。图 5.5

表示$|\Gamma_{in}|=1$和$|\Gamma_{out}|=1$的稳定圆。在Γ_L复平面上，输出稳定圆的一侧对应$|\Gamma_{in}|<1$，而另一侧则对应$|\Gamma_{in}|>1$；同样，在Γ_S复平面上，输入稳定圆的一侧对应$|\Gamma_{out}|<1$，而另一侧则对应$|\Gamma_{out}|>1$。

现在还有一个问题需要解决，即究竟是输出/输入稳定圆的圆内还是圆外区域对应$|\Gamma_{in}|<1/$ $|\Gamma_{out}|<1$。这可通过如下方法解决，假设$Z_L=Z_0$，则$\Gamma_L=0$，此时有$|\Gamma_{in}|=|S_{11}|$。如果$|S_{11}|<1$，则当$\Gamma_L=0$时，$|\Gamma_{in}|<1$，说明 Smith 圆图的圆心位于稳定区，从而稳定圆的另一侧属于非稳定区。当然，还有一个条件，即$|\Gamma_L|<1$也必须满足，最终获得Γ_L复平面上的稳定区为图 5.6（a）中的阴影部分。如果$|S_{11}|>1$，则当$\Gamma_L=0$时，$|\Gamma_{in}|>1$，说明 Smith 圆图的圆心位于非稳定区，从而稳定圆的另一侧属于稳定区。当然，还有一个条件，即$|\Gamma_L|<1$也必须满足，最终获得Γ_L复平面上的稳定区为图 5.6（b）中的阴影部分。同理，可分析Γ_S复平面上的稳定区，只是此时依据$\Gamma_S=0$时$|\Gamma_{out}|=|S_{22}|$这一条件，结合$|S_{22}|<1$或$|S_{22}|>1$加以判断。

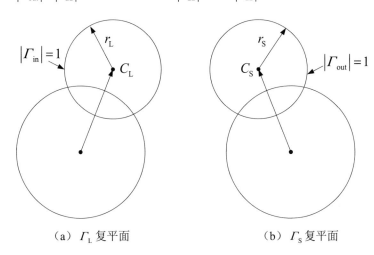

（a）Γ_L复平面　　　　　　（b）Γ_S复平面

图 5.5　稳定圆

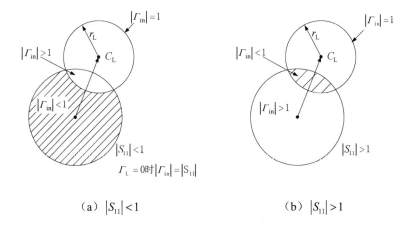

（a）$|S_{11}|<1$　　　　　　（b）$|S_{11}|>1$

图 5.6　Γ_L复平面上的稳定区

对于绝对稳定的网络，端接任何无源负载和信号源都要得到稳定条件。从作图观点来看，Γ_L 或 Γ_S 复平面上的稳定圆与 Smith 圆图间的相对关系有 6 种情况。对于 $|S_{11}| < 1$ 和 $|S_{22}| < 1$，我们希望稳定圆全部落在 Smith 圆图之外（或完全包含 Smith 圆图），此时网络绝对稳定，除此以外的 4 种情况为条件稳定。如果 $|S_{11}| > 1$ 或 $|S_{22}| > 1$，则网络不可能绝对稳定。更简单的判断网络是否绝对稳定的方式是 K–Δ 检验法，即网络绝对稳定的充要条件为

$$K > 1 \tag{5.64}$$

$$|\Delta| < 1 \tag{5.65}$$

其中

$$K = \frac{1 - |S_{11}|^2 - |S_{22}|^2 + |\Delta|^2}{2|S_{12}S_{21}|} \tag{5.66}$$

$$\Delta = S_{11}S_{22} - S_{12}S_{21} \tag{5.67}$$

由于上述判断方式涉及两个参量，因而无法比较两个或多个器件（网络）的相对稳定性。M.L. Edwards 等人提出了一种新的判别方式，采用由 $\boldsymbol{S}$ 参量组合而成的单一参量 μ 来判断，即满足式（5.68）时该器件绝对稳定：

$$\mu > 1 \tag{5.68}$$

且

其中

$$\mu = \frac{1 - |S_{11}|^2}{|S_{22} - \Delta S_{11}^*| + |S_{12}S_{21}|} \tag{5.69}$$

并且，μ 值越大，稳定性越强。

理论上，二端口网络的 K 和 $|\Delta|$ 可为任意值。实际上，器件厂商生产的大部分射频与微波晶体管要么绝对稳定，要么以 $K < 1$ 和 $|\Delta| < 1$ 而潜在不稳定。潜在不稳定晶体管的 K 值通常在 0 和 1 之间，这类潜在不稳定晶体管的输入/输出稳定圆与 Smith 圆图的边界有交点。对于 $-1 < K < 0$ 的晶体管，由于 K 取负值而导致 Smith 圆图内大部分都为非稳定区，因此，某些晶体管用于振荡器设计时就以 K 取负值构造潜在不稳定。厂商不会生产 $K > 1$ 且 $|\Delta| > 1$ 的晶体管，但若给晶体管外加一定的反馈网络或在某些终端阻抗条件下，就可能出现这种潜在不稳定情况。

当 $S_{12} = 0$ 时，二端口网络被称为单向网络。单向二端口网络中的 $\Gamma_{in} = S_{11}$、$\Gamma_{out} = S_{22}$。因此，只要满足 $|S_{11}| < 1$ 且 $|S_{22}| < 1$，单向二端口网络就绝对稳定。这很容易根据式（5.54）~式（5.57）判断，也可利用 K-Δ 检验法或通过 μ 值判断。

对于潜在不稳定的二端口网络，其输入/输出阻抗的实部在某些信号源内阻或负载阻抗下可能为负值，此时必须在稳定区选择 Γ_S 和 Γ_L 才能得到稳定工作状态。如果选择的 Γ_S 或 Γ_L 恰好使得 $|\Gamma_{in}| > 1$ 或 $|\Gamma_{out}| > 1$，那么网络也可能稳定。从阻抗角度看，只要满足输入/输出环路阻抗的实部为正这一条件即可，即 $\mathrm{Re}(Z_S + Z_{in}) > 0$、$\mathrm{Re}(Z_L + Z_{out}) > 0$；从反射系数角度看，只要满足 $|\Gamma_{in}\Gamma_S| < 1$ 及 $|\Gamma_{out}\Gamma_L| < 1$，网络依然可以稳定工作。

对于潜在不稳定晶体管，采用电阻性负载或外加负反馈也可使电路稳定。但由于这两种方式会造成功率增益、噪声系数及驻波比等性能的下降，所以在窄带放大器中一般不采用。对于潜在不稳定窄带放大器，通常采用适当选择 Γ_s 和 Γ_L 的方法使电路工作于稳定状态。对于宽带放大器，通常采用在负载端进行阻性加载的方法稳定晶体管；而用负反馈法获得适当的交流特性，如获得适当的增益和较低的输入/输出驻波比等。需要注意的是，增加电抗性负载不能改善放大器的稳定性。

例 5.3　某晶体管的 S 参量为 $S_{11}=0.65\angle-95°$、$S_{12}=0.035\angle40°$、$S_{21}=5\angle115°$、$S_{22}=0.8\angle-35°$。试判断晶体管的稳定性，若非绝对稳定，则应怎样添加电阻使其绝对稳定。

解：根据式（5.69）可计算出该晶体管的 $\mu\approx0.851$，因为 $\mu<1$，所以其潜在不稳定；也可根据式（5.66）、式（5.67）算出 $K\approx0.55<1$ 及 $|\Delta|\approx0.5<1$，可得到相同的结论。

利用式（5.60）～式（5.63）计算出输入、输出稳定圆的圆心与半径分别为 $C_S=1.79\angle122°$，$r_S=1.04$；$C_L=1.3\angle48°$，$r_L=0.45$，将其绘制在 Smith 圆图上，如图 5.7 所示。

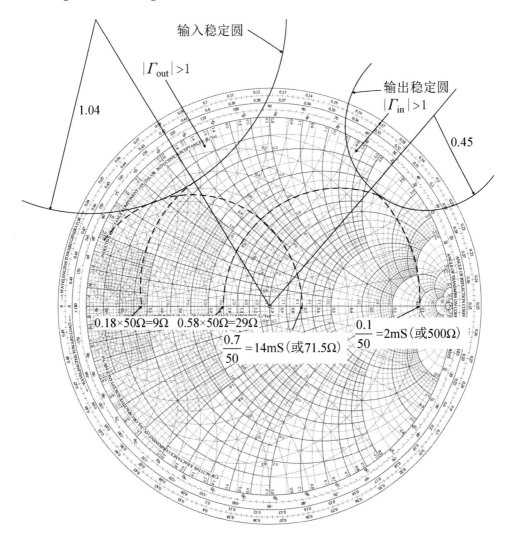

图 5.7　输入稳定圆与输出稳定圆

对于输入稳定圆，Smith 圆图表示 $\varGamma_{\mathrm{S}}$ 复平面；对于输出稳定圆，Smith 圆图表示 $\varGamma_{\mathrm{L}}$ 复平面。由输入稳定圆可知，Smith 圆图中归一化电阻为 0.18 的等电阻圆与输入稳定圆恰好相切，表明若在输入端串联一个 0.18×50Ω=9Ω 的电阻，则可确保输入端稳定。因为串联一个 9Ω 的电阻后，源阻抗的实部一定不小于 9Ω，所以此时的总反射系数 $\varGamma_{\mathrm{S}}$ 总位于稳定区。同样，若在输入端并联一个 0.7/50Ω=14mS（或 71.5Ω）的电阻也可使其稳定。对于输出端，由输出稳定圆可知，串联一个 29Ω 的电阻或并联一个 0.1/50Ω=2mS（或 500Ω）的电阻均可使其稳定。

对于非绝对稳定的晶体管，其输入和输出端会同时表现出不稳定，是否需要在输入和输出端都增加电阻来保证晶体管稳定呢？其实不然，如前所述，如果通过增加电阻的方法使其稳定，则无须在输入端而仅在输出端添加即可，原因在于可以将输出端添加的电阻与晶体管看作一个具有新的 S 参量的二端口网络，而这个新二端口网络已经绝对稳定。

5.3 单向晶体管放大器

所谓单向晶体管，就是指该晶体管的 $S_{12}=0$。对于由单向晶体管构成的二端口网络，因为 $\varGamma_{\mathrm{in}}=S_{11}$，$\varGamma_{\mathrm{out}}=S_{22}$，所以根据式（5.9）或式（5.10），可得单向晶体管的转换功率增益为

$$G_{\mathrm{TU}}=\frac{1-\left|\varGamma_{\mathrm{S}}\right|^{2}}{\left|1-S_{11}\varGamma_{\mathrm{S}}\right|^{2}}\left|S_{21}\right|^{2}\frac{1-\left|\varGamma_{\mathrm{L}}\right|^{2}}{\left|1-S_{22}\varGamma_{\mathrm{L}}\right|^{2}} \tag{5.70}$$

由式（5.70）可知，单向晶体管的转换功率增益可看作 3 个完全独立的增益之积。其中，第一项取决于晶体管的 S_{11} 及源反射系数 $\varGamma_{\mathrm{S}}$，第二项取决于晶体管的 S_{21}，第三项取决于晶体管的 S_{22} 及负载反射系数 $\varGamma_{\mathrm{L}}$。因此，式（5.70）可写成如下表达式：

$$G_{\mathrm{TU}}=G_{\mathrm{S}}G_{\mathrm{o}}G_{\mathrm{L}} \tag{5.71}$$

其中

$$G_{\mathrm{S}}=\frac{1-\left|\varGamma_{\mathrm{S}}\right|^{2}}{\left|1-S_{11}\varGamma_{\mathrm{S}}\right|^{2}} \tag{5.72}$$

$$G_{\mathrm{o}}=\left|S_{21}\right|^{2} \tag{5.73}$$

$$G_{\mathrm{L}}=\frac{1-\left|\varGamma_{\mathrm{L}}\right|^{2}}{\left|1-S_{22}\varGamma_{\mathrm{L}}\right|^{2}} \tag{5.74}$$

此时，放大器的增益可用 3 个不同的增益（或损耗）模块表示。在晶体管散射参量确定的情况下，G_{S} 取决于 $\varGamma_{\mathrm{S}}$，即受输入匹配网络的影响；G_{L} 取决于 $\varGamma_{\mathrm{L}}$，即受输出匹配网络的影响；G_{o} 完全取决于晶体管的 S_{21}。另外，式（5.71）还可表示为 $G_{\mathrm{TU}}\left(\mathrm{dB}\right)=G_{\mathrm{S}}\left(\mathrm{dB}\right)+G_{\mathrm{o}}\left(\mathrm{dB}\right)+G_{\mathrm{L}}\left(\mathrm{dB}\right)$。

下面考察 G_{S} 和 G_{L}，由式（5.72）与式（5.74）可知，G_{S} 和 G_{L} 的值可能大于 1，可能等于 1，也可能小于 1，当它们大于 1 时，表示产生了增益；而当它们小于 1 时则表示产生了损耗。或许有读者会产生疑问，输入/输出匹配网络都是无源的，怎么会产生增益呢？在回答该问题前，先看看 G_{S} 和 G_{L} 等于 1 的情况。当 $\varGamma_{\mathrm{S}}=0$ 时，$G_{\mathrm{S}}=1$；当 $\varGamma_{\mathrm{L}}=0$ 时，$G_{\mathrm{L}}=1$，说明当单向

晶体管的输入端与源阻抗 $Z_S = Z_0$ 连接，且输出端与负载阻抗 $Z_L = Z_0$ 连接时，其转换功率增益 $G_{TU} = G_o = |S_{21}|^2$。显然，当 $\Gamma_S = 0$ 时，晶体管并非与源阻抗共轭匹配，即此时晶体管的输入端并没有实现增益最大化的匹配。改变输入匹配网络，Γ_S 随之改变，如果此时晶体管与源阻抗之间更加接近共轭匹配，则与前者相比就产生了增益；如果此时失配更严重，就产生损耗。也就是说，G_S 和 G_L 的增益（损耗）是相对于晶体管输入/输出端均不做匹配，即当晶体管直接与 50Ω（Z_0）的信号源及负载连接时而言的。当输入匹配做得好时，G_S 就表现出增益；当输入匹配做得不好时，G_S 就表现出损耗。同样，当输出匹配做得好时，G_L 就表现出增益；当输出匹配做得不好时，G_L 就表现出损耗。

如果对 Γ_S 和 Γ_L 做最优化，就能使 G_S 和 G_L 取得最大增益，称为最大单向转换功率增益，记为 $G_{TU\,max}$。对于绝对稳定的晶体管（$|S_{11}| < 1$ 且 $|S_{22}| < 1$），当满足 $\Gamma_S = S_{11}^*$ 及 $\Gamma_L = S_{22}^*$ 时，根据式（5.72）与式（5.74），可得

$$G_{S\,max} = \frac{1}{1 - |S_{11}|^2}$$

$$G_{L\,max} = \frac{1}{1 - |S_{22}|^2}$$

此时，再由式（5.71）得

$$G_{TU\,max} = G_{S\,max} G_o G_{L\,max} = \frac{1}{1 - |S_{11}|^2} |S_{21}|^2 \frac{1}{1 - |S_{22}|^2} \tag{5.75}$$

在单向晶体管条件下，因为 $\Gamma_{in} = S_{11}$ 且 $\Gamma_{out} = S_{22}$，所以当 $\Gamma_S = \Gamma_{in}^* = S_{11}^*$ 及 $\Gamma_L = \Gamma_{out}^* = S_{22}^*$ 时，不但 G_{TU} 达到最大值，单向工作功率增益 G_{PU} 和单向资用功率增益 G_{AU} 也达到最大值并均相等，即 $G_{TU\,max} = G_{PU\,max} = G_{AU\,max}$。

在式（5.72）与式（5.74）中，G_S 和 G_L 表达式的形式相同，为了表述简洁，可写成如下形式：

$$G_i = \frac{1 - |\Gamma_i|^2}{|1 - S_{ii}\Gamma_i|^2} \tag{5.76}$$

其中，当 $i = S$ 时，$ii = 11$；当 $i = L$ 时，$ii = 22$。

下面根据式（5.76）分析单向晶体管的增益 G_i，此处只考虑晶体管绝对稳定（$|S_{ii}| < 1$）的情况。当 $\Gamma_i = S_{ii}^*$ 时，G_i 达到最大：

$$G_{i\,max} = \frac{1}{1 - |S_{ii}|^2} \tag{5.77}$$

而当 $|\Gamma_i| = 1$ 时，G_i 达到最小值 0；当 Γ_i 取其他值时，增益 G_i 介于 0 和 $G_{i\,max}$ 之间，即

$$0 < G_i < G_{i\,max} \tag{5.78}$$

若 G_i 在上述范围内取某一固定值，则相应的 Γ_i 在 Smith 圆图中是一个圆，这样的圆被称为等增益（G_i）圆。

定义归一化增益因子：

$$g_i = \frac{G_i}{G_{i\max}} = G_i \left(1 - |S_{ii}|^2\right) = \frac{\left(1 - |\Gamma_i|^2\right)\left(1 - |S_{ii}|^2\right)}{|1 - S_{ii}\Gamma_i|^2} \tag{5.79}$$

且 $0 < g_i < 1$。使得 g_i 保持恒定的 Γ_i 值也在一个圆上，其方程为

$$\left|\Gamma_i - C_{g_i}\right| = r_{g_i} \tag{5.80}$$

该圆的圆心为

$$C_{g_i} = \frac{g_i S_{ii}^*}{1 - |S_{ii}|^2 \left(1 - g_i\right)} \tag{5.81}$$

半径为

$$r_{g_i} = \frac{\sqrt{1 - g_i}\left(1 - |S_{ii}|^2\right)}{1 - |S_{ii}|^2 \left(1 - g_i\right)} \tag{5.82}$$

每一个恒定的 g_i 产生一个等 G_i 圆，但当 $g_i = 1$（对应于 $G_i = G_{i\max}$）时，等 G_i 圆变成一个点（可看作半径为 0 的圆），位于 S_{ii}^*。

根据上述结论，总结出在 Smith 圆图上绘制等 G_i 圆的步骤如下。

（1）确定 S_{ii}^* 的位置，连接原点与该点，画出一条直线。在 S_{ii}^* 点上，$G_i = G_{i\max}$。

（2）确定 G_i 值，介于 0 与 $G_{i\max}$ 之间（两边均可取等号），计算出 g_i。

（3）根据式（5.81）与式（5.82），分别确定等增益圆的圆心与半径并在 Smith 圆图上画出该圆。

$G_i = 1$ 的圆总会经过 Smith 圆图的圆心，这是因为 Smith 圆图圆心处的 $\Gamma_i = 0$，由式（5.76）可知，此时的 G_i 一定等于 1；但是，使 $G_i = 1$ 的 Γ_i 值并不一定是 0，而是在一个经过坐标原点的圆上。

在单向晶体管条件下，放大器的输入和输出匹配网络互不影响，从而简化了放大器的分析或设计。不过，理想的单向晶体管是不存在的。在实际应用时，如果晶体管的 $|S_{12}|$ 比较小，就可将其视为单向晶体管。为了确定由此带来的误差，引入 G_{T} 和 G_{TU} 的比值，根据式（5.9）与式（5.70），可得

$$\frac{G_{\mathrm{T}}}{G_{\mathrm{TU}}} = \frac{1}{|1 - X|^2} \tag{5.83}$$

其中

$$X = \frac{S_{12}S_{21}\Gamma_{\mathrm{S}}\Gamma_{\mathrm{L}}}{\left(1 - S_{11}\Gamma_{\mathrm{S}}\right)\left(1 - S_{22}\Gamma_{\mathrm{L}}\right)} \tag{5.84}$$

由式（5.83）可得

$$\frac{1}{\left(1 + |X|\right)^2} < \frac{G_{\mathrm{T}}}{G_{\mathrm{TU}}} < \frac{1}{\left(1 - |X|\right)^2}$$

当 $\Gamma_S = S_{11}^*$ 及 $\Gamma_L = S_{22}^*$ 时，G_{TU} 最大。此时，最大误差范围为

$$\frac{1}{(1+U)^2} < \frac{G_T}{G_{TU}} < \frac{1}{(1-U)^2} \tag{5.85}$$

其中

$$U = \frac{|S_{12}||S_{21}||S_{11}||S_{22}|}{(1-|S_{11}|^2)(1-|S_{22}|^2)} \tag{5.86}$$

称为单向优值（单向品质因数）。显然，U 的大小取决于 $\boldsymbol{S}$ 参量，因而会随着频率变化。通常，如果增益误差较小，如在十分之几 dB 以下，则可采用单向设计。

5.4 双向晶体管放大器

5.4.1 最大增益设计（双共轭匹配）

实际使用的晶体管大多不符合单向假设，此时需要采用双向设计。晶体管放大器获得最大转换功率增益的条件为输入端和输出端都共轭匹配，即

$$\Gamma_S = \Gamma_{in}^* \tag{5.87}$$

$$\Gamma_L = \Gamma_{out}^* \tag{5.88}$$

其中，Γ_{in} 和 Γ_{out} 由式（5.11）及式（5.12）给出。这些条件如图 5.8 所示，被称为双共轭匹配条件。在满足双共轭匹配条件时，输入/输出驻波比均为 1。

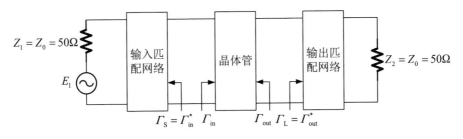

图 5.8 双共轭匹配晶体管放大器示意图

由式（5.11）、式（5.12）、式（5.87）及式（5.88）可得

$$\Gamma_S^* = \Gamma_{in} = S_{11} + \frac{S_{12}S_{21}\Gamma_L}{1 - S_{22}\Gamma_L} \tag{5.89}$$

$$\Gamma_L^* = \Gamma_{out} = S_{22} + \frac{S_{12}S_{21}\Gamma_S}{1 - S_{11}\Gamma_S} \tag{5.90}$$

将式（5.89）、式（5.90）联立方程组并求解，可得双共轭匹配下的 Γ_S 和 Γ_L，分别用 Γ_{MS} 和 Γ_{ML}

表示：

$$\Gamma_{\text{MS}} = \frac{B_1 \pm \sqrt{B_1^2 - 4|C_1|^2}}{2C_1} \tag{5.91}$$

$$\Gamma_{\text{ML}} = \frac{B_2 \pm \sqrt{B_2^2 - 4|C_2|^2}}{2C_2} \tag{5.92}$$

其中

$$B_1 = 1 + |S_{11}|^2 - |S_{22}|^2 - |\Delta|^2$$

$$B_2 = 1 + |S_{22}|^2 - |S_{11}|^2 - |\Delta|^2$$

$$C_1 = S_{11} - \Delta S_{22}^*$$

$$C_2 = S_{22} - \Delta S_{11}^*$$

在式（5.91）中，若 $|B_1/2C_1| > 1$（$B_1^2 - 4|C_1|^2 > 0$）且 $B_1 > 0$，则取负号解时的 $|\Gamma_{\text{MS}}| < 1$，取正号解时的 $|\Gamma_{\text{MS}}| > 1$；若 $|B_1/2C_1| > 1$ 且 $B_1 < 0$，则取正号解时的 $|\Gamma_{\text{MS}}| < 1$，取负号解时的 $|\Gamma_{\text{MS}}| > 1$。考虑式（5.92），结论与此类似。其实，$|B_1/2C_1|^2 > 1$ 等同于 $K^2 > 1$，即 $|B_i/2C_i| > 1$（$i=1,2$）与 $|K| > 1$ 等价。当 $K > 1$ 且 $B_i > 0$ 时，取负号解的数值小于 1，正号解的数值大于 1。对于 $K < -1$ 的情况，双共轭匹配不存在。

上述分析结合信号源和负载阻抗条件，从 $|\Gamma_{\text{MS}}| < 1$ 及 $|\Gamma_{\text{ML}}| < 1$ 的要求出发，得到二端口网络可以实现双共轭匹配的要求是 $K > 1$。然而，$K > 1$ 是绝对稳定的必要非充分条件，若要保证绝对稳定，还需要满足 $|\Delta| < 1$ 这一条件。事实上，$|\Delta| < 1$ 隐含着 $B_i > 0$。因此，对于绝对稳定的二端口网络，双共轭匹配一定存在，且在用式（5.91）和式（5.92）计算 Γ_{MS} 与 Γ_{ML} 时，必须取负号。对于潜在不稳定的情况，最好用 G_{P} 或 G_{A} 进行设计。

在双共轭匹配条件下，根据式（5.9）并结合 $\Gamma_{\text{S}} = \Gamma_{\text{in}}^* = \Gamma_{\text{MS}}$ 及 $\Gamma_{\text{L}} = \Gamma_{\text{out}}^* = \Gamma_{\text{ML}}$，得放大器的最大转换功率增益为

$$G_{\text{T max}} = \frac{1}{1 - |\Gamma_{\text{MS}}|^2} |S_{21}|^2 \frac{1 - |\Gamma_{\text{ML}}|^2}{|1 - S_{22}\Gamma_{\text{ML}}|^2} \tag{5.93}$$

将式（5.91）、式（5.92）代入式（5.93），可得 $G_{\text{T max}}$ 的另一种表达形式：

$$G_{\text{T max}} = \frac{|S_{21}|}{|S_{12}|}\left(K - \sqrt{K^2 - 1}\right) \tag{5.94}$$

在双共轭匹配条件下，$G_{\text{T}} = G_{\text{P}} = G_{\text{A}}$ 且都达到最大值，即 $G_{\text{T max}} = G_{\text{P max}} = G_{\text{A max}}$，$G_{\text{A max}}$ 也可用 MAG 表示。

对于绝对稳定的晶体管，可利用式（5.94）计算出 $G_{\text{T max}}$。对于 $K < 1$ 的非稳定晶体管，不存在 $G_{\text{T max}}$。不过，可以采取措施使晶体管稳定，但稳定后晶体管的增益不可能超过 $K = 1$ 时的 $G_{\text{T max}}$，定义其为最大稳定增益 G_{MSG}（或 MSG），即

$$G_{\mathrm{MSG}} = \frac{|S_{21}|}{|S_{12}|} \qquad (5.95)$$

对于一个潜在不稳定的晶体管，G_{MSG} 是一个很有用的优值参量，可以用于比较不同的不稳定晶体管在稳定工作条件下的增益。

$K > 1$ 且 $|\Delta| > 1$（等同于 $B_i < 0$）的晶体管不是绝对稳定的，但其双共轭匹配存在，此时式（5.91）及式（5.92）取正号的解对应于 $|\Gamma_{\mathrm{MS}}| < 1$ 及 $|\Gamma_{\mathrm{ML}}| < 1$，不过得到的 G_{T} 不是最大值，而是最小值。另外，由于双共轭匹配，故输入和输出驻波比均为 1。将 Γ_{MS} 和 Γ_{ML} 的解代入式（5.93），得

$$G_{\mathrm{Tmin}} = \frac{|S_{21}|}{|S_{12}|}\left(K + \sqrt{K^2 - 1}\right) \qquad (5.96)$$

若 Γ_{S} 和 Γ_{L} 的取值偏离 Γ_{MS} 和 Γ_{ML}，则所得 G_{T} 大于 G_{Tmin}；当 Γ_{S} 和 Γ_{L} 接近非稳定区时，G_{T} 的取值会趋于无穷大。

例 5.4 某 GaAs FET 工作于 6GHz 时的 $\boldsymbol{S}$ 参量为 $S_{11} = 0.72\angle -116°$，$S_{12} = 0.03\angle 57°$，$S_{21} = 2.6\angle 76°$，$S_{22} = 0.73\angle -54°$。试求晶体管的 G_{Tmax} 并给出共轭匹配点 Γ_{MS} 和 Γ_{ML}。

解：根据式（5.66）、式（5.67）分别计算出晶体管的 K 与 Δ（以判断其稳定性）可得

$$K \approx 1.195$$

$$\Delta \approx 0.488\angle -162°$$

因为 $K > 1$ 且 $|\Delta| < 1$，所以该晶体管绝对稳定。利用式（5.91）及式（5.92），得

$$\Gamma_{\mathrm{MS}} \approx 0.872\angle 123°$$

$$\Gamma_{\mathrm{ML}} \approx 0.876\angle 61°$$

利用式（5.94），可计算出 G_{Tmax}，为

$$G_{\mathrm{Tmax}} = \frac{2.60}{0.03}\left(1.195 - \sqrt{1.195^2 - 1}\right) \approx 46.866 \approx 16.7\,(\mathrm{dB})$$

其实，也可以用式（5.93）计算出 G_{Tmax}，不过较烦琐。

绝对稳定的晶体管在双共轭匹配时可获得最大转换功率增益。需要注意的是，不能通过分别对晶体管的输入端和输出端做共轭匹配的方法获得双共轭匹配。原因如下：假设先对输入端做共轭匹配，然后对输出端做共轭匹配，则此时输入端共轭匹配已被破坏；若调整输入端以实现共轭匹配，则输出端共轭匹配又会被破坏，如此调整的过程将无穷无尽。若不要求转换功率增益最大，则理论上可以根据式（5.9）或式（5.10）获得等增益圆，但实际上不现实，只要按照获得等增益圆的流程操作就能发现，对于双向绝对稳定的晶体管，在设计增益小于 G_{Tmax} 的放大器时，可以用工作功率增益方程或资用功率增益方程。

5.4.2 等增益圆与等驻波比圆

如前所述，对于双向晶体管，若要获得小于 G_{Tmax} 的等增益圆，则通常采用等 G_{P} 圆或等 G_{A} 圆的方式实现。两种增益圆的分析过程类似，下面分别进行讨论。

1. 等工作功率增益圆

工作功率增益与源反射系数无关，因此，等工作功率增益圆的描绘对绝对稳定和潜在不稳定的晶体管都较简单。对于绝对稳定情况，可将式（5.16）改写成如下形式：

$$G_{\mathrm{P}} = \frac{\left|S_{21}\right|^2 \left(1-\left|\Gamma_{\mathrm{L}}\right|^2\right)}{\left(1-\left|\dfrac{S_{11}-\Delta\Gamma_{\mathrm{L}}}{1-S_{22}\Gamma_{\mathrm{L}}}\right|^2\right)\left|1-S_{22}\Gamma_{\mathrm{L}}\right|^2} = \left|S_{21}\right|^2 g_{\mathrm{P}} \tag{5.97}$$

其中

$$g_{\mathrm{P}} = \frac{G_{\mathrm{P}}}{\left|S_{21}\right|^2} = \frac{1-\left|\Gamma_{\mathrm{L}}\right|^2}{1-\left|S_{11}\right|^2 + \left|\Gamma_{\mathrm{L}}\right|^2\left(\left|S_{22}\right|^2-\left|\Delta\right|^2\right) - 2\mathrm{Re}\left(\Gamma_{\mathrm{L}}C_2\right)} \tag{5.98}$$

其中

$$C_2 = S_{22} - \Delta S_{11}^* \tag{5.99}$$

显然，G_{P} 和 g_{P} 都是晶体管 S 参量与反射系数 Γ_{L} 的函数。

经过整理发现，如果给定一个 g_{P}（对应于一个 G_{P}），则符合式（5.98）的 Γ_{L} 在一个圆上，称为等 G_{P} 圆，其方程为

$$\left|\Gamma_{\mathrm{L}} - C_{\mathrm{P}}\right| = r_{\mathrm{P}}$$

其圆心与半径分别为

$$C_{\mathrm{P}} = \frac{g_{\mathrm{P}}C_2^*}{1+g_{\mathrm{P}}\left(\left|S_{22}\right|^2-\left|\Delta\right|^2\right)} \tag{5.100}$$

$$r_{\mathrm{P}} = \frac{\sqrt{1-2K\left|S_{12}S_{21}\right|g_{\mathrm{P}} + \left(\left|S_{12}S_{21}\right|g_{\mathrm{P}}\right)^2}}{\left|1+g_{\mathrm{P}}\left(\left|S_{22}\right|^2-\left|\Delta\right|^2\right)\right|} \tag{5.101}$$

最大工作功率增益出现在增益圆收缩为一个点，即半径为 0 时。由式（5.101）可得

$$1-2K\left|S_{12}S_{21}\right|g_{\mathrm{Pmax}} + \left(\left|S_{12}S_{21}\right|g_{\mathrm{Pmax}}\right)^2 = 0 \tag{5.102}$$

其中，g_{Pmax} 为 g_{P} 的最大值。在绝对稳定情况下，式（5.102）的解为

$$g_{\mathrm{Pmax}} = \frac{1}{\left|S_{12}S_{21}\right|}\left(K-\sqrt{K^2-1}\right) \tag{5.103}$$

将式（5.103）代入式（5.98），得

$$G_{P\max} = \frac{|S_{21}|}{|S_{12}|}\left(K - \sqrt{K^2-1}\right) \tag{5.104}$$

与预料的一样，式（5.104）与计算 $G_{T\max}$ 的式（5.94）一致。

将 $g_P = g_{P\max}$ 代入式（5.100），可得产生 $G_{P\max}$ 的 Γ_L 值，此时的 Γ_L 就是圆心 $C_{P\max}$，在数值上一定等于 Γ_{ML}，即

$$\Gamma_{ML} = C_{P\max} = \frac{g_{P\max} C_2^*}{1 + g_{P\max}\left(|S_{22}|^2 - |\Delta|^2\right)} \tag{5.105}$$

将式（5.103）代入式（5.105）并整理，得式（5.105）中的 Γ_{ML} 与式（5.92）中取负号时的 Γ_{ML} 相同。

g_P 最小可取 0，对应于 G_P 等于 0。由式（5.97）可知，$G_P = 0$ 时的 $|\Gamma_L| = 1$。结论很明显，当负载发生全反射时，负载上获得的功率为 0，工作功率增益为 0。

对于一个给定的 G_P，Γ_L 可以在等 G_P 圆上选取。当输入端与输出端都共轭匹配时，$G_P = G_{P\max} = G_{T\max}$，$\Gamma_S = \Gamma_{SL}$ 且 $\Gamma_L = \Gamma_{ML}$。

在 Smith 圆图平面上绘制等工作功率增益圆的过程如下。

（1）对于一个给定的 G_P，根据式（5.100）与式（5.101）得到等 G_P 圆的圆心与半径并画出该圆。

（2）在等 G_P 圆上选取合适的 Γ_L。

（3）根据选定的 Γ_L，对放大器输入端做共轭匹配（$\Gamma_S = \Gamma_{in}^*$），以使输出功率最大（没有双共轭匹配时大），此时，转换功率增益 $G_T = G_P$。

如果是一个潜在不稳定的晶体管，则设计 G_P 给定的放大器的过程如下。

（1）对于给定的 G_P，利用式（5.100）与式（5.101）画出等 G_P 圆，并同时画出输出稳定圆。在稳定区内的等 G_P 圆上且不靠近稳定圆的地方选取 Γ_L 点。

（2）根据式（5.11）计算 Γ_{in}，画出输入稳定圆，并确定 $\Gamma_S = \Gamma_{in}^*$ 点是否处于稳定区。

（3）如果 Γ_S 点不在稳定区，或者虽在稳定区但非常靠近输入稳定圆，则这样的 Γ_S 点需要舍弃。此时，可以在稳定区任选一点作为 Γ_S 或重新选取 G_P 值。当然，在选取 Γ_S 点时要当心，因为它会影响输出功率和输出驻波比。

对于 $K > 1$ 且 $|\Delta| > 1$ 的潜在不稳定情形，存在一个 $G_{P\min}$，正如存在 $G_{T\min}$ 一样。实际上，对于此类潜在不稳定情况，式（5.102）的另一个解就是 $g_{P\min}$，即

$$g_{P\min} = \frac{1}{|S_{12}S_{21}|}\left(K + \sqrt{K^2-1}\right) \tag{5.106}$$

故

$$G_{P\min} = \frac{|S_{21}|}{|S_{12}|}\left(K + \sqrt{K^2 - 1}\right) \tag{5.107}$$

在 $K > 1$ 且 $|\Delta| > 1$ 的潜在不稳定情况下，式（5.107）给出的是 G_P 处于稳定区的最小值，而 G_P 的最大值则无穷大。

产生 $G_{P\min}$ 的 Γ_L 用 $\Gamma_{L\min}$ 表示，为

$$\Gamma_{L\min} = C_{P\min} = \frac{g_{P\min}C_2^*}{1 + g_{P\min}\left(|S_{22}|^2 - |\Delta|^2\right)} \tag{5.108}$$

其中，$\Gamma_{L\min}$ 与式（5.92）中取正号时的 Γ_{ML} 一致。

由于晶体管潜在不稳定情况下的 G_P 能达到无穷大，因此，在实际应用时，要做到 G_P 小于 G_{MSG}，即设计小于 G_{MSG} 的 G_P 可得到良好的稳定性及输入/输出驻波比。

例 5.5　某 GaAs FET 工作于 8GHz 时的 **S** 参量为：$S_{11} = 0.5\angle{-180°}$，$S_{12} = 0.08\angle30°$，$S_{21} = 2.5\angle70°$，$S_{22} = 0.8\angle{-100°}$。该晶体管在 8GHz 时潜在不稳定，其 $G_{MSG} = 14.9\text{dB}$，试设计 $G_P = 10\text{dB}$ 的放大器。

解：首先根据式（5.66）、式（5.67）算得 $K \approx 0.4$ 及 $|\Delta| \approx 0.223$。显然，晶体管潜在不稳定。再根据式（5.95），可算出该晶体管的 $G_{MSG} = 2.5/0.08 = 31.25(14.9\text{dB})$。然后需要计算 $G_P = 10\text{dB}$（小于 G_{MSG}）的等增益圆和输出稳定圆。利用式（5.100）与式（5.101），可计算出 $G_P = 10\text{dB}$ 等增益圆的圆心与半径分别为 $C_P \approx 0.572\angle97.2°$，$r_P \approx 0.473$。根据式（5.60）、式（5.61）算出输出稳定圆的圆心与半径分别 $C_L \approx 1.18\angle97.2°$，$r_L \approx 0.34$。

将 $G_P = 10\text{dB}$ 的等工作功率增益圆与输出稳定圆画在 Smith 圆图上，如图 5.9 所示。因为 $|S_{11}| < 1$，所以稳定圆的外部（包含 Smith 圆图圆心的区域）为稳定区。在等工作功率增益圆上远离输出稳定圆的地方选取一点，如图 5.9 中的 A 点，作为 Γ_L，读出 $\Gamma_L = 0.1\angle97°$。

下面对输入端做共轭匹配，即要求 $\Gamma_S = \Gamma_{in}^*$，算出 $\Gamma_S \approx 0.52\angle197.32°$。另外，还需要判断 Γ_S 点是否处于稳定区。根据输入稳定圆的圆心与半径计算公式，可得 $C_S \approx 1.67\angle171°$，$r_S \approx 1.0$，输入稳定圆的外部为稳定区。由于 Γ_S 位于稳定区，故 $G_T = G_P = 10\text{dB}$ 可以得到，且 $(\text{VSWR})_{in} = 1$。

Γ_S 确定后，即可算出输出反射系数 $\Gamma_{out} \approx 0.934\angle{-97.18°}$。根据式（5.41），计算出 $|\Gamma_b| \approx 0.918$，从而得到输出驻波比 $(\text{VSWR})_{out} \approx 23.4$。显然，输出端失配很严重，不过可以通过提高输入驻波比或改变放大器增益的方式减轻输出端的失配。

若改变此例中的 G_P 值，并将这些等增益圆画在图 5.9 中，则会发现，$G_P = 0$ 的圆就是 Smith 圆图外圈的大圆，对应于 $|\Gamma_L| = 1$。随着 G_P 值不断增大，工作功率增益圆越来越接近输出稳定圆，且这些圆的圆心都在 Smith 圆图圆心与输出稳定圆圆心的连线上。当 G_P 值达到无穷大时，工作功率增益圆与输出稳定圆重合。另外，不同 G_P 值的等工作功率增益圆与输出稳定圆都相交于相同的两点。

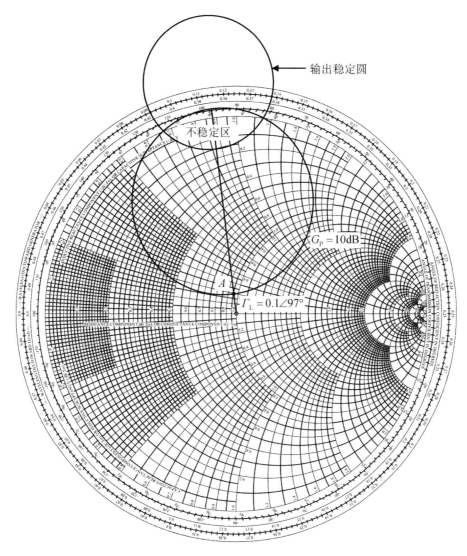

图 5.9 等工作功率增益圆与输出稳定圆

2. 等资用功率增益圆

与工作功率增益类似，资用功率增益与负载反射系数无关。对于绝对稳定的情况，由式（5.20）可得

$$G_{\mathrm{A}} = \frac{|S_{21}|^2 \left(1 - |\Gamma_{\mathrm{S}}|^2\right)}{\left(1 - \left|\dfrac{S_{22} - \Delta \Gamma_{\mathrm{S}}}{1 - S_{11} \Gamma_{\mathrm{S}}}\right|^2\right) |1 - S_{11} \Gamma_{\mathrm{S}}|^2} = |S_{21}|^2 g_{\mathrm{A}} \qquad (5.109)$$

其中

$$g_{\mathrm{A}} = \frac{G_{\mathrm{A}}}{|S_{21}|^2} = \frac{1 - |\Gamma_{\mathrm{S}}|^2}{1 - |S_{22}|^2 + |\Gamma_{\mathrm{S}}|^2 \left(|S_{11}|^2 - |\Delta|^2\right) - 2\mathrm{Re}\left(\Gamma_{\mathrm{S}} C_1\right)} \qquad (5.110)$$

其中

$$C_1 = S_{11} - \Delta S_{22}^*$$ (5.111)

由于这些表达式与工作功率增益的相应表达式形式一样，故可得等资用功率增益圆的圆心与半径如下：

$$C_A = \frac{g_A C_1^*}{1 + g_A \left(|S_{11}|^2 - |\Delta|^2 \right)}$$ (5.112)

$$r_A = \frac{\sqrt{1 - 2K|S_{12}S_{21}|g_A + \left(|S_{12}S_{21}|g_A \right)^2}}{\left| 1 + g_A \left(|S_{11}|^2 - |\Delta|^2 \right) \right|}$$ (5.113)

每给定一个 G_A，就可以利用式（5.112）与式（5.113）画出一个等资用功率增益圆。对于给定的 G_A，当 $\Gamma_L = \Gamma_{out}^*$ 时，获得最大输出功率，且转换功率增益 $G_T = G_A$。等 G_A 圆通常在设计低噪声放大器时与等噪声系数圆画在一起，然后折中选取。

对于潜在不稳定的晶体管，给定 G_A 的设计过程如下。

（1）对于给定的 G_A，利用式（5.112）与式（5.113）画出等资用功率增益圆，并利用式（5.62）与式（5.63）画出输入稳定圆。在稳定区且远离输入稳定圆处选择 Γ_S。

（2）计算出 Γ_{out}，画出输出稳定圆，判断 $\Gamma_L = \Gamma_{out}^*$ 是否处于稳定区。

（3）如果 Γ_L 点不在稳定区，或者虽在稳定区但非常靠近输出稳定圆，则这样的 Γ_L 点需要舍弃。此时可以在稳定区任选一点作为 Γ_L 或重新选取 G_A 值。注意：在选取 Γ_L 点时，要考虑其对输出功率和输出驻波比的影响。

3. 等驻波比圆

在射频与微波放大器设计中，通常会对输入和输出驻波比有一定的要求。为此，可以先把等输入驻波比圆画在 Γ_S 复平面上，把等输出驻波比圆画在 Γ_L 复平面上；然后进行设计。

射频与微波放大器的输入部分电路原理图如图 5.10 所示。放大器的输入驻波比与式（5.32）相同，为

$$(\text{VSWR})_{in} = \frac{1 + |\Gamma_a|}{1 - |\Gamma_a|}$$ (5.114)

其中，$|\Gamma_a|$ 为

$$|\Gamma_a| = \left| \frac{\Gamma_{in} - \Gamma_S^*}{1 - \Gamma_{in}\Gamma_S} \right|$$ (5.115)

与式（5.37）相同。由式（5.115）可以看出，对于一个给定的 Γ_{in}，反射系数 Γ_S 与 Γ_a 之间为双线性变换关系，故一个给定的 $|\Gamma_a|$ 由处于一个圆上的 Γ_S 给出。

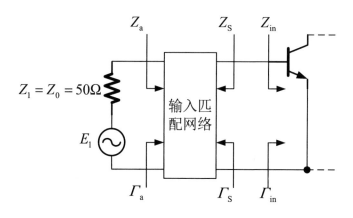

图 5.10　射频与/微波放大器的输入部分电路原理图

要得到一个输入驻波比恒定的放大器，可按如下过程设计：首先根据驻波比要求，应用式（5.114）确定 $|\Gamma_a|$ 的数值；然后利用式（5.115）求出使得 $|\Gamma_a|$ 保持恒定的 Γ_S 值。等 $|\Gamma_a|$ 圆的圆心与半径为

$$C_{V_i} = \frac{\Gamma_{in}^* \left|1 - \Gamma_a\right|^2}{1 - \left|\Gamma_{in} \Gamma_a\right|^2} \tag{5.116}$$

$$r_{V_i} = \frac{\left(1 - \left|\Gamma_{in}\right|^2\right)\left|\Gamma_a\right|}{1 - \left|\Gamma_{in} \Gamma_a\right|^2} \tag{5.117}$$

在绝对稳定及许多潜在不稳定的情况下，为实现输入驻波比为 1，可选择 $\Gamma_S = \Gamma_{in}^*$。

输出驻波比也有类似的关系式，为

$$\left(\text{VSWR}\right)_{out} = \frac{1 + \left|\Gamma_b\right|}{1 - \left|\Gamma_b\right|} \tag{5.118}$$

其中，$|\Gamma_b|$ 为

$$\left|\Gamma_b\right| = \left|\frac{\Gamma_{out} - \Gamma_L^*}{1 - \Gamma_{out} \Gamma_L}\right| \tag{5.119}$$

等 $|\Gamma_b|$ 圆的方程为 $\left|\Gamma_L - C_{V_o}\right| = r_{V_o}$，其中圆心与半径分别为

$$C_{V_o} = \frac{\Gamma_{out}^* \left|1 - \Gamma_b\right|^2}{1 - \left|\Gamma_{out} \Gamma_b\right|^2} \tag{5.120}$$

$$r_{V_o} = \frac{\left(1 - \left|\Gamma_{out}\right|^2\right)\left|\Gamma_b\right|}{1 - \left|\Gamma_{out} \Gamma_b\right|^2} \tag{5.121}$$

5.5 低噪声放大器

在射频与微波放大器设计中,除了考虑稳定性和增益,还需要考虑的重要设计指标就是噪声系数。对于接收机,其前端放置一个低噪声放大器对于提高其接收性能至关重要,因为在整个系统的噪声特性上,接收机前端的第一级电路起主要作用。射频与微波器件中的噪声主要包括热噪声、散弹噪声和闪烁噪声等。其中,热噪声是最基本的噪声,由电子的热运动造成的随机电流产生,是一种白噪声,也称为 Johnson 或 Nyquist 噪声;散弹噪声由电子管或晶体管中载流子的随机涨落引起;闪烁噪声与半导体材料制作时的表面清洁处理和外加电压有关,其特点是噪声功率与频率成反比,因此常称为 $1/f$ 噪声。在设计低噪声放大器时,通常不可能同时获得最低噪声和最大增益,因此需要折中,通常借助等噪声系数圆与等增益圆来实现。

根据相关文献,二端口放大器的噪声系数可表示为

$$F = F_{\min} + \frac{r_{\text{n}}}{g_{\text{S}}}\left|y_{\text{S}} - y_{\text{opt}}\right|^2 \tag{5.122}$$

式(5.122)中的相关参数的定义如下。

r_{n} 为晶体管等效归一化噪声电阻(晶体管等效噪声电阻 R_{n} 对参考阻抗 Z_0 进行归一化)。

$y_{\text{S}} = g_{\text{S}} + jb_{\text{S}}$,表示归一化源导纳。

g_{S} 表示归一化源电导,即 y_{S} 的实部。

y_{opt} 表示获得最低噪声系数时的最佳归一化源导纳。

$F_{\min}$ 表示 $y_{\text{S}} = y_{\text{opt}}$ 时晶体管的最低噪声系数。也可用反射系数 Γ_{S} 和 Γ_{opt} 表示 y_{S} 与 y_{opt},即

$$y_{\text{S}} = \frac{1 - \Gamma_{\text{S}}}{1 + \Gamma_{\text{S}}} \tag{5.123}$$

$$y_{\text{opt}} = \frac{1 - \Gamma_{\text{opt}}}{1 + \Gamma_{\text{opt}}} \tag{5.124}$$

将式(5.123)与式(5.124)代入式(5.122),可得

$$F = F_{\min} + \frac{4r_{\text{n}}\left|\Gamma_{\text{S}} - \Gamma_{\text{opt}}\right|^2}{\left(1 - \left|\Gamma_{\text{S}}\right|^2\right)\left|1 + \Gamma_{\text{opt}}\right|^2} \tag{5.125}$$

其中,$F_{\min}$、r_{n} 及 Γ_{opt} 称为噪声参量,通常由晶体管厂家提供或通过测量得到。$F_{\min}$ 会随晶体管的工作频率和偏置状态而改变,每个 $F_{\min}$ 只有一个 Γ_{opt} 与之对应。

若给定一个噪声系数 F,则符合要求的 Γ_{S} 为一个圆。为简化表达,定义噪声系数参量 N 为

$$N = \frac{\left|\Gamma_{\text{S}} - \Gamma_{\text{opt}}\right|^2}{1 - \left|\Gamma_{\text{S}}\right|^2} = \frac{F - F_{\min}}{4r_{\text{n}}}\left|1 + \Gamma_{\text{opt}}\right|^2 \tag{5.126}$$

显然,当晶体管的噪声参量确定且噪声系数 F 给定后,噪声系数参量 N 为定值。由式(5.126)可得

$$\left(\Gamma_{S}-\Gamma_{\text{opt}}\right)\left(\Gamma_{S}^{*}-\Gamma_{\text{opt}}^{*}\right)=N\left(1-\left|\Gamma_{S}\right|^{2}\right)$$

将其展开并整理得

$$\Gamma_{S}\Gamma_{S}^{*}-\frac{\Gamma_{S}\Gamma_{\text{opt}}^{*}+\Gamma_{S}^{*}\Gamma_{\text{opt}}}{N+1}=\frac{N-\left|\Gamma_{\text{opt}}\right|^{2}}{N+1}$$

等式两边同时加 $\left|\Gamma_{\text{opt}}\right|^{2}\big/\left(N+1\right)^{2}$，此时左边可化为完全平方形式，即

$$\left|\Gamma_{S}-\frac{\Gamma_{\text{opt}}}{N+1}\right|^{2}=\frac{N\left(N+1-\left|\Gamma_{\text{opt}}\right|^{2}\right)}{\left(N+1\right)^{2}} \tag{5.127}$$

式（5.127）定义了 Γ_{S} 复平面上的一个等噪声系数圆，其圆心为

$$C_{F}=\frac{\Gamma_{\text{opt}}}{N+1} \tag{5.128}$$

半径为

$$r_{F}=\frac{\sqrt{N\left(N+1-\left|\Gamma_{\text{opt}}\right|^{2}\right)}}{N+1} \tag{5.129}$$

由式（5.126）~式（5.129）可知，当 $F=F_{\min}$ 时，$N=0$，$C_{F_{\min}}=\Gamma_{\text{opt}}$ 且 $r_{F_{\min}}=0$，即 $F=F_{\min}$ 圆的圆心位于 Γ_{opt} 处，且半径为 0。由式（5.128）可知，其他等噪声系数圆的圆心都位于 Smith 圆图的圆心与 Γ_{opt} 的连线上。

5.6　功率放大器

　　在射频与微波通信系统中，增大发射机的发射功率是增加无线通信距离的重要手段。因此，射频与微波发射机的末端都会采用功率放大器，主要功能是将前级电路中的信号进一步放大，为后级发射天线提供足够的功率，用以提高发射机的辐射功率电平。然而，为实现放大器的大功率输出，功率放大器需要工作于大信号状态，这就给功率放大器的设计带来一系列有别于小信号状态时的新问题。

　　由于放大器工作于大信号状态，所以此时晶体管已不能看作线性器件，在晶体管输入端和输出端看到的阻抗与输入功率电平有关，小信号状态下的散射参量已不能使用；由于功率放大器工作于大功率输出状态，所以要求晶体管能承受高电压和大电流。作为工作于大信号、非线性状态下的功率放大器，尤其需要关注其线性度，否则输出信号会出现严重失真。此外，效率也是功率放大器设计中需要重点考虑的问题，否则大量直流功率会变成热量被消耗，这不仅浪费能源，还给功率放大器的散热设计带来麻烦。

5.6.1　功率放大器的效率与类型

与小信号放大器一样，功率放大器的工作原理也是将电源提供的直流功率转化为射频与微波功率。在转化过程中，只有部分直流功率转化为有用信号的输出功率，其余未转化为有用信号的直流功率被放大器自身及电路的寄生元器件以热能的形式损耗。衡量放大器将直流功率转换为射频与微波输出功率的能力称为效率。功率放大器的效率有两种定义，一种是漏极效率 η，定义为功率放大器的射频与微波输出功率 P_{out} 与电源的直流输入功率 P_{DC} 之比，即

$$\eta = \frac{P_{out}}{P_{DC}} \times 100\% \tag{5.130}$$

该定义的缺点是没有考虑传送到放大器输入端的射频与微波功率。如果两个放大器的输出功率与直流功率相等，但输入的射频与微波功率不等，则按照该定义，两个放大器的效率相等。显然，这样的结论不太合理。可见，漏极效率不能真正反映功率放大器的实际效率。为此，定义另一种将输入信号功率的作用包括在内的效率，即功率附加效率（Power Added Efficiency，PAE），其定义为输出信号功率 P_{out} 和输入信号功率 P_{in} 之差与电源的直流输入功率 P_{DC} 之比，即

$$\eta_{PAE} = \frac{P_{out} - P_{in}}{P_{DC}} \times 100\% \tag{5.131}$$

为直观反映放大器的功率增益对功率附加效率的影响，将 $P_{in} = P_{out}/G_P$ 及式（5.130）代入式（5.131），得

$$\eta_{PAE} = \left(1 - \frac{1}{G_P}\right)\frac{P_{out}}{P_{DC}} \times 100\% = \left(1 - \frac{1}{G_P}\right)\eta \tag{5.132}$$

由式（5.132）可知，功率附加效率不仅能表征漏极效率，还能反映放大器功率增益对效率的影响。只有当放大器的功率增益趋于无穷大或输入功率相对于输出功率可忽略不计时，功率附加效率与漏极效率才相等。

功率放大器根据其工作状态的不同可分为传统类功率放大器与开关类功率放大器。传统类功率放大器根据晶体管导通角的不同（受偏置影响）又分为 A 类（甲类）、B 类（乙类）、C 类（丙类）及 AB 类（甲乙类）放大器等。开关类功率放大器将功率放大晶体管作为开关管使用，理想情况下，功率放大晶体管的漏极-源极电流和漏极-源极电压在一个周期内交替为 0，功率放大器处于开关状态。理论上，此类功率放大器几乎不消耗能量，因此最高效率可达 100%。工作于开关状态的功率放大器又分为 D 类、E 类、F 类及 J 类等。

（1）传统类功率放大器。

在传统类功率放大器中，A 类放大器的导通角 $\theta = 2\pi$，功率放大晶体管在整个周期内都处于导通状态，放大器的线性度最好。但是，由于放大器在整个周期内都消耗直流功率，所以效率较低，理论上最高效率为 50%。实际上，多数小信号和低噪声放大器就工作于 A 类。

为提高工作效率，让晶体管的导通角 $\theta = \pi$，即让晶体管放大器在输入信号的半个周期上导通。为了能得到完整的输出信号，通常使用两个互补晶体管推挽工作，这就是 B 类放大器。B 类放大器的理论最高效率为 $\eta = \pi/4 \approx 78.5\%$，典型效率在 60% 左右。

实际的 B 类放大器存在明显的交越失真现象，这是因为晶体管需要有一个偏压才能导通，这样，在晶体管偏置于 B 类时，就不能得到完整的输出波形。为此可以设置合适的静态工作点，使得放大器的导通角 θ 略大于 π，从而改善或消除交越失真，这就是 AB 类放大器。AB 类放大器的效率介于 A 类与 B 类放大器之间。

若在 B 类放大器的基础上进一步减小导通角，使晶体管在输入信号的大半个周期内截止，就构成 C 类放大器。C 类放大器的效率比 B 类放大器的效率高，其理论效率接近 100%，典型效率在 70%左右。但是，C 类放大器由于只在输入信号的小半个周期内导通，因此其线性度较差，且动态范围小。C 类放大器不适合用于调幅信号的放大。

（2）开关类功率放大器。

开关类功率放大器的工作原理是将功率放大器的晶体管作为开关管使用，晶体管的导通角为 π。前面提到，在理想情况下，晶体管的漏极–源极电流和漏极–源极电压在一个周期内交替为 0，功率放大器整体处于开关状态，因此理论效率可达 100%。常见的开关类功率放大器有 D 类、E 类和 F 类等。另外，还有一种 J 类放大器，也属于开关类放大器，但其理论效率最高为 78.5%。D 类放大器一般用于放大数字信号，其输出信号近似为脉冲，持续时间短，此处不再讨论。

E 类放大器中的晶体管等效为一个理想开关，且在导通与截止之间切换时没有时延。在实际应用时，为了尽可能提高效率，E 类放大器在设计过程中，理想开关条件必须满足两个基本条件：零电压开关条件和零电压导数切换条件。零电压开关条件是指当开关导通时，其上有电流通过，开关两端的电压为 0；当开关断开时，其上无电流通过，开关两端的电压不为 0。零电压导数切换条件是指在开关由断开到导通的瞬间，开关两端电压的导数为 0。

F 类及 J 类放大器都属于谐波控制类功率放大器。限于篇幅，此处不再介绍。

5.6.2　功率放大器的设计

功率放大器由输入匹配网络、功率晶体管和输出匹配网络 3 部分组成。它的两个端口分别接信号源与负载，信号源内阻与负载阻抗均为 50Ω。由晶体管向输入匹配网络看去的阻抗为 Z_{S}，向输出匹配网络看去的阻抗为 Z_{L}。在设计功率放大器时，大功率放大器和线性功率放大器的设计目标并不相同，所要求的 Z_{S} 和 Z_{L} 也不相同，可通过设计输入匹配网络和输出匹配网络来得到所要求的 Z_{S} 和 Z_{L}。

当功率放大器工作于大信号状态时，晶体管的非线性效应就会表现出来，测得的 S 参量将与输入信号功率及负载阻抗有关。而小信号 S 参量属于线性参量，在大信号状态下就失去了意义。因此，小信号状态下的 S 参量不适合用于设计大功率放大器，而应该采用大信号 S 参量进行设计。晶体管的大信号 S 参量可通过测量或由其大信号等效电路模型得到。在 A 类或准 A 类大放大器设计中，关心的是 1dB 压缩点功率 P_{1dB}。在获得 P_{1dB} 点的大信号 S 参量或功率负载特性后，就可以设计并得到 P_{1dB} 功率输出。

对于线性功率放大器的设计，除关心晶体管输出功率外，还需要关注三阶交调系数，它们均与负载有关。在设计最大 P_{1dB} 功率放大器时，只需有负载牵引等值线即可。在设计线性功率放大器时，仅有等三阶交调系数曲线并不够，因为放大器在某个三阶交调系数下可有不同的功率输出，将负载牵引等值线与三阶交调系数曲线画在一起就能发现这一问题。事实上，负载牵引等值线与三阶交调系数曲线相切的点就是最佳负载点，该点给出的输出功率和三阶交调系数最佳。把所有最佳负载点连接起来，就构成一条最佳负载线，每个频率对应一条最佳负载线。因此，在设计线性功率放大器时，首先要测量或算出功率晶体管的最佳负载线，再根据指标要求（频率、输出功率和三阶交调系数）找出最佳负载和最佳源阻抗。

在 B 类和 C 类放大器设计中，可以用大信号 S 参量来设计，也可借助功率负载特性来设计，且后者更普遍。

由于晶体管功率放大器具有噪声低、线性好、体积小、质量轻及可靠性高等优点，因而获得了广泛应用。但晶体管放大器有一个缺点，就是单片放大器很难获得很大的功率输出。当前，宽禁带的 GaN 和 SiC 材料受到特别关注，SiC GaN HEMT 可获得比 GaAs HEMT 高得多的功率密度。载流子迁移率高的 GaN 晶体管非常适合应用于微波/毫米波功率放大器。Qorvo 公司量产的 SiC GaN HEMT 功率放大器的单片输出功率达 40W@10GHz，其他诸如 Nitronex、Cree、Eudyna 等公司也提供 GaN 器件。虽然由于半导体材料及制作工艺的进步，单片功率放大器的输出功率比以往有了显著改善，但还是不能满足大功率场合的需要。这时，就需要采用功率合成技术实现大功率输出。另外，工作频率高的大功率放大芯片价格昂贵，为节省成本，在电路尺寸允许时，也可采用多个功率稍小的芯片做功率合成。功率合成有管芯合成、空间合成和电路合成等。

5.7 宽带放大器

理想的射频与微波放大器在工作频带内应具有相同的增益及良好的匹配。然而，使放大器获得最大增益的共轭匹配通常只能在较窄的频率范围内得到较好的实现。若不追求获得最大增益，则可提高工作带宽，但是放大器的匹配会变差，匹配带宽受限于 Bode-Fano 准则。另外，晶体管的$|S_{21}|$也会随频率以 6dB/倍频的速率下降。因此，设计宽带放大器需要采取一些有别于窄带放大器的措施，以满足实际应用要求。解决问题的方法有多种，但每一种都需要以减小增益为代价来获得带宽的提高。常用的扩展带宽的方法如下。

（1）补偿匹配网络。在设计输入/输出匹配电路时，对因$|S_{21}|$变化而产生的增益变化进行补偿，不过会导致匹配电路变得复杂。

（2）阻性匹配网络。采用阻性匹配网络以获得更好的输入/输出匹配，但会引起增益的减小及噪声性能的恶化。

（3）负反馈。负反馈可以使放大器在宽带范围内获得平坦的增益，降低输入/输出驻波比，提高器件的稳定性，但这需要以牺牲增益和噪声性能为代价来获得。

（4）平衡放大器。采用两个放大器与分别放置于输入端和输出端的两个 3dB 耦合器组成平衡放大器结构，可以在倍频程及更宽频率范围内提供良好的匹配，其增益等于单个放大器的增益，需要两个晶体管、两倍的直流功耗及更大的电路尺寸等。

（5）分布式放大器。分布式放大器又称为行波放大器，其电路结构为几个晶体管沿着传输线级联在一起，其原理可追溯至 1937 年由 Percival 给出的最早电路原型。1948 年，Ginzton 和 Horton 等人对分布式放大器做了详细的理论分析，真正将其应用于宽带射频与微波放大器发生在近代且伴随着集成电路与器件工艺技术的进步而不断取得进展。在匹配良好的情况下，分布式放大器能达到 10 倍频程的工作带宽；不过电路结构庞大复杂，增益也小于相同级数级联放大器的总增益。

下面对平衡放大器做进一步分析。

在宽带放大器设计中，可以采用补偿匹配网络设计法获得平坦的增益，但输入和输出匹配性能很差。如果用平衡放大器，就可以在获得平坦增益的同时具有良好的输入和输出驻波比。图 5.11 所示为一种常用的平衡放大器电路结构。

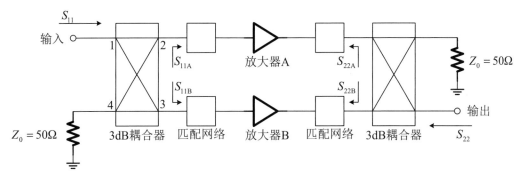

图 5.11　平衡放大器电路结构

输入端的 3dB 耦合器也称为 3dB 功率分配器，输出端的 3dB 耦合器也称为 3dB 功率合成器。3dB 耦合器的两输出信号需要正交，以便实现对来自两个相同放大器的输入与输出反射的消除。在实际应用中，常用微带线结构实现，如兰格（Lange）耦合器、分支线耦合器或威尔金森功率分配/合成器等。其中，Lange 耦合器由于工作频带较宽且结构紧凑而非常适合应用于微波单片集成电路（MMIC）。如果使用威尔金森功率分配/合成器，则需要在其中一个臂上增加额外的 90°线，以保证两输出信号正交。

在如图 5.11 所示的平衡放大器电路中，输入端 3dB 耦合器将输入功率均分到放大器 A 和 B 上，输出端 3dB 耦合器将两个放大器的输出信号进行合成。总二端口网络的输入与输出端口见图 5.11 中的标注，其散射参量为

$$S_{11} = \frac{\mathrm{e}^{-\mathrm{j}\pi}\left(S_{11A} - S_{11B}\right)}{2}$$

$$S_{21} = \frac{\mathrm{e}^{-\mathrm{j}\frac{\pi}{2}}\left(S_{21A} + S_{21B}\right)}{2}$$

$$S_{12} = \frac{\mathrm{e}^{-\mathrm{j}\frac{\pi}{2}}\left(S_{12A} + S_{12B}\right)}{2}$$

$$S_{22} = \frac{\mathrm{e}^{-\mathrm{j}\pi}\left(S_{22A} - S_{22B}\right)}{2}$$

故有

$$|S_{11}| = \frac{|S_{11A} - S_{11B}|}{2}$$

$$|S_{21}| = \frac{|S_{21A} + S_{21B}|}{2}$$

$$|S_{12}| = \frac{|S_{12A} + S_{12B}|}{2}$$

$$|S_{22}| = \frac{|S_{22A} - S_{22B}|}{2}$$

若两个放大器完全相同，则 $S_{11} = S_{22} = 0$，而 S_{21}、S_{12} 等于单个放大器的 S_{21} 与 S_{12}。平衡放大器的带宽主要受限于 3dB 耦合器的带宽。

平衡放大器的优点可总结如下。

（1）单独的放大器可以按照平坦增益和噪声系数做最优化设计而无须考虑输入/输出匹配。因为如果两个放大器一致，那么即使单个放大器的驻波比较高，平衡放大器的输入/输出驻波比也可以较低，其性能取决于 3dB 耦合器。

（2）由于放大器输入/输出端的反射已被 3dB 耦合器吸收，所以放大器的稳定性高。理论上，放大器绝对稳定。

（3）如果其中一个放大器损坏，则放大器单元仍能工作，只是增益会下降 6dB，而其余功率则损耗在 3dB 耦合器终端上。

（4）平衡放大器单元容易实现级联，因为每个单元之间已由 3dB 耦合器互相隔离。

（5）平衡放大器的带宽能达到 2 倍频程，主要受限于 3dB 耦合器的带宽。

需要注意的是，平衡放大器的增益与单个放大器的增益相等，而并不是两倍的关系。

最后，列表比较几种常用宽带放大器的性能，如表 5.1 所示。

表 5.1　常用宽带放大器的性能比较

性 能 参 数	补偿匹配网络	阻性匹配网络	负反馈放大器	平衡放大器	分布式放大器
带宽	多倍频程	多倍频程	多倍频程	2 倍频程	多倍频程
有源器件	单晶体管	单晶体管	单晶体管	成对晶体管	多晶体管
尺寸	中	中	小	大	中
匹配状况	良	差	良	优	优
噪声系数	中	高	高	低	中

 参考文献

[1]　GONZALEZ G. 微波晶体管放大器分析与设计[M]. 白晓东，译. 2 版. 北京：清华大学出版社，2003.

[2]　POZAR D M．微波工程[M]．谭云华，周乐柱，吴德明，等，译．4 版．北京：电子工业出版社，2019.

[3]　KAZIMIERCZUK M K．射频功率放大器[M]．孙玲，程加力，高建军，译．2 版．北京：清华大学出版社，2016.

[4]　《中国集成电路大全》编委会．微波集成电路[M]．北京：国防工业出版社，1987.

[5]　BAHI I J．射频与微波晶体管放大器基础 [M]．鲍景富，孙玲玲，译．北京：电子工业出版社，2013.

习题

1．证明：当晶体管的信号源和负载阻抗都等于参考阻抗 Z_0（通常为 50Ω）时，转换功率增益为 $G_T = |S_{21}|^2$，求此时 G_P 和 G_A 的表达式。

2．有人认为工作功率增益 G_P 隐含了放大器输入端匹配的条件，资用功率增益 G_A 隐含了放大器输出端匹配的条件，请问是否正确？为什么？

3．一个射频放大器的原理图如图 5.1（b）所示。如果 $\Gamma_S = 0.49\angle -150°$，$\Gamma_L = 0.56\angle 90°$，且晶体管的 **S** 参数如下：$S_{11} = 0.54\angle 165°$，$S_{12} = 0.09\angle 20°$，$S_{21} = 2\angle 30°$，$S_{22} = 0.5\angle -80°$。求：

（1）G_T、G_A 和 G_P。

（2）如果 $E_1 = 10\angle 30°V$，$Z_1 = Z_2 = 50Ω$，计算 P_{AVS}、P_{in} 和 P_{AVN}。

4．根据图 5.12 中的条件，请在图中的每一个稳定圆中标出稳定区。

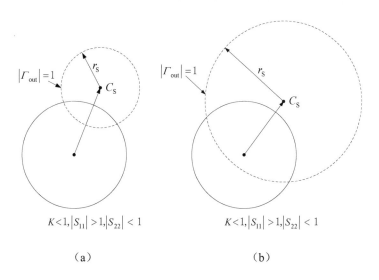

$$K<1, |S_{11}| >1, |S_{22}| < 1 \qquad K<1, |S_{11}| >1, |S_{22}| < 1$$

（a）　　　　　　　　　　（b）

图 5.12　习题 4 示意图

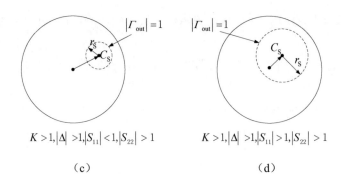

$$K>1, |\Delta|>1, |S_{11}|<1, |S_{22}|>1 \qquad K>1, |\Delta|>1, |S_{11}|>1, |S_{22}|>1$$

（c）　　　　　　　　　　　　　（d）

图 5.12　习题 4 示意图（续）

5．某晶体管工作于 3.5GHz 时的 S 参量为：$S_{11}=0.56\angle180°$，$S_{12}=0.046\angle25°$，$S_{21}=1.95\angle37°$，$S_{22}=0.795\angle-64°$。求：

（1）能否设计双共轭匹配？

（2）能否获得 G_{Tmax}？若能，请给出此时的 Γ_{S} 和 Γ_{L}。

6．某晶体管的 S 参量如下：$S_{11}=0.5\angle45°$，$S_{12}=0.4\angle145°$，$S_{21}=4\angle120°$，$S_{22}=0.4\angle-40°$，求：

（1）当晶体管工作于 $\Gamma_{\text{S}}=0.4\angle145°$、$\Gamma_{\text{L}}=0$ 处时，计算 G_{P}。

（2）晶体管工作于（1）条件下的 $(\text{VSWR})_{\text{in}}$ 及 $(\text{VSWR})_{\text{out}}$。

（3）所能得到的最大工作功率增益。

7．某二端口网络在 5GHz 时的 S 参量如下：$S_{11}=0.7\angle-35°$，$S_{12}=0.3\angle38°$，$S_{21}=4.8\angle93°$，$S_{22}=0.4\angle45°$。

（1）判断二端口网络是否无条件稳定？

（2）能获得 $G_{\text{T,min}}$ 或 $G_{\text{T,max}}$ 吗？若能，则计算并说明是 $G_{\text{T,min}}$ 还是 $G_{\text{T,max}}$；若不能，请给出理由。

8．一个 GaAs FET 在 6GHz 时的 S 参量和噪声参量（$Z_0=50\Omega$）为：$S_{11}=0.6\angle-60°$，$S_{12}=0$，$S_{21}=2.0\angle81°$，$S_{22}=0.7\angle-60°$，$F_{\text{min}}=2.0\text{dB}$，$\Gamma_{\text{opt}}=0.62\angle100°$，$R_{\text{n}}=20\Omega$。设计一个最低噪声系数的射频与微波晶体管放大器。

第6章

典型有源器件——混频器

混频器是通过肖特基二极管或晶体管的非线性功能实现信号频率变换的三端口器件，是现代电子系统中不可或缺的部分，一个理想的混频器在数学上等效为一个乘法器。以通信为例，在通信过程中，如果在给定时间内只发送一个语音信号，那么该语音信号可以采用直接连接的方法将信号传输过去。另外，如果存在两个不同的语音信号同时通过这条线路（信道）发送，那么它们之间会存在干扰，导致在另一端无法分辨出有效信息。在工程实践中，为了提高传输效率并降低成本，需要多个信号通过同一个信道同时传输数据，而这就需要将信号的频谱"搬移"（也称调制）到不同的载波频率上，这样便能通过同一个信道进行传输，即频分多路复用（Frequency Division Multiple Access，FDMA）。常用的 FDMA 层次结构如图 6.1 所示，其中所需的调制和解调的实现需要混频电路。

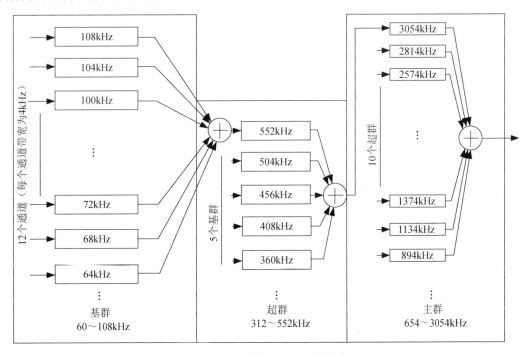

图 6.1　常用的 FDMA 层次结构

另一个需要对信号进行频谱搬移的原因是，无线系统随着技术的发展，工作在越来越高的频率上，从而可以实现采用体积较小的天线进行有效辐射，减小整个无线系统的体积。因此，包含信息的基带信号需要通过一个不包含信息的本振（Local Oscillator，LO，本章将根据上下文交替使用中文和英文缩写两种表达方式）信号调制叠加到高频载波信号上，以进行更为方便的无线传输，这就需要乘法器（混频器）来实现。振幅调制，即调幅（Amplitude Modulation，AM），可使载波信号的振幅随着调制信号的变化而变化。而频率调制，即调频（Frequency Modulation，FM），可使载波信号的频率随着调制信号的变化而变化。图 6.2 展示了这两种调制的时域波形。

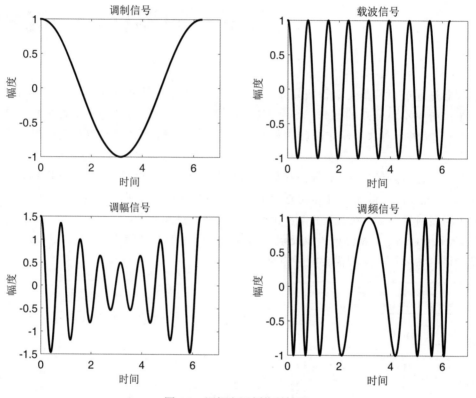

图 6.2　调幅和调频信号波形

在射频与微波电路里，由于二极管结构简单，易与平面微波电路集成，所以是制造混频器的普遍选择。常用的二极管混频器主要拓扑结构包括单端混频器、单平衡混频器和双平衡混频器。同时，采用这些基本拓扑结构也可以组成具有特定使用功能的混频器，如镜像抑制混频器和谐波混频器等[1-5]。

以上变频混频器为例：输入带有信息的中频信号（Intermediate Frequency，IF），本振信号提供足够的功率用于使混频二极管偏置在合适的工作点，输出本振信号和中频信号的和频信号，即射频信号（Radio Frequency，RF），实现信号频谱从低频向高频搬移的功能。为了实现频率变换，二极管混频器的核心是二极管的非线性时变电路部分。由于非线性元器件能够产生额外的谐波频率，所以实际的混频器通常除了包含和本振的基频混合的成分，还包含和本振的二次谐波、三次谐波等混频的产物，通常需要滤波筛选出所需的频率分量。为了能设计具有合理矩形系数的滤波器，一些射频与微波系统经常采用几级混频和滤波来实现基带信号与最终载频信号之间的变频。

　　本章从混频器的基本工作原理入手，介绍混频器的特性及表征方法；通过深度剖析单平衡混频器的设计理念和要点，尝试带领读者体会一点创新的滋味；最后简要介绍双平衡混频器。

6.1　混频器的基本工作原理、特性及表征

　　混频器的电路符号与安装在印刷电路板上的混频器芯片如图 6.3 所示。在理想情况下，混频器的输出信号为两个输入信号的乘积，因此其电路符号表现为一个乘法器，而在实际中，由于非线性效应，会产生输入信号的高阶响应等其他不希望得到的产物（杂散）。混频电路包括射频（RF）端口、本振（LO）端口、中频（IF）端口、输出选频滤波器及各端口的匹配网络。

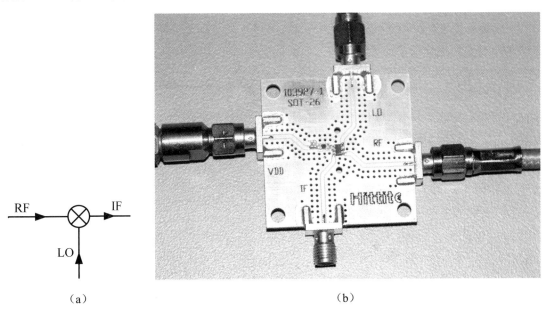

（a）　　　　　　　　　　　　　　　　（b）

图 6.3　混频器的电路符号与安装在印刷电路板上的混频器芯片

　　混频器所用的混频二极管主要为肖特基势垒二极管。在正向偏置时，该器件表现为一只非线性电阻，偏置通常由 LO 信号提供。当仅依靠 LO 信号功率无法提供合适的偏置工作点时，需要给混频器施加外部偏置，图 6.3（b）就是一个例子，其中的 VDD 即二极管提供偏置的直流供电支路。

　　混频器的等效电路原理图并不是很复杂，图 6.4（a）展示了单端二极管混频器的交流等效电路，其中，RF 输入信号和 LO 输入信号用电压源的串联表示；图 6.4（b）展示了一个单平衡混频器的等效电路（图中各符号及其物理意义会在后面进行详细说明）。

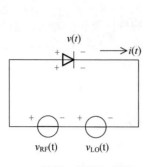 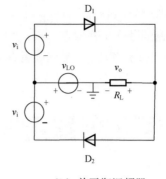

（a）单端二极管混频器　　　　　（b）单平衡混频器

图 6.4　二极管混频器等效电路

在严格分析混频器的工作原理时，通常有两种方法：二极管开关函数近似法和二极管小信号展开近似法，这里分别加以阐述。

二极管开关函数近似法的主要思路是把 LO 的作用等效为一个开关函数。为了简单起见，电路中使用的二极管都是理想模型，即电路的接通或关闭取决于二极管是正向偏置还是反向偏置。

以单平衡混频器，即图 6.4（b）为例，假设 LO 电压 v_{LO} 是一个振幅较大的方波，其振幅比 v_i 大得多。因此，只有 LO 信号决定通过指定二极管的导通与关闭。当 v_{LO} 为正时，D_1 二极管导通，D_2 二极管关闭；如果 v_{LO} 为负极性，则 D_2 二极管导通，D_1 二极管关闭。在数学上可表示为

$$v_o = \begin{cases} v_{LO} + v_i & v_{LO} > 0 \\ v_{LO} - v_i & v_{LO} < 0 \end{cases} \tag{6.1}$$

或

$$v_o = v_{LO} + v_i' \tag{6.2}$$

其中

$$v_i' = v_i s(t) \tag{6.3}$$

$$s(t) = \begin{cases} 1 & v_{LO} > 0 \\ -1 & v_{LO} < 0 \end{cases} \tag{6.4}$$

因此，$s(t)$ 是开关函数，其开关频率是 ω_{LO}，与本振频率一致。$s(t)$ 可以采用傅里叶级数展开，表示为

$$s(t) = \frac{4}{\pi} \sum_{n=1}^{\infty} \frac{(-1)^{n+1}}{n} \sin \frac{n\pi}{2} \cos n\omega_{LO} t \tag{6.5}$$

如果输入信号 v_i 是正弦信号，即

$$v_i = V \cos \omega_i t \tag{6.6}$$

则

$$v_i' = \frac{2V}{\pi} \sum_{n=1}^{\infty} \frac{(-1)^{n+1}}{n} \sin \frac{n\pi}{2} \left\{ \cos\left[(n\omega_{LO} + \omega_i)t \right] + \cos\left[(n\omega_{LO} - \omega_i)t \right] \right\} \qquad (6.7)$$

因此，输出电压可以表示为

$$v_o = v_{LO} + v_i' = v_{LO} + \frac{2V}{\pi} \sum_{n=1}^{\infty} \frac{(-1)^{n+1}}{n} \sin \frac{n\pi}{2} \left\{ \cos\left[(n\omega_{LO} + \omega_i)t \right] + \cos\left[(n\omega_{LO} - \omega_i)t \right] \right\} \quad (6.8)$$

可见，输出由 ω_{LO}，以及无限多个 ω_i 和 ω_{LO} 的奇数倍的和频与差频组成。当输出结果中的 $n=1$ 时，输出频率分量 $\omega_{LO} + \omega_i$ 和 $\omega_{LO} - \omega_i$，即输入信号的和频分量和输入信号的差频分量，分别代表上边带和下边带。可见，此电路结构实现了乘法器的基本功能，其中每个边带的振幅等于 $2V/\pi$，这些分量与其他高阶项（也称寄生响应、杂散）在频域里是分开的。

注意：该结果基于二极管的理想开关特性，即假设 LO 信号能够瞬时切换二极管电流，偏离此特性会增加其输出的失真，特别是线性度。

对于二极管小信号展开近似法，以图 6.4（a）为例，若 RF 输入信号 v_i 和 LO 输入信号 v_{LO} 分别表示为

$$v_{RF}(t) = \sin \omega_{RF} t \qquad (6.9)$$

$$v_{LO}(t) = \sin \omega_{LO} t \qquad (6.10)$$

则二极管电压可以表示为

$$v(t) = v_{RF} \sin \omega_{RF} t + v_{LO} \sin \omega_{LO} t \qquad (6.11)$$

其中，v_{LO} 和 v_{RF} 表示信号的幅度。由二极管小信号近似伏安特性展开可以得到流过混频二极管的电流，可表示为

$$
\begin{aligned}
i &= a_1 v + a_2 v^2 + \cdots \\
&= a_1 \left(v_{RF} \sin \omega_{RF} t + v_{LO} \sin \omega_{LO} t \right) + a_2 \left(v_{RF} \sin \omega_{RF} t + v_{LO} \sin \omega_{LO} t \right)^2 + \cdots \\
&= a_1 \left(v_{RF} \sin \omega_{RF} t + v_{LO} \sin \omega_{LO} t \right) + a_2 \left\{ \frac{1}{2} v_{RF}^2 \left(1 - \cos 2\omega_{RF} t \right) + \right. \\
&\quad \left. v_{LO} v_{RF} \left[\cos\left(\omega_{RF} - \omega_{LO} \right)t - \cos\left(\omega_{RF} + \omega_{LO} \right)t \right] + \frac{1}{2} v_{LO}^2 \left(1 - \cos 2\omega_{LO} t \right) \right\} + \cdots
\end{aligned}
\qquad (6.12)
$$

其中，a_1、a_2 分别为 G_d 和 $G_d'/2$，即二极管动态电导及其一阶导数。可见，混频器的输出包括输入信号频率的和频分量与差频分量。对接收机来说，由高频的 RF 信号和高频的 LO 信号相混频并取其差值的过程称为下变频；对发射机来说，由低频的 IF 信号和 LO 信号相混频并取其和值的过程称为上变频。这些频谱表示在图 6.5 中，输出结果中的差频与和频为（其中 $\omega=2\pi f$，本书根据上下文交替使用这两种频率表达方式）

$$f_{IF} = f_{RF} - f_{LO} \text{ 或 } f_{IF} = f_{LO} + f_{RF} \qquad (6.13)$$

对于如图 6.5（a）所示的接收机，输出的便是经过下变频（Down Conversion）得到的 IF 信号，由于 f_{RF} 通常接近 f_{LO}，因此其差频与两个输入信号频率相距较远，可以使用低通滤波器从混频器中提取差频 $f_{RF} - f_{LO}$。其他不需要的频率可能与 LO 重新混频或生成所需的 IF 信号，或者耗散在电路中的电阻上。

对如图 6.5（b）所示的发射机电路来说，是一个理想的混频器进行上变频（Up Conversion）

的过程。混频器的一个端口为 LO 频率 f_{LO}，LO 端口的信号可以表示为

$$v_{LO}(t) = \cos 2\pi f_{LO} t \qquad (6.14)$$

混频器的另一个输入端口为一个频率较低的基带频率，即 IF 信号，承载着需要传送的信息，可表示为

$$v_{IF}(t) = \cos 2\pi f_{IF} t \qquad (6.15)$$

在理想情况下，混频器的输出可简化为 LO 信号和 IF 信号的乘积：

$$\begin{aligned}
v_{RF}(t) &= k v_{LO}(t) v_{IF}(t) = k \cos 2\pi f_{LO} t \cos 2\pi f_{IF} t \\
&= \frac{k}{2}\Big[\cos 2\pi \big(f_{LO} - f_{IF} \big) t + \cos 2\pi \big(f_{LO} + f_{IF} \big) t \Big]
\end{aligned} \qquad (6.16)$$

在式（6.16）中，混频器存在功率变换损耗，用常数 k 表示。图 6.5（b）展示了上变频的输入和输出信号的频谱，表示混频器可以用带有信息的 IF 信号来调制 LO 信号，以实现某种方式的调制，产生的双边带（Double Side Band，DSB）信号同时存在上边带和下边带。根据需要，可以用滤波器滤掉不需要的边带或用单边带混频器得到单边带（Single Side Band，SSB）信号。

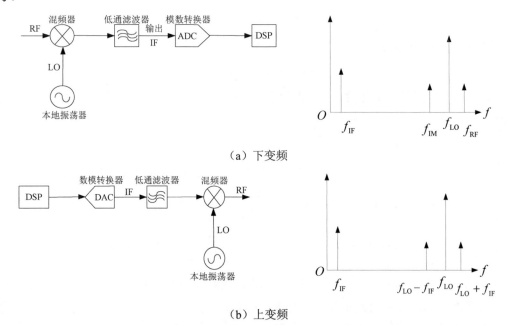

（a）下变频

（b）上变频

图 6.5　使用混频器进行频谱搬移（频率变换）

需要注意图 6.5（a）中 f_{IM} 这个频率的信号。f_{IM} 与 LO 的频率差和 RF 与 LO 的频率差相等，即在下变频的过程中，如果在频率 f_{IM} 处也有一个信号，那么它也会被 LO 混频且恰好与 IF 的频率一致，因此，出现在这个频率位置的信号会成为某种干扰，破坏正常的下变频。由于这个位置信号的频率和 RF 信号的频率关于 LO 对称，互为镜像，因此这个位置的频率也称为镜频。在接收机前端，一般需要镜频抑制滤波器对此位置的可能干扰进行滤除，从而保证 RF 端信号正常的下变频不被干扰。

以下变频为例，混频器在频率变换过程中，由于在 LO 端和 RF 端都会产生高次谐波频率

分量及它们的相互组合，输出信号的频谱复杂。因此，在设计混频器时，设计的目标是需要在 RF、LO、IF 这 3 个端口的特定频率上都能实现阻抗匹配，这当然是几乎不可能完成的任务。一种变通的方法是用电阻性负载吸收不需要的频率产物，其缺点是电阻性负载会增加所需信号无谓的损耗。另一种方法是使用电抗性终端，试图在某种程度上通过电抗反射回一部分能量至非线性混频器件，重新混频实现能量的"回收"，从而重新获得想要的信号。但电抗性负载对频率很敏感，因而回收不易。为了描述混频器在进行频率变换过程中发生的 RF 信号功率转换为 IF 信号功率时发生的损耗的程度，定义变频损耗，表示为

$$L_c(\text{in dB}) = 10\log\frac{P_{RF}}{P_{IF}} \tag{6.17}$$

在理解此定义时，常常发生的误解是把 LO 端口的功率考虑进来。深入理解变频损耗的定义可以领悟到，变频损耗是指有用信号在发生频率变换时产生的损耗，而 LO 端口的功率主要提供偏置，不包含有用的信息，因而自然不应该在定义中出现。显然，变频损耗定义的倒数即变频增益，两者在使用时没有差别，视上下文而定。

上述定义的变频损耗是单边带（SSB）变频损耗，因为仅仅考虑了 $f_{LO}-f_{IF}$ 或 $f_{LO}+f_{IF}$ 变换到 IF 的情形。双边带（DSB）变频损耗比单边带变频损耗小 3dB，因为双边带的有用信号同时存在于两个边带中，信号功率是单边带信号功率的 2 倍。例如，当 $P_{RF}=1\text{mW}$、$P_{IF}=0.1\text{mW}$ 时，变频损耗为 10dB，即单边带变频损耗为 10dB。变频损耗由 3 部分组成，分别为损耗 L_1、L_2 和 L_3：

$$L_c = L_1 + L_2 + L_3 \tag{6.18}$$

其中

$$L_1 = 失配损耗 = 10\log\left[\left(1-|\Gamma_{RF}|^2\right)\left(1-|\Gamma_{IF}|^2\right)\right]^{-1} \tag{6.19}$$

$$L_2 = 寄生损耗 = 10\log\left[1+\frac{R_s}{R_j}+\left(\omega C_j\right)^2 R_s R_j\right] \tag{6.20}$$

$$L_3 = 由混频本身产生的本征损耗$$
$$（混频器产生许多频率，但只有 f_{RF}-f_{LO} 是有用分量） \tag{6.21}$$

其中，R_s 是混频肖特基二极管的寄生电阻；R_j 是肖特基结电阻；C_j 是肖特基结电容；L_1 是由于端口不匹配因而传输功率和输入功率不一致而产生的。

混频器经过变频传输到下一级的功率 P_t 和混频器反射回上一级的功率 P_r 分别为

$$P_t = P_i\left(1-|\Gamma|^2\right) \quad 传输功率 \tag{6.22}$$

$$P_r = P_i|\Gamma|^2 \quad 反射功率 \tag{6.23}$$

其中，P_i 为输入信号功率；Γ 为该端口的反射系数。该端口的功率损耗为

$$\frac{P_i}{P_t} = \frac{1}{1-|\Gamma|^2} \tag{6.24}$$

当 RF 和 IF 端口处于级联状态时，总的失配损耗为

$$L_1 = 10\log\left[\left(\frac{P_i}{P_t}\right)_{RF}\left(\frac{P_i}{P_t}\right)_{IF}\right] = 10\log\left[\frac{1}{\left(1-|\Gamma_{RF}|^2\right)\left(1-|\Gamma_{IF}|^2\right)}\right] \tag{6.25}$$

以上对变频损耗的讨论虽然是以下变频为例的,但变频损耗的定义同样适用于上变频。变频损耗的典型指标在 10GHz 时为 4~5dB,在 45GHz 时为 5~6dB,在 94GHz 时为 7~9dB。相较于二极管混频器,晶体管混频器有着更低的变频损耗,甚至可以有几 dB 的变频增益。LO功率也严重影响着变频损耗,对 LO 信号来说,最小变频损耗常常产生在 LO 功率为 0~10 dBm时。这样的功率电平很高,但可以使发生混频的非线性器件处在合适的偏置工作点,因而频率转换得以高效进行。以上讨论能提供一个对变频损耗的粗略估计,而采用更复杂的基于 Volterra级数的谐波平衡分析方法,绝大多数情况下也得到一个估计值。几乎可以这样认为,大量采用谐波平衡分析方法的现代电子设计自动化软件对混频器的分析和仿真所得到的变频损耗值也是一个经过理论计算的预估值。要获得混频器准确的变频损耗参量,最可靠的方法是用频谱仪和两台信号源进行实验测量,如图 6.6 所示。

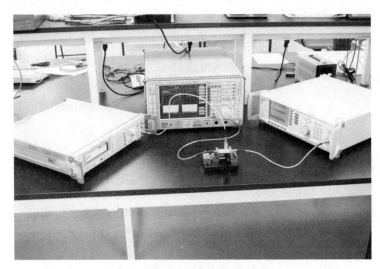

图 6.6   变频增益/损耗测量实验

在图 6.6 中,3 台仪器自左向右分别为 R&S 信号源,R&S 频谱仪,Anritsu 信号源;中间为一微波单片集成混频器采用测试夹具固定的混频器和测试电缆。

本实验的基本测量原理是由 1 台信号源提供 LO 信号,另一台信号源提供 RF 信号(如果是下变频器)或 IF 信号(如果是上变频器),用频谱仪记录混频输出的 IF 信号(如果是下变频器)或 RF 信号(如果是上变频器)[6]。以一个下变频器的变频增益/损耗测量为例来说,根据系统的设计要求,可以精确确定 LO 信号和 RF 信号的频率点,固定 LO 信号源输出功率分别为 2dBm、7dBm、12dBm 后,分别将 RF 信号功率从-5dBm 至 8dBm,以 0.1dBm 为步进步长进行功率逐点输出,观察相应的 IF 输出信号功率,从而可以得到在某一个固定频率点下的混频器以 LO 功率为参变量的变频增益/损耗。图 6.7 即展示了一个真实的单平衡下变频器在24GHz 频率点的变频增益的测量结果。

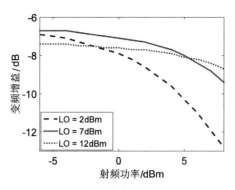

图 6.7　混频器变频增益测量示例

由图 6.7 可见，当 LO 功率为 7dBm 时，混频器有最大的变频增益。当 LO 功率为 2dBm 时，混频器的混频二极管没有"吃饱"足够的功率使其偏置到合适的工作点，因而变频增益相比 LO 功率为 7dBm 时偏小；而当 LO 功率达到 12dBm 时，混频器的混频二极管承受了过多的 LO 功率，进入饱和区，因而变频增益相比 LO 为 7dBm 时也偏小。类似的现象在观察变频增益/损耗随射频输入信号功率的变化而改变时也能观察到：当 RF 输入信号功率较低时，如-5dBm，混频器的变频增益处于最大的-6.8dB；而当 RF 输入信号功率不断增加时，加载到混频二极管上的功率促使其进入饱和区，因而变频增益开始下降。

上述采用频谱仪测量混频器变频增益/损耗的优点是具有最高的测量精度，缺点是如果要观察混频器在一个指定频带内的变频增益/损耗，则测量工作量会较大，除非采用仪器控制自动化软件（如 LabVIEW）编写自动测试软件控制两台信号源和频谱仪进行自动化测量。在工程实际中，比较方便、快捷地测量混频器在一个频带内的变频增益/损耗的方法是可以采用矢量网络分析仪，具体的操作方法是将矢量网络分析仪作为控制中心，采用通用接口总线（General Purpose Interfere Bus，GPIB）控制外置的信号源给混频器提供 LO 信号。而矢量网络分析仪本身的一端口和二端口不再进行功率比值的散射参数测量，而是进行（经过功率计校准过的）绝对功率测量，通过矢量网络分析仪内的扫频源对混频器进行变频增益/损耗测量。测量仪器的设置及上述同样混频器的测量结果分别如图 6.8 和图 6.9 所示。可见，快速测量在带来方便的同时，要付出测量精度的代价，表现为测量曲线出现明显的折线段，而不像频谱仪的测量结果那样是一条非常平滑的曲线。

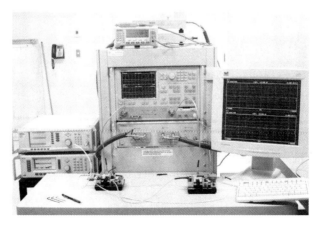

图 6.8　采用矢量网络分析仪的频率偏移模式测量混频器的变频增益/损耗（测量仪器）

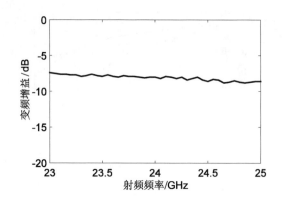

图 6.9　采用矢量网络分析仪测量混频器的变频增益/损耗示例

（注意：测量结果呈现明显的折线段，与前述图 6.7 频谱仪测量结果不同）

通过采用矢量网络分析仪可以快速获取混频器在一个频带内的变频增益/损耗，这种测量方法还可以快速获取混频器不同端口之间的隔离度的测量数据，下面详细讨论。混频器的端口之间的隔离程度称为隔离度，常用的表征参量包括 RF-LO 隔离度、LO-IF 隔离度和 RF-IF 隔离度。RF-LO 隔离度表示 RF 端口泄漏到 LO 端口的功率，或者 LO 端口泄漏到 RF 端口的功率。在理想情况下，混频器的 RF 和 LO 端口是完全隔离的，但是由于耦合电路的阻抗不完全匹配，或者耦合电路带宽的限制，RF 和 LO 端口往往存在互耦，通常情况下，混频器设计要求该隔离度大于 20dB，即少于 1%的泄漏。LO 泄漏到 RF 端口的功率产生的主要危害是会通过接收机天线向外辐射，使得接收机成为干扰源，干扰邻近的其他通信设备。在军事上，如果己方的接收机本振泄漏严重，则很有可能经过天线向外界再次辐射，从而暴露自己的位置，成为敌方的攻击目标，如图 6.10 所示。

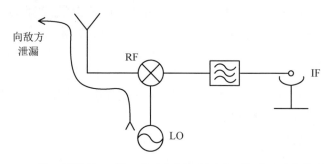

图 6.10　LO 端口泄漏到 RF 端口的功率再辐射时有可能成为敌方的攻击目标

LO 端口泄漏到 RF 端口的功率对混频电路本身产生的主要危害是会与 LO 端口的功率发生自混频，产生直流分量。在混频器动态范围的低端，直流分量一旦产生，就会流经混频二极管，产生噪声，抬升混频器的噪底，恶化混频器的噪声系数，增加变频损耗。在混频器动态范围的高端，泄漏后再次混频产生的直流分量会使得混频器的 1dB 增益压缩点降低，混频器更容易饱和。我们可以设计一个实验，对此开展进一步的定量验证，以获得一些对端口隔离重要性的感觉[8]。

实验的基本设计思路是测量一个具有极高隔离度的"金标准"混频器的下变频特性，在 RF 端口使用两个信号源，一个用来代表真实的 RF 信号，另一个用来模拟泄漏的 LO 信号，两路信号经过功率合成网络馈入"金标准"混频器的 RF 端口，观察混频器的特性在不同泄漏信号功率下性能的改变。这两个信号源的频率应该分别设定为 RF 频率和 LO 频率，如图 6.11 所示。

　　实验首先开展对混频器动态范围低端的
研究。如图 6.12（a）所示，模拟泄漏信号的
源关闭（无泄漏），仅在混频器 RF 端提供一
个足够小的输入信号，使得混频器中频端有
一个信噪比为 15～20dB 的输出。注意：在
图 6.12（a）中，噪声功率的平均水平大约为
−115dBm，信号功率大约为−95dBm，这一输

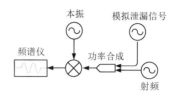

图 6.11　定量分析 LO-RF 端口泄漏后果实验原理图

出接近混频器的最小可检测信号功率。之所以选择输出信号信噪比为 15dB，是因为在常用的
雷达、通信系统中，这一信噪比量级是后级能继续无失真处理的门槛。当打开模拟泄漏信号源
并提供约−36dBm 的泄漏功率时，由于泄漏信号与 LO 信号发生自混频产生了直流分量，迅速
恶化了混频器的噪声性能，使得噪底由−115dBm 抬升至−105dBm，如图 6.12（b）所示，原有
的 IF 信号也几乎被抬升的噪声淹没。此时，为了恢复输出 IF 信号的信噪比，必须把 RF 端口
的信号功率增大 10dBm，为−85dBm；增大之后恢复的中频信号如图 6.12（c）所示。需要指出
的是，此时 LO 端口的偏置功率大约为 8dBm，而−36dBm 的泄漏相当于 LO-RF 的隔离度达到
8−(−36)=44dB。可见，即使 LO-RF 端口的隔离度能够达到 40dB 以上，LO 端口一点一点地泄
漏也能使得混频器的动态范围低端损失达 10dB 之多，因此，设计一个具有高度 LO-RF 隔离
的混频器对改善接收机灵敏度有重要意义。

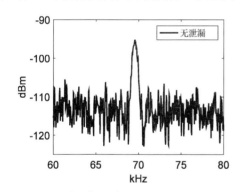

（a）无泄漏时混频器输出的 15dB 信噪比最小可
检测信号

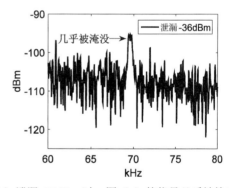

（b）泄漏−36dBm 时，图（a）的信号几乎被抬升的
噪声电平淹没

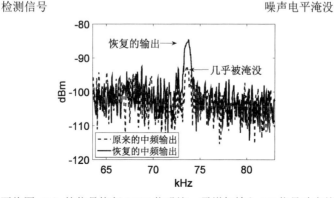

（c）若要将图（b）的信号恢复 15dB 信噪比，需增加输入 RF 信号功率约 10dBm

图 6.12　实验结果

　　LO 端口的功率泄漏到 RF 端口对混频器动态范围高端的影响主要是会轻微地降低混频器的 1dB 增益压缩点。采用上述模型进行仿真可以有如图 6.13 所示的发现，混频器的变频增益有接近饱和的趋势，即 1dB 增益压缩点 P1dB 确实随着泄漏的增大而下降，即泄漏越多，混频器越容易饱和，但是这是一个比较微小的现象。从图 6.13 中可以看出，即使泄漏的绝对功率增大到–3dBm，P1dB 的下降也只有 0.3dB 左右，因此，这部分泄漏对混频器动态范围高端的影响可以忽略。

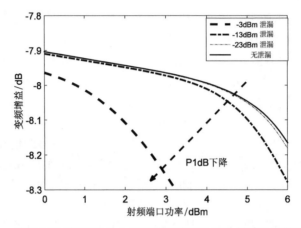

图 6.13　泄漏功率对混频器动态范围高端的影响是略有下降的增益压缩点

　　对于 LO 泄漏到 IF 端口的功率，由于 LO 端口的功率一般较大，所以可能使后级的 IF 放大器趋于饱和而阻塞 IF 放大器对小信号的放大，这一点通过简单的电路仿真就可以直观地观察到。例如，图 6.14 所示的是混频器的 LO-IF 隔离度分别为 15dB 和 30dB 时的 IF 端口输出信号时域波形。显然，当隔离度为 30dB 时，有更少的 LO 信号泄漏到 IF 端口，不易干扰后级的信号处理。而对于 RF-IF 之间的泄漏，由于 RF 端口的功率往往较小，因而对接收机的负面影响通常较小。

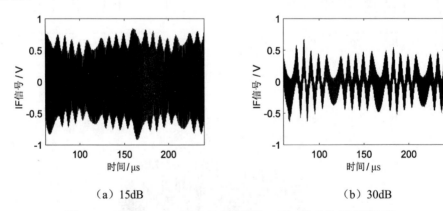

（a）15dB　　　　　　　　　　　　　（b）30dB

图 6.14　不同的 LO-IF 隔离度下混频器 IF 端口输出信号时域波形

　　在采用矢量网络分析仪测量混频器端口隔离度时，RF-IF 隔离度和 RF 端口的反射系数（S_{11}）可以一次同时测量得到，此时仪器的设置和测量混频器变频损耗时的设置类似，即用矢量网络分析仪控制外接信号源提供 LO，矢量网络分析仪的两个端口分别接混频器的 RF 端口和 IF 端口，测量得到的 S_{11} 即 RF 端口的反射系数，测量得到的 S_{21} 即 RF-IF 隔离度。一个具体的混频器测量实例如图 6.15 所示。

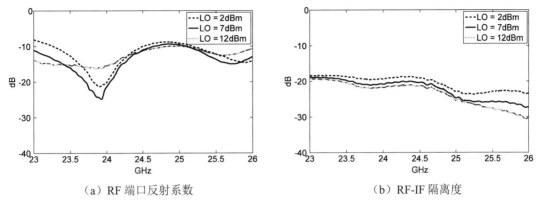

（a）RF 端口反射系数　　　　　　　　　（b）RF-IF 隔离度

图 6.15　矢量网络分析仪在"频率偏移"模式下测量混频器实例

用矢量网络分析仪测量 LO-RF 隔离度相对要困难一点，因为需要矢量网络分析仪的端口 1 连接到混频器的 LO 端口，并且驱动混频器正常工作；而矢量网络分析仪通常提供的功率不足以驱动二极管平衡混频器的 LO 端口，因此，需要将矢量网络分析仪拆解开来，在端口 1 支路上串接一个驱动放大器，用以提升端口 1 的输出功率，从而使混频器能正常工作。在测量结束而进行数据处理时，需要用端口 1 和端口 2 直通连接的数据对测量数据进行功率校准，以消除串接放大器的频率响应不平坦，其测量原理图和一个测量实例如图 6.16 所示。

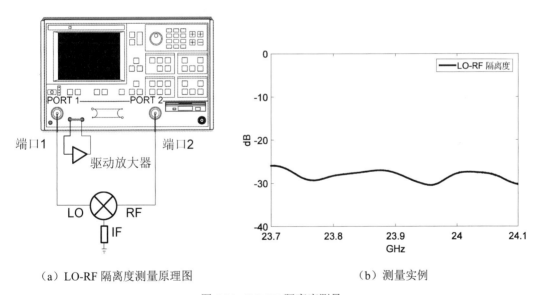

（a）LO-RF 隔离度测量原理图　　　　　　　　（b）测量实例

图 6.16　LO-RF 隔离度测量

下面简要介绍一下混频器的高阶响应（杂散）的分析与规划。根据前述内容，我们已经了解到，混频器的输出会产生两个输入信号的各次组合，即 $f_{IF}=mf_{LO}\pm nf_{RF}$，这里 m 和 n 为整数。在进行射频与微波系统设计时，常常需要考虑的是所选择的信号通带内是否会有混频器的高阶响应，因而我们希望能有一个二维的图形化工具能包含混频器的各次组合高阶响应以对此展开分析。由上述谐波组合的公式可知，可行的方法是给定归一化 LO 频率，从而可以通过该式计算得到各次组合的归一化输出 IF 频率关于归一化输入 RF 频率的线段图。例如，假设

LO=5.5，则 RF 为 2～8 的输入产生的各次 IF 输出如图 6.17 所示。在图 6.17 中，横轴是输入的归一化 RF 频率，纵轴是输出的归一化 IF 频率。左上角的粗线条编号(13)是 $m=1$ 和 $n=1$ 的输出，即 $f_{LO}+f_{RF}$，不妨做个数值实验，当 RF=3 时，IF=5.5+3=8.5 落在该线条上。左下角的粗线条代表的是 $m=1$ 和 $n=-1$ 的输出，即 $f_{LO}-f_{RF}$，若取 RF=4，则 LO-RF=5.5-4=1.5 落在该线条上。右下角的粗线条代表的是 $m=-1$ 和 $n=1$ 的输出，即 $-f_{LO}+f_{RF}$，不妨取 RF=7，LO-RF=7-5.5=1.5 落在该线条上。其余的线条满足同样的规则。

因此，有了这幅高阶响应分布图，就可以分析自己进行系统设计时所选择的混频器 RF、LO、IF 和系统的通带相互之间是否契合。通带若不包含高阶响应，则设计方案可行；通带若包含高阶响应，那么并不代表系统不能正常工作，而是要分析该高阶响应具体为几阶，是否幅度足够大而影响系统性能。关于高阶响应的详细分析，有兴趣的读者可以参阅文献[10]。

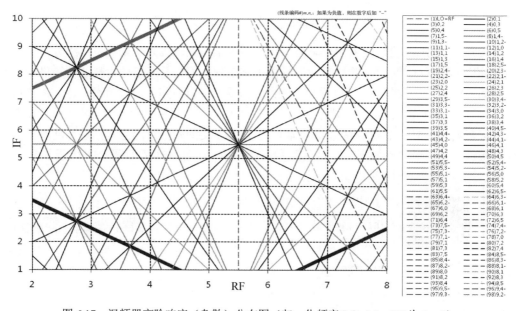

图 6.17　混频器高阶响应（杂散）分布图（归一化频率 LO=5.5，RF 为 2～8）

6.2　混频器电路

常用的 3 种混频器电路，即单端、单平衡和双平衡混频器如图 6.18 所示。

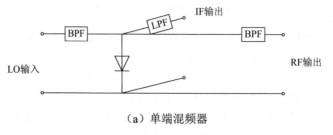

（a）单端混频器

图 6.18　常用的 3 种混频器电路

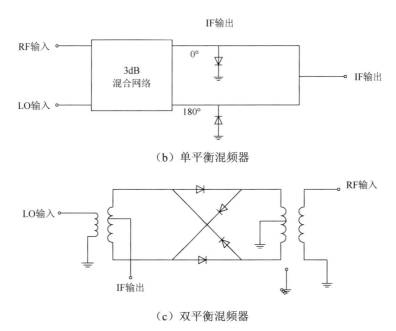

（b）单平衡混频器

（c）双平衡混频器

图 6.18　常用的 3 种混频器电路（续）

单端混频器是最简单的类型，图 6.18（a）中的 LPF 和 BPF 分别表示低通滤波器和带通滤波器。因为它只使用一个二极管，所以需要的 LO 信号功率非常小。单端混频器的缺点是动态范围较小，同时交调（Inter-Modulation）抑制较弱，LO-RF 隔离度较低。

单平衡混频器有两个二极管，它独特的功率混合网络使得加在两个二极管两端的 LO 信号的相位相差 180°（或 90°），而 RF 信号的相位同相；或者 RF 信号的相位相差 180°，而 LO 信号的相位同相，这种平衡的结构安排带来了 LO 噪声的抑制。尽管单平衡混频器所需的 LO 功率是单端混频器的 2 倍，但其动态范围更大，交调抑制更好。相比于单端混频器，单平衡混频器的噪声系数显著降低，这是因为当使用的两个二极管良好匹配时，在 IF 输出端，本振在信号频率点上产生的 AM 噪声被对消了，稍后对此进行详细分析。

双平衡混频器是由两个单平衡混频器组成的，理论上只产生 1/4 的交调产物。因为双平衡混频器用了 4 个二极管，所以所需的 LO 功率是单平衡混合器的 2 倍。同时，双平衡混频器的 ldB 压缩点高于单平衡混频器，因此获得了更大的动态范围和更好的交调抑制。

几种基本的混频器的结构和特性对比如表 6.1 所示。

表 6.1　几种基本的混频器的结构和特性对比

混频器类型	二 极 管 数	RF 输入匹配	RF-LO 隔离	变 频 损 耗	三 阶 交 调
单端	1	差	中等	好	中等
单平衡(90°)	2	好	差	好	中等
单平衡(180°)	2	中等	很好	好	中等
双平衡	4	差	很好	很好	很好
镜像抑制	2 或 4	好	好	好	好

6.2.1 单端混频器

前面提到，单端混频器是最简单的二极管混频器，主要组成部件有输入平衡-不平衡变换器（巴仑，Balun）、单个二极管、一个 RF 带通滤波器和一个低通滤波器。更加复杂一点的结构是由一个二极管、输入匹配电路、巴仑或其他能将 LO 与 RF 信号混合并注入的结构及一个低通或带通滤波器组成的。为了避免 LO 信号泄漏到 RF 端口而从天线向外辐射，所用的功率混合与注入结构必须具有高度的选择性。单端混频器价格较低，常常应用于低成本的探测器中。

单端混频器的交流等效电路如图 6.4（a）所示。混频器通过同相双工器（Diplexer）合成输入 RF 信号和 LO 信号，再用叠加的两个输入电压驱动二极管，这种同相双工功能可以用一个定向耦合器或混合结实现，能够在两个输入之间实现合成与隔离。

单端混频器的二极管常常用直流电压偏置，偏置电压必须与 RF 信号通道去耦，这一设计可通过在二极管的两侧用隔直电容，并在二极管和偏置电压源之间用一个射频扼流圈来完成。通过低通滤波器，二极管的交流输出提供了所需的 IF 输出信号。由于单端混频器电路中只有一个二极管，所以只需施加较小的 LO 功率就可以使混频器工作，且直流偏置电路易于实现，降低了对直流驱动功率的要求。这种类型的混频器虽然结构简单，但是有以下缺点：①对负载阻抗敏感；②对高阶响应/杂散没有抑制能力；③对大信号的承载能力较弱；④带宽偏窄。

6.2.2 单平衡混频器

单平衡混频器用混合网络结构把两个单端混频器组合在一起，使得 RF 端口和 LO 端口的隔离程度得到改善。采用 90°混合网络和 180°混合网络的单平衡混频器的基本结构如图 6.19 所示。

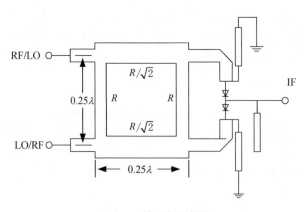

（a）90°单平衡混频器

图 6.19 单平衡混频器的基本结构

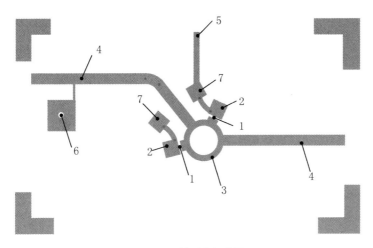

（b）180°单平衡混频器

图 6.19　单平衡混频器的基本结构（续）

使用了混合网络结构的单平衡混频器虽然变频损耗要比单端混频器稍大，但是具有很多优点。首先，由于 RF 信号平均分配到两个混频二极管上，所以混频器整体具有更强的输入信号功率承载能力。单平衡混频器与单端混频器相比，虽然需要更大的 LO 功率来驱动，但是由于平衡度提高了，所以工作带宽得以增加。采用 180°混合环的单平衡混频器理论上在很宽的频率范围内可实现完全的 LO-RF 隔离；采用 90°混合网络的单平衡混频器虽然有学者对此有争议[4]，但在工程实践中常常能见到其大量实际应用，它最大的优点是 RF 和 LO 端口可以保持在电路的同侧，而不像 180°混合环混频器，RF 和 LO 端口会出现在 IF 端口的两侧，这在电路布版时是一个极大的优势；同时，这两种平衡混频器都可以去除某些阶数的高阶产物/杂散。

这里通过深入介绍采用 180°混合环的单平衡混频器版图设计细节来向读者展示一种经过工程实践验证、具有优良性能的混频器设计要点[6]。在图 6.19（b）中，1 是物理缝隙，用于对梁式引线肖特基二极管进行金焊；2 是肖特基二极管的匹配电路，也有的混频器采用径向线设计这一电路；3 是 180°混合环结构，可见，这一混频器适合 RF 和 LO 端口工作频率位于混合环中心频率 20%相对带宽内的工作场合；4 是 RF/LO 端口，事实上，该混频器既可以作为下变频器，又可以作为上变频器；5 是 IF 端口，为了不限定该混频器的用途，这里特意省略了滤波器的设计，在工程实践中，可以根据具体需要添加所需的滤波网络；6 是接地过孔，用来给二极管提供直流回路；7 是 IF 端口跨接焊盘，由于混合环的设计严格遵守了第 3 章的设计过程，所以两个混频二极管势必分落在 IF 端口的两侧，为了获得输出，必须将其跨接，而焊盘和二极管匹配电路 2 之间要用细线条构成高阻抗线，防止 RF/LO 端口信号通过 IF 端口泄漏。如果所需的应用场合不允许采用跨接方式，则可以采用如图 6.20 所示的方法，在环的另一侧设计 IF 端口。

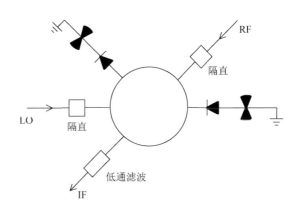

图 6.20　IF 输出在混合环另一侧的 180°单平衡混频器

下面讨论如图 6.19（b）所示的采用 180°混合环的单平衡混频器理论上如何实现混频功能、RF 和 LO 端口为何能相互隔离，以及为何可以抑制 LO 的偶次谐波。采用 180°混合环的单平衡混频器分析原理图如图 6.21 所示。

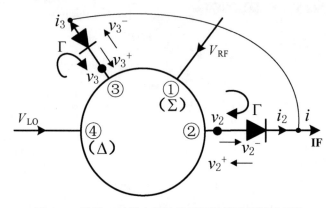

图 6.21　采用 180°混合环的单平衡混频器分析原理图

定义 RF 端口信号电压为

$$v_{RF}(t) = V_{RF} \cos \omega_{RF} t = v_1(t) \tag{6.26}$$

LO 端口信号电压为

$$v_{LO}(t) = V_{LO} \cos \omega_{LO} t = v_4(t) \tag{6.27}$$

180°混合环对应的散射矩阵为

$$S = \frac{-j}{\sqrt{2}} \begin{bmatrix} 0 & 1 & 1 & 0 \\ 1 & 0 & 0 & -1 \\ 1 & 0 & 0 & 1 \\ 0 & -1 & 1 & 0 \end{bmatrix} \tag{6.28}$$

则两个二极管的端电压为

$$v_2(t) = s_{21}v_1 + s_{24}v_4 = \frac{1}{\sqrt{2}} \left[V_{RF} \cos\left(\omega_{RF}t - 90^\circ\right) + V_{LO} \cos\left(\omega_{LO}t + 90^\circ\right) \right] \tag{6.29}$$

$$v_3(t) = s_{31}v_1 + s_{34}v_4 = \frac{1}{\sqrt{2}} \left[V_{RF} \cos\left(\omega_{RF}t - 90^\circ\right) + V_{LO} \cos\left(\omega_{LO}t - 90^\circ\right) \right] \tag{6.30}$$

若在二极管的小信号近似过程中仅取二次项，且定义 $\omega_{IF} = \omega_{RF} - \omega_{LO}$，则有

$$i_2(t) = kv_2^2 \tag{6.31}$$

$$i_3(t) = -kv_3^2 \tag{6.32}$$

$$\omega_{IF} = \omega_{RF} - \omega_{LO} \tag{6.33}$$

其中，k 为二极管响应二次项的系数。据此进行运算，可得

$$v_2^2 = \frac{1}{2}V_{RF}^2 \cos^2(\omega_{RF}t - 90°) + \frac{1}{2}V_{LO}^2 \cos^2(\omega_{LO}t + 90°) +$$
$$\frac{1}{2}V_{RF}V_{LO}[\cos(\omega_{RF}t + \omega_{LO}t) + \cos(\omega_{RF}t - \omega_{LO}t - 180°)]$$
$$= \frac{1}{2}\{V_{RF}^2\left[\frac{1 + \cos(2\omega_{RF}t - 180°)}{2}\right] + V_{LO}^2\left[\frac{1 + \cos(2\omega_{LO}t + 180°)}{2}\right] +$$
$$V_{RF}V_{LO}[\cos(\omega_{RF}t + \omega_{LO}t) - \cos\omega_{IF}t]\} \quad (6.34)$$

$$v_3^2 = \frac{1}{2}V_{RF}^2 \cos^2(\omega_{RF}t - 90°) + \frac{1}{2}V_{LO}^2 \cos^2(\omega_{LO}t - 90°) +$$
$$\frac{1}{2}V_{RF}V_{LO}[\cos(\omega_{RF}t + \omega_{LO}t - 180°) + \cos(\omega_{RF}t - \omega_{LO}t)]$$
$$= \frac{1}{2}\{V_{RF}^2\left[\frac{1 + \cos(2\omega_{RF}t - 180°)}{2}\right] + V_{LO}^2\left[\frac{1 + \cos(2\omega_{LO}t - 180°)}{2}\right] +$$
$$V_{RF}V_{LO}[-\cos(\omega_{RF}t + \omega_{LO}t) + \cos\omega_{IF}t]\} \quad (6.35)$$

经过低通滤波，且注意到直流项会相互抵消，此时 IF 端口输出的电流为

$$i_2 = -\frac{k}{2}V_{RF}V_{LO}\cos\omega_{IF}t \quad (6.36)$$

$$i_3 = -\frac{k}{2}V_{RF}V_{LO}\cos\omega_{IF}t \quad (6.37)$$

因此，IF 输出电流为

$$i(t) = i_2 + i_3 = -kV_{RF}V_{LO}\cos\omega_{IF}t \quad (6.38)$$

可见，实现了混频（此处为下变频）功能。

为了讨论 RF 和 LO 端口信号之间的耦合，即隔离，不妨假设两个二极管在 RF 频率上的反射系数为 Γ，则在两个二极管处反射的 RF 信号分别为

$$V_2^+ = \Gamma V_2^- = \Gamma \cdot S_{21} \cdot V_{RF}^+ = \frac{-j}{\sqrt{2}}\Gamma V_{RF}^+ \quad (6.39)$$

$$V_3^+ = \Gamma V_3^- = \Gamma \cdot S_{31} \cdot V_{RF}^+ = \frac{-j}{\sqrt{2}}\Gamma V_{RF}^+ \quad (6.40)$$

其中，V_{RF}^+是端口 1 入射的 RF 波；V_2^+是端口 2 输出的 RF 波在遇到二极管后的反射波（被二极管反射后进入混合环，因此用"+"号表示）；V_2^-是端口 2 输出的 RF 波在遇到二极管后对二极管的入射波（进入二极管，离开混合环，因此用"−"号表示）；V_3^+是端口 3 输出的 RF 波在遇到二极管后的反射波（被二极管反射后进入混合环，因此用"+"号表示）；V_3^-是端口 3 输出的 RF 波在遇到二极管后对二极管的入射波。据此可以得到 RF 信号在（经过混合环和二极管的作用后）端口 4（差端口）合成的反射波：

$$V_{RF}^\Delta = V_4^- = S_{42} \cdot V_2^+ + S_{43} \cdot V_3^+ = V_2^+\left(\frac{j}{\sqrt{2}}\right) + V_3^+\left(\frac{-j}{\sqrt{2}}\right) = 0 \quad (6.41)$$

这说明 RF 信号在端口 4（差端口）没有反射波，即 RF-LO 隔离，因此，RF 端口泄漏到 LO 端口的功率在理想情况下为 0。

同样，LO 信号在两个二极管处的反射波分别为

$$V_2^+ = \Gamma V_2^- = \Gamma \cdot S_{24} \cdot V_{LO}^+ = \frac{j}{\sqrt{2}} \Gamma V_{LO}^+ \tag{6.42}$$

$$V_3^+ = \Gamma V_3^- = \Gamma \cdot S_{34} \cdot V_{LO}^+ = \frac{-j}{\sqrt{2}} \Gamma V_{LO}^+ \tag{6.43}$$

其中，V_{LO}^+是端口 4 入射的 LO 波；V_2^+有新的含义，是端口 2 输出的 LO 波在遇到二极管后的反射波（被二极管反射后进入混合环，因此用"＋"号表示）；V_2^-也有新的含义，是端口 2 输出的 LO 波在遇到二极管后对二极管的入射波（进入二极管，离开混合环，因此用"－"号表示）；V_3^+的新含义是端口 3 输出的 LO 波在遇到二极管后的反射波（被二极管反射后进入混合环，因此用"＋"号表示）；V_3^-的新含义是端口 3 输出的 LO 波在遇到二极管后对二极管的入射波。因此，可以得到 LO 信号在（经过混合环和二极管的作用后）端口 1（和端口）合成的反射波：

$$V_{LO}^\Sigma = V_1^- = S_{12} \cdot V_2^+ + S_{13} \cdot V_3^+ = V_2^+ \left(\frac{-j}{\sqrt{2}} \right) + V_3^+ \left(\frac{-j}{\sqrt{2}} \right) = 0 \tag{6.44}$$

这个结果的物理意义是 LO 端口的信号在端口 1（和端口）没有反射波，即 LO-RF 隔离，因此，LO 信号泄漏到 RF 端口的功率在理想情况下也为 0。综上，LO 和 RF 端口在理想情况下相互隔离。

另外，180°单平衡混频器还能抑制 LO 的偶次谐波。不妨假设 LO 的二次谐波项为

$$v_{LO}'(t) = V_{LO}^{(2)} \cos 2\omega_{LO} t \tag{6.45}$$

则根据式（6.29），二次谐波参与后，二极管的端电压 v_2' 为

$$v_2'(t) = s_{21} v_1' + s_{24} v_4' \tag{6.46}$$

其中，$v_1' = v_1$；v_4' 即 v_{LO}'，需要注意的是，现在的 v_4' 是 LO 的二次谐波，频率是原先 LO 信号频率的 2 倍，原先对应的 LO 信号相移 90°，现在 LO 的二次谐波要相移 180°，因此可得

$$v_2'(t) = \frac{1}{\sqrt{2}} \left[V_{RF} \cos\left(\omega_{RF} t - 90° \right) + V_{LO}^{(2)} \cos\left(2\omega_{LO} t + 180° \right) \right] \tag{6.47}$$

类似地，可以得到另一个二极管的端电压 v_3' 为

$$v_3'(t) = \frac{1}{\sqrt{2}} \left[V_{RF} \cos\left(\omega_{RF} t - 90° \right) + V_{LO}^{(2)} \cos\left(2\omega_{LO} t - 180° \right) \right] \tag{6.48}$$

取二极管小信号近似的二次项，需要得到电压的平方项，即

$$v_2'^2 = \underbrace{\frac{V_{RF}^2}{2} + \frac{V_{LO}^{(2)2}}{2}}_{\text{DC项，被抵消}} - \underbrace{\frac{V_{RF}^2}{4} \cos 2\omega_{RF} t + \frac{V_{LO}^{(2)2}}{4} \cos 4\omega_{LO} t}_{\text{被低通滤波}} + \\ \underbrace{\frac{V_{RF} V_{LO}^{(2)}}{2} \left[\cos\left(\omega_{RF} t + 2\omega_{LO} t + 90° \right) + \cos\left(\omega_{RF} t - 2\omega_{LO} t - 270° \right) \right]}_{\text{待抵消}} \tag{6.49}$$

出于同样的原理，在进行混频、反相叠加、低通滤波输出之前，其中产生的直流项会抵消，剩余的端电压平方项主要包含如下分量：

$$v_2'^2 = \frac{V_{RF}V_{LO}^{(2)}}{2}\left[\cos\left(\omega_{RF}t + 2\omega_{LO}t + 90°\right) + \cos\left(\omega_{RF}t - 2\omega_{LO}t + 90°\right)\right] \tag{6.50}$$

类似地，另一个二极管的端电压平方项包含如下分量：

$$v_3'^2 = \frac{V_{RF}V_{LO}^{(2)}}{2}\left[\cos\left(\omega_{RF}t + 2\omega_{LO}t + 90°\right) + \cos\left(\omega_{RF}t - 2\omega_{LO}t + 90°\right)\right] \tag{6.51}$$

则 IF 输出为

$$i'(t) = i_2 + i_3 = kv_2'^2 - kv_3'^2 = 0 \tag{6.52}$$

可见，这种 180°单平衡混频器对 LO 的二次谐波（推广到偶次谐波，结论也成立），即 $\omega_{RF} \pm 2\omega_{LO}$ 的高阶杂散都具有抑制功能。

单平衡混频器的设计要点是如何设计最优的功率混合网络，因为功率混合网络的优劣在很大程度上决定了混频器的变频增益/损耗的大小。下面通过一个具体的工程设计样例来说明这一设计要点[11]。

为了便于比较，从设计一个中心工作频率为 24GHz 的标准 180°混合环单平衡混频器出发，其结构如图 6.22（a）所示。为了改进这种混频器的变频增益/损耗，考虑将此混频器的 RF 和 LO 端口馈电结构更新为第 1 章所介绍的新型射频与微波集成传输线——基片集成波导（Substrate Integrated Waveguide，SIW）。注意：这里并没有更换进行功率混合的环本身，而是在馈电结构上进行一些创新，其结构如图 6.22（b）所示。

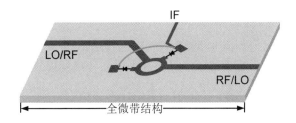

（a）全微带结构 180°混合环混频器的结构

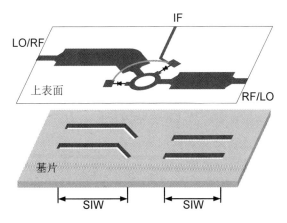

（b）馈电结构采用基片集成波导的 180°混合环混频器

图 6.22 混频器的对比

注意：这里的基片集成波导采用基片刻沟槽且金属化的工艺，与第 1 章展示的采用金属化通孔的基片集成波导的电性能在本质上一样。

进行这项创新的目的是探索基片集成波导结构是否真的在高频段具有较小损耗的特性，从而可以在某种程度上改善混频器的变频增益/损耗特性。基于此，我们对这两个混频器的变频增益进行了测量，测量结果如图 6.23 所示。由测量结果可以清楚地观察到，在不同的 LO 端口偏置条件下，混合集成了基片集成波导结构的新型混频器确实展现出比传统微带混频器更好的变频增益性能，即采用基片集成波导结构确实能增大混频器的变频增益。

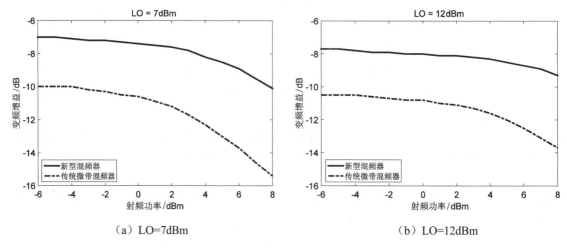

（a）LO=7dBm　　　　　　　　　　　　　　　　（b）LO=12dBm

图 6.23　不同 LO 功率下混频器变频增益性能比较

这个结论可靠吗？为了进一步验证这个推论，不妨做个仿真实验：在一片介质基片上同时设计微带线和基片集成波导，观察电磁能量在其中沿线传播的现象，如图 6.24 所示。在图 6.24 中，颜色越浅的色调表示了能量越高的级别，白色表示能量最高的级别；深色的背景是介质基片本身。可以清楚地看到，在同一片既有微带线，又有基片集成波导的基片中，微带线的周围确实有电磁能量泄漏，而基片集成波导的周围由于其本身全封闭的结构而几乎没有电磁能量泄漏。深入思考的读者也许会提出争论，这些电磁能量泄漏也许是由微带线和基片集成波导之间的过渡结构不完善而导致的？仔细观察图 6.24 可以发现，在微带线和基片集成波导的过渡结构附近确实有电磁能量泄漏，但是这种泄漏应该局限在过渡结构的附近，而不应该传播超过好几个波长的距离，正如图中不同的白色区域间隔表示的电磁波的若干波长。具体来说，微带线部分的长度大约为 4 个波导波长，即 4 个白色的能量峰值；基片集成波导部分大约为 2.5 个波导波长，即 2.5 个白色的能量峰值。在距离过渡结构较远的微带线左端，也存在电磁能量泄漏，说明这种泄漏是微带线本身固有的特性，而不仅仅是由过渡结构造成的。

事实上，如果对上述经典微带线和新型基片集成波导的传输损耗建立严格的三维全波仿真模型来计算其插入损耗，则可以得到如图 6.25 所示的经典微带线和新型基片集成波导插入损耗对比。观察图 6.25，可以得到以下结论。

（1）微带线的传输损耗随着频率的升高而增加。这是符合第 1 章所学的理论的：随着频率的升高，由于微带线是一种半开放的结构，其辐射损耗和沿介质基片的泄漏都会增加，因而插入损耗会增加。

（2）基片集成波导在频率较低时的插入损耗要比微带线大，但是当越过某个频率点后，基片集成波导的插入损耗要明显小于微带线的插入损耗。这个结论是可以理解的：当频率升高时，由于基片集成波导是一种全封闭的导波结构，电磁能量全部集中在其内部进行传播，因此除了增加一些导体损耗，不会增加辐射损耗和沿基片的泄漏。可以看到，这一分析结果在根本上解释了为什么采用基片集成波导结构对混合环进行馈电的单平衡混频器比采用传统微带线结构对混合环进行馈电的单平衡混频器具有更好的变频增益性能：在频率超过某一频率点之后，采用基片集成波导技术确实能获得更小的插入损耗。

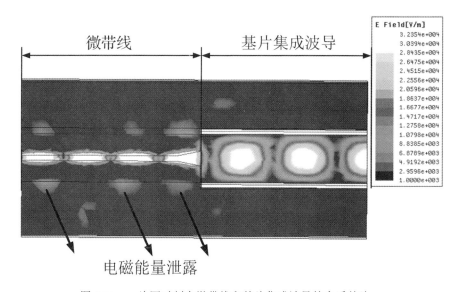

图 6.24　一片同时制有微带线和基片集成波导的介质基片

（图中白色为电磁能量密度最高分布区域；基片集成波导上下直线段白色区域为镂空沟槽）

至此，我们带领读者从深度解析 180°混合环单平衡混频器的版图出发，通过尝试对经典的混频电路进行创新带来改变，采用无可辩驳的实验确认了这种改变带来的混频器性能的提升；之后，我们先后采用了结构仿真和数值计算的方法，在理论上进一步证明了这一创新背后蕴含的传输线的基石作用，完成了这一尝试的回归。这里，我们对单平衡混频器设计的讨论要告一段落，希望读者将来在面对新的设计挑战时，能以此为基点，从小小的改变开始进行更高层次的创新。

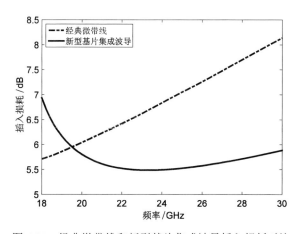

图 6.25　经典微带线和新型基片集成波导插入损耗对比

6.2.3　双平衡混频器

　　双平衡混频器由 4 个二极管组成，其结构是环形电路结构。双平衡混频器的等效电路如图 6.26 所示，LO、RF 和 IF 端口相互隔离，并且输入、输出巴仑可实现 RF 信号与 LO 信号的隔离。

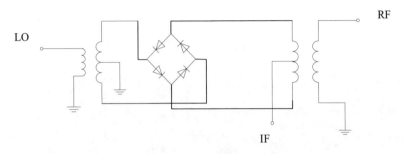

图 6.26　双平衡混频器的等效电路

　　相对于单平衡混频器，双平衡混频器多出的二极管可以使隔离度更高，同时可以抑制更多的高阶杂散；但是相较于单平衡混频器，双平衡混频器需要的 LO 功率较大，并且变频损耗也更大。

 参考文献

[1]　POZAR D M．微波工程[M]．谭云华，周乐柱，吴德明，等，译．4 版．北京：电子工业出版社，2019.

[2]　CHANG K．Microwave Solid-State Circuits and Applications[M]．New York： John Wiley & Sons，2004.

[3]　MISRA D．Radio Frequency and Microwave Communication Circuits： Analysis and Design[M]．New York：John Wiley & Sons，2004.

[4]　MAAS S．Microwave Mixers[M]．2nd ed．Boston：Artech House，1993.

[5]　HENDERSON B，CAMARGO E．Microwave Mixer Technology and Applications[M]．Boston： Artech House，2013.

[6]　LI Z L，WU K．24 GHz Frequency-Modulation Continuous-Wave Radar Front-End System-on-Substrate[J]．IEEE Transaction on Microwave Theory and Techniques，2008，56（2）：278-285.

[7]　ESKELINEN P．Introduction to RF Equipment and System Design[M]．Boston： Artech House，2004.

[8]　LI Z L，WU K．On the Leakage of FMCW Radar Front-End Receiver，Proc. of Millimeter Waves[C]．Nanjing：Global Symposium on Millimeter Waves，2008：127-130.

[9]　LI Z L，CHEN R，WU K．System Design Considerations of a Generic Integrated Frequency-

Modulation Continuous-Wave Radar Front-End[J]．Microwave and Optical Technology Letters，2013，55（8）：1907-1912.

[10] EGAN W F．Practical RF System Design[M]．New York：John Wiley & Sons，2003.

[11] LI Z L，CHEN R．Performance Comparison between a Surface-Volume Hybrid Integrated Mixer and a Surface Integrated Mixer[J]．Microwave and Optical Technology Letters，2014，56（5）：1015-1019.

习题

1．在调幅信号中，载波输出为 1kW，如果是 100%调制，请确定每个边带的功率和传输的总能量？

2．一个 95%调制的调幅广播电台运行时的总输出功率为 100kW，试确定边带的传输功率。

3．当调幅台发射未调制载波时，通过天线的电流为 10A，调制后的信号增大到了 12A，确定电台使用的调制指数。

4．一个二极管双平衡混频器的 LO 频率为 100GHz，输入 RF 信号的频率为 101GHz，那么 IF 信号的频率是多少？

5．接收机中的混频器的变频损耗为 16dB，如果 RF 信号功率为 100μW，那么混频器输出的 IF 信号功率是多少？

6．混频器输入端的 RF 信号功率为 1nW，混频器输出的 IF 功率为 100pW，那么混频器的变频损耗是多少 dB？

7．接收机中的混频器具有 10dB 的变频增益，如果 RF 信号的功率为 100μW，那么混频器输出的 IF 信号功率是多少？

8．接收机中的混频器具有 6dB 的变频损耗，如果 RF 信号的功率为 1μW，那么混频器输出的 IF 信号功率是多少？

9．混频器的 LO 频率为 10GHz，混频器将频率为 10.1GHz 的信号转换为频率为 100MHz 的 IF 信号，变频损耗为 3dB，镜像抑制为 20dB。将一个频率为 10.1GHz、功率为 100nW 的信号和一个频率为 9.9GHz、功率为 1mW 的干扰信号分别输入该混频器。

（1）IF 端想要的输出信号功率是多少？

（2）IF 端的输出信干比（信号/干扰）是多少（用 dB 表示，忽略其他噪声）？

10．混频器的 LO 频率为 18GHz。混频器将频率为 18.5GHz 的信号转换为频率为 500MHz 的 IF 信号。将一个频率为 18.5GHz、功率为 100nW 的信号和一个频率为 17.5GHz、功率为 10nW 的干扰信号都输入混频器中。混频器的镜像抑制为 20dB，变频损耗为 10dB。

（1）IF 信号的功率是多少？

（2）IF 端输出的干扰信号的功率是多少？

（3）IF 端的输出信干比是多少（用 dB 表示）？

第 7 章

RF MEMS 开关和移相器

微电子机械系统（Micro-Electro-Mechanical System，MEMS）指的是可以批量制造的，集微结构、微传感器、微执行器，以及信号处理和控制电路等于一体的器件或系统，其特征尺寸一般为 0.1～100μm。目前，国际上通常将 MEMS 冠以 Inertial-、Optical-、Chemical-、Bio-、RF-、Power-等前缀以表示不同的应用领域。MEMS 技术应用了当今科技的大量顶尖成果，更有效地将信息处理与传感器、执行器相结合，改变了人们感受和操控世界的方法。MEMS 技术在微电子技术的基础上，融合了硅表面加工、体加工、键合和 LIGA（光刻、电铸及塑铸工艺）加工等多种微加工技术。

射频微电子机械系统（Radio Frequency Micro-Electro-Mechanical System，RF MEMS）是 MEMS 技术的重要应用领域之一。20 世纪 70 年代以来，MEMS 技术的研究成果主要是压力传感器、温度传感器、加速度计、气相色谱仪等。20 世纪 80 年代初期，研制出了低频应用的 MEMS 开关，但这种开关在相当长一段时间内停留在实验室阶段。它的实质是通过机械移动来实现传输线的短路或开路。1990—1991 年，在美国国防部高级研究计划局（DARPA）的资助下，美国休斯实验室的 Larson 博士等人研制出了第一个微波控制的 MEMS 开关,也称 MEMS 变容器。但是与其他技术相比，这种射频开关技术远没有成熟，并且成品率较低，本质上也谈不上可靠性。然而，它却证实了 50GHz 范围内的 MEMS 开关的优异性能，比砷化镓（GaAs）器件实现的任何开关性能都要好得多。Larson 博士等人的研究成果激起了其他研究小组的兴趣，德州仪器（TI）、罗克韦尔（Rockwell）、ADI 等大型公司，以及密歇根大学、加利福尼亚大学伯克利分校、麻省理工学院等高校均研制出了性能优异的开关、移相器、滤波器等 RF MEMS 器件。

RF MEMS 器件具有插入损耗小、隔离度高、线性度好、功耗低、质量轻和便于与单片微波集成电路（Monolithic Microwave Integrated Circuit，MMIC）集成的优点。使用 RF MEMS 技术制作无源器件，可以在同一个芯片内与电路直接集成，实现射频系统的芯片内部高集成，明显改善系统的性能，在民用和军用方面有着巨大的潜力。

7.1 RF MEMS 器件的力学模型

RF MEMS 开关主要由机械可动和电学驱动部分组成，其种类能够根据电路形式、接触方式等不同形式进行划分，按照电路形式可以分为串联、并联开关，按照接触方式可以分为金属接触式、电容耦合式开关，按照输入/输出方式可以分为单刀单掷、单刀双掷、单刀多掷开关，按照驱动方式可以分为静电驱动、电热驱动、电磁驱动开关等。其中，静电驱动开关具有零直流功耗、较小的电极尺寸、相对较短的开关时间等众多优点，是目前较为普遍使用的 RF MEMS 开关执行技术。通过选择不同的电路形式、接触方式、输入/输出方式、驱动方式等，可以获得不同特点的开关。RF MEMS 开关的常见分类形式如图 7.1 所示。

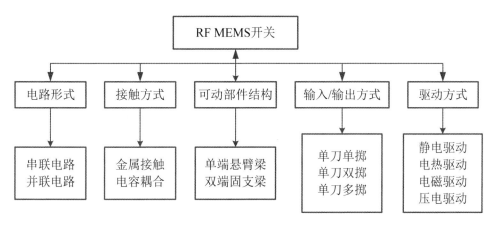

图 7.1 RF MEMS 开关的常见分类形式

7.1.1 RF MEMS 开关的机械性能

由于 RF MEMS 开关采用机械运动的工作模式，所以其机械性能会影响其开启电压和响应时间等。衡量开关机械性能的指标有开启电压和响应时间等。

（1）开启电压。

开启电压是一个阈值电压，在该电压下，悬臂梁因静电力作用会下拉至信号电极上，因此也称为下拉电压，在 RF MEMS 开关中是一个非常重要的性能指标。开启电压的高低通常会限制开关的应用范围，与开关的响应时间和开关寿命密切相关。如果具有较低的开启电压，那么开关和其他电路集成的难度会大大降低，还可以避免内部升压器的使用，开关寿命也会增长；但是也会带来开关响应时间的增加和功率损耗等不利后果。另外，开启电压的高低还与开关本身的机械强度、几何尺寸和结构设计等因素息息相关，因此，要想获得合适的开启电压，需要对上述因素进行综合考虑。

（2）响应时间。

开关的响应时间也称为开关速度。响应时间由开关时间和释放时间组成。驱动电极加上偏置电压后，开关上的接触金属区从初始位置下拉到信号电极所需的时间称为开关时间；当撤去偏置电压时，开关在机械回复力的作用下回弹到初始位置，这个过程所需的时间称为释放时间。释放时间往往是响应时间的主要组成部分，要实现较短的释放时间，需要合理设计梁的品质因数（Q），Q 值太大，梁会因阻尼小而在回弹时产生振荡，使稳定时间太长；Q 值太小，梁会因阻尼大而增加下拉时间。

（3）开关寿命。

开关寿命是指开关在正常工作环境下能够经过下拉和回复的完整循环的最少开关次数。开关次数多，说明开关的可靠性好、寿命长。在理想情况下，开关次数应为无穷多次，由于金属的疲劳效应，梁在经历多次的下拉和回复循环后，会产生由于回复力不够导致的粘连现象，此时开关失效，达到极限寿命。不同的应用领域和系统对开关的寿命要求不一样。表 7.1 列出了典型 RF MEMS 器件构成的电路或系统的开关寿命。

表 7.1　典型的 RF MEMS 器件构成的电路或系统的开关寿命

领　域	系　统	循环次数/亿次	开关寿命/年
相控阵 （通信系统）	地面	1～10	2～10
	空间	10～100	2～10
	机载	10～100	2～10
相控阵 （雷达系统）	地面	10～100	5～10
	空间	10～100	5～10
	导弹	0.2～10	1～5
	机载	1～100	5～10
	汽车	1～10	5～10
开关和 可重构网络	无线通信（便携）	0.01～4	2～3
	无线通信（基站）	0.1～100	5～10
	卫星（雷达和通信）	0.1～1	2～10
	机载（雷达和通信）	0.1～10	2～10
	仪器	10～100	10
低功率振荡器 和放大器	无线通信（便携）	0.1	2～3
	卫星（雷达和通信）	0.1～1	2～10
	机载（雷达和通信）	0.1～10	2～10

静电 RF MEMS 开关和 FET、PIN 二极管开关的比较如表 7.2 所示。对比发现，由于 RF MEMS 开关具有极低的 up 态电容和较高的电容比，因此，在低功率或中等功率应用场合远比固态开关优越。

表 7.2　静电 RF MEMS 开关和 FET、PIN 二极管开关的比较

参　数	RF MEMS	PIN	FET
电压/V	20～80	±3～5	3～5
电流/mA	0	3～20	0
功耗/mW	0.05～0.1	5～100	0.05～0.1
开关时间	1～300μs	1～100ns	1～100ns

参　　　数	RF MEMS	PIN	FET
C_{up}（串联）/fF	1～6	40～80	70～140
R_s（串联）/Ω	0.5～2	2～4	4～6
电容比	40～500	10	—
截止频率/THz	20～80	1～4	0.5～2
隔离度/1～10GHz	非常高	高	中
隔离度/10～40GHz	非常高	中	低
隔离度/60～100GHz	高	中	—
损耗（1～100GHz）/dB	0.05～0.2	0.3～1.2	0.4～2.5
功率处理能力/W	<1	<10	<10
三阶交调点/dBm	66～80	27～45	27～45

　　RF MEMS 器件的体积相对较小，质量很轻，对加速度不敏感，没有直流功耗，可以在低成本的硅或玻璃上制造，而且比 GaAs 工艺器件的截止频率高 30～50 倍，因此，RF MEMS 开关的应用十分广泛，如代替蜂窝电话中的 GaAs 开关实现较低的直流功耗和较长的电池寿命。另外，它还可以应用在移相器、小损耗的可调谐电路等高性能仪器中。

　　在工艺方面，RF MEMS 器件通常用低温工艺制备，可与 CMOS 后处理、GaAs 等集成技术兼容。同样，用 CMOS 技术在 RF MEMS 开关附近开发电压向上变换电路是可行的，也可以在 RF MEMS 变容器附近将智能控制集成，用于改善可调谐范围或温度稳定性。

7.1.2　静态特性分析

　　众所周知，在外加电压的作用下，平板电容中存在静电力的作用，当在开关中的固支梁或悬臂梁与下拉极板之间施加电压时，梁上也会产生静电力。为估算这个静电力，把梁和下拉极板的结构简化成平行板电容模型。当在上下平板间加载驱动电压时，平板间会产生静电力，由于下方的驱动极板固定，所以上方的梁就会产生形变，当加载的电压足够高且静电力足够大时，梁就可以形变到与信号线接触。虽然由于边缘效应的存在，使实际电容大 20%～40%，但这个模型有助于对静电激励工作原理的理解。根据平行板电容的分析基于以下假设：假设平板间只存在静电力作用，忽略运动电荷产生磁场对分析的影响；假设梁弯曲运动前保持平行；假设板上的电荷均匀分布，忽略边缘效应的影响。

　　如图 7.2 所示，设梁与下拉极板之间的初始间隙高度为 g_0，梁宽为 w，下拉极板的宽度为 W（驱动面积 $A=w\times W$）。此外，为避免短路现象，下拉极板上一般会覆有厚度为 t_d、介电常数为 ε_r 的氮化物介质层。平行板电容可以表示为

$$C_u = \frac{\varepsilon_0 A}{g + \dfrac{t_d}{\varepsilon_r}} \qquad (7.1)$$

其中，g 为受静电力的影响，梁与下拉极板之间的实际间隙高度。通过考虑输送给时变电容的

功率，就可以得到梁上的静电力：

$$F = \frac{1}{2}V^2 \frac{\mathrm{d}(C)}{\mathrm{d}g} \approx -\frac{1}{2}\frac{\varepsilon_0 AV^2}{g^2} \tag{7.2}$$

其中，V 是施加在梁与下拉极板之间的驱动电压。可以看出，静电力是一个与电压极性无关的量。当驱动电压从零开始慢慢升高时，静电力逐渐增大，梁向下弯曲，弹性回复力也逐渐增大，当两者相等时，达到临界点，此时梁达到平衡状态。假设静电力均匀分布在下拉极板上方对应的梁的区域上，并且梁的弹性系数为固定值 k，则可得

$$\frac{1}{2}\frac{\varepsilon_0 AV^2}{g^2} = k(g_0 - g) \tag{7.3}$$

解得

$$V = \sqrt{\frac{2k}{\varepsilon_0 A}g^2(g_0 - g)} \tag{7.4}$$

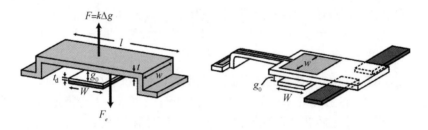

图 7.2　RF MEMS 固支梁、悬臂梁结构示意图

由外加电压与间隙高度的关系可见，对于每一个外加电压值，梁有可能出现两个平衡位置，这是由于静电激励的正反馈使梁在 $g=(2/3)g_0$ 位置处不稳定导致的。从数学角度分析式（7.4），令 $f(g)=g^2(g_0-g)$，对其进行求导并令导数为零，解得 $g=(2/3)g_0$ 或 $g=0$（零值舍去）。当外加恒定电压源升高时，力也随着电荷的增加而增大。同时，力的增大使间隙高度减小，而间隙高度的减小又依次使电容、电荷、电场增大。在 $g=(2/3)g_0$ 处，静电力的增大远远大于回复力的增大，最终导致梁的位置变得不稳定或发生下塌。由上述分析可知，梁的不稳定状态发生在梁弯曲到初始间隙高度的 2/3 处，把这个值代入式（7.4），可得下拉电压 V_p，也称为 RF MEMS 梁的开启电压（吸合电压）：

$$V_\mathrm{p} = \sqrt{\frac{8k}{27\varepsilon_0 A}g_0^3} = V_\mathrm{p} = \sqrt{\frac{8k}{27\varepsilon_0 wW}g_0^3} \tag{7.5}$$

应该注意的是，虽然从式（7.5）来看，下拉电压看似与梁宽度 w 有关，但实际上，由于弹性系数 k 是随着 w 线性变化的，所以下拉电压实际上与梁宽度无关。

RF MEMS 开关的功率处理能力与开关的接触类型（金属接触式或电容接触式）、器件的几何尺寸及电路形式（串联或并联）有密切的关系。其中，电容接触式开关对 RF 功率非常敏感，这是因为梁与传输线之间的重叠面积非常大。因此，这里着重分析 RF MEMS 电容开关在 up 态位置时的功率处理能力及其自激励现象。

对于功率为 P 的入射波，传输线上的 RF 电压可表示为

$$V^+ = V_{pk} \sin\left(\omega t\right) = \sqrt{2PZ_0} \sin\left(\omega t\right) \tag{7.6}$$

其中，Z_0 为传输线的特性阻抗。

对于并联开关，假设开关的 up 态电容 C_u 非常小而不足以产生明显的反射信号，开关上的电压为 $V_{sw} = V^+ + V^- \approx V^+$。此时静电力可以表示为

$$F_e = -\frac{1}{2}\frac{\varepsilon_0 A V_{sw}^2}{g^2} = -\frac{1}{2}\frac{\varepsilon_0 A}{g^2}\left(\frac{1}{2}V_{pk}^2\left(1 + \sin\left(2\omega t\right)\right)\right)$$
$$\approx -\frac{1}{2}\frac{\varepsilon_0 A V_{dc\text{-}eq}^2}{g^2} \tag{7.7}$$

其中，$V_{dc\text{-}eq}$ 表示由线上的 RF 功率造成的等效直流（DC）电压。

因为式（7.7）的中 $\sin(2\omega t)$ 分量对应的频率比 RF MEMS 梁的机械谐振频率高得多，所以 RF MEMS 梁不会对此频率产生响应，而只对 DC 分量产生响应。入射功率 P 引起的等效 DC 电压 $V_{dc\text{-}eq}$ 为

$$V_{dc\text{-}eq} = \frac{V_{pk}}{\sqrt{2}} = \sqrt{PZ_0} \tag{7.8}$$

当 $k = 10\text{N/m}$，$A = 100\mu\text{m} \times 100\mu\text{m}$，$P$ 为 0.1～1W 时，可得 $V_{dc\text{-}eq}$ 为 2.2～7.1V，梁的弯曲量为 0.012～0.12μm。而对于低弹性系数梁，如 $k = 2\text{N/m}$，梁的弯曲量为 0.06～0.6μm。当 RF 功率足够大时，会使 $V_{dc\text{-}eq} \geqslant V_p$，RF MEMS 梁将自动激励到 down 态位置。在传输线中，可以使用并联电容开关作为功率限制器，其最大功率为

$$P_{shut} = \frac{V_p^2}{Z_0} \tag{7.9}$$

对 1～30V 的下拉电压，并联情况下的 50Ω 系统能产生自激励的 RF 功率为 0.02～18W。因此，低弹性系数低压的 RF MEMS 梁可用作敏感放大器和电子电路的保护装置。

对于串联电容开关，传输线的开路电压为（$V^- \approx V^+$ 或 $S_{11} \approx 1$）

$$V_{sw} = 2V_{pk} \sin\left(\omega t\right) \tag{7.10}$$

等效 DC 电压变为

$$V_{dc\text{-}eq} = \sqrt{2}V_{pk} = 2\sqrt{PZ_0} \tag{7.11}$$

可以看出，在相同弹性系数及相同下拉极板面积的情况下，串联电容开关的最大处理功率是并联电容开关的 1/4。

一旦开关由 RF 电压自激励，就会产生一个较大的接地电容而造成短路，这时通过开关的 RF 电压立即降低为零，由于静电力很小，所以开关趋于回复到初始位置。然而，一旦开关开始回复，下拉极板上方的空气间隙将使开关电容、开关与传输线之间产生的 RF 电压迅速降低，又把开关拉到 down 态位置。这样就达到一个平衡高度，在这个平衡高度，开关中由 RF 电压引起的下拉力和由弹性回复力引起的上拉力相等。

7.1.3 动态特性分析

由固支梁和悬臂梁的频率响应分析可以算出器件的许多重要参数，如开关时间、允许的工作带宽及热噪声等影响等。器件的动态方程由达朗贝尔方程给出：

$$m_{\mathrm{e}}\frac{\mathrm{d}^2 x}{\mathrm{d}t^2} + b\frac{\mathrm{d}x}{\mathrm{d}t} + kx = f_{\mathrm{ext}} \tag{7.12}$$

其中，x 为梁的位移；m_{e} 为梁的质量；k 为弹性系数；f_{ext} 为外力。

对式（7.12）进行拉普拉斯变换，得频率响应如下：

$$\frac{X(\mathrm{j}\omega)}{F(\mathrm{j}\omega)} = \frac{1}{k}\left(\frac{1}{1-\left(\dfrac{\omega}{\omega_0}\right)^2 + \dfrac{\mathrm{j}\omega}{Q\omega_0}}\right) \tag{7.13}$$

其中，$\omega_0 = (k/m_{\mathrm{e}})^{1/2}$，为谐振频率，大多数 RF MEMS 梁的机械谐振频率为 $10\sim200\mathrm{kHz}$；$Q = k/(\omega_0 b)$，为谐振梁的品质因数。需要注意的是，由于整个梁只有中心或末端位置在振动，所以式（7.12）中的质量 m_{e} 为梁的有效质量。一般来说，梁的有效质量取决于下拉极板的尺寸、梁的厚度和弹性系数，为实际质量的 $0.35\sim0.45$ 倍。

根据式（7.13），可以给出任意驱动电压 $V(t)$ 下结构的响应，即

$$m\frac{\mathrm{d}^2 x}{\mathrm{d}t^2} + b\frac{\mathrm{d}x}{\mathrm{d}t} + kx = -\frac{1}{2}\frac{\varepsilon_0 A}{\left(g_0 + \dfrac{t_{\mathrm{d}}}{\varepsilon_{\mathrm{r}}} - x\right)^2}V(t)^2 \tag{7.14}$$

对于电容串联开关或并联开关，开关间距变化引起电容变化，进而影响反射系数和传输系数。因此，通过响应分析可以算出器件的 **S** 参量。

如果在梁上同时施加直流和交流电压，即 $V(t) = V_{\mathrm{dc}} + V_{\mathrm{ac}}\sin(\omega t)$，则此时静电力项为

$$F_{\mathrm{e}} = -\frac{1}{2}\frac{\varepsilon_0 A}{\left(g_0 + \dfrac{t_{\mathrm{d}}}{\varepsilon_{\mathrm{r}}} - x\right)^2}\left(V_{\mathrm{dc}}^2 + \frac{1}{2}V_{\mathrm{ac}}^2 + 2V_{\mathrm{dc}}V_{\mathrm{ac}}\sin(\omega t) + \frac{1}{2}V_{\mathrm{ac}}^2\sin(\omega t)\right) \tag{7.15}$$

当 $V_{\mathrm{dc}} \gg V_{\mathrm{ac}}$ 时，有效的交流驱动力正比于 $2V_{\mathrm{dc}}V_{\mathrm{ac}}\sin(\omega t)$，梁沿着 $(V_{\mathrm{dc}}+V_{\mathrm{ac}}{}^2/2)$ 确定的平衡位置 x_{dc} 振动并调制电容。

如果在传输线上同时施加两个不同频率的交流电压 $V_1\sin(\omega_1 t)$ 和 $V_2\sin(\omega_2 t)$，其中，ω_1 和 ω_2 均远高于梁本身的机械谐振频率，则此时梁上的静电力项变为

$$F_{\mathrm{e}} = -\frac{1}{2}\frac{\varepsilon_0 A}{\left(g_0 + \dfrac{t_{\mathrm{d}}}{\varepsilon_{\mathrm{r}}} - x\right)^2} \times$$
$$\left(\frac{1}{2}V_1^2 + \frac{1}{2}V_2^2 + V_1 V_2\sin(\omega_2 - \omega_1)t + V_1 V_2\sin(\omega_2 + \omega_1)t\right) \tag{7.16}$$

可以看出，这时梁会以交调频率 $f_m=f_1-f_2$ 进行振动。

如果在传输线上施加调幅信号 V_{am}：

$$V_{am} = V\left[1 + m\sin\left(\omega_m t\right)\sin\left(\omega t\right)\right] \tag{7.17}$$

其中，ω_m 是调制频率，ω 是载波频率，m 是调制指数（$m \gg 1$），则对应的静电力可表示为

$$F_e = -\frac{1}{2}\frac{\varepsilon_0 A V^2}{\left(g_0 + \dfrac{t_d}{\varepsilon_r} - x\right)^2}\left(\frac{1}{2} + \frac{m^2}{4} + m\sin\left(\omega_m t\right) - \frac{m^2}{4}\cos\left(4\omega_m t\right)\right) \tag{7.18}$$

式（7.18）忽略了 $(2\omega\pm\omega_m)$ 和 $(2\omega\pm2\omega_m)$ 的频率，有效的交流驱动力近似正比于 $mV^2\sin(\omega t)$ 项，等效的直流电压 $V_{dc-eq}=V(1/2+m^2/4)^{1/2}$。可以看出，此时梁会在调制频率 ω_m 处振动，当 $m=0$ 时，调幅激励退化为直流激励。

如果在传输线上施加调频信号 V_{fm}：

$$V_{fm} = V\sin\left(\omega t + m\sin\left(\omega_m t\right)\right) \tag{7.19}$$

其中，ω_m 是调制频率；ω 是载波频率；m 是调制指数（$m \gg 1$），则该信号在静电力项中，除高频分量外，只有一个 $V^2/2$ 的直流项，这和正弦激励的情况是一样的。

如果有一个电容值为 C_u 的并联电容，且 RF MEMS 梁在传输线上，并且假设 $\omega C_u Z_0 \ll 1$，那么此时并联开关的传输特性为

$$S_{21} = \frac{V_0}{V_i^+} = \frac{1}{1 + \left(\dfrac{j\omega C_u Z_0}{2}\right)} \approx 1 - \frac{j\omega C_u Z_0}{2} \tag{7.20}$$

由此得到输出电压的相位和幅度分别为

$$\phi \approx -\frac{\omega C_u Z_0}{2}$$
$$|S_{21}| = 1 - \frac{\omega^2 C_u^2 Z_0^2}{8} \approx 1 \tag{7.21}$$

当开关的位移为 $\Delta x(t)$ 时，电容变为

$$C_u = \frac{\varepsilon A}{g_0 + \Delta x} \approx C_{u0}\left(1 - \frac{\Delta x(t)}{g_0}\right) \tag{7.22}$$

其中，C_{u0} 是梁位于初始状态，即 up 态的电容。将式（7.22）代入式（7.21），可得

$$\phi = \phi_0 + \Delta\phi = \phi_0\left(1 - \frac{\Delta x(t)}{g_0}\right) \tag{7.23}$$

其中，ϕ_0 称为梁位于初始位置的相位延迟。

由上述分析可知，多信号激励下 $[V_i^+=V_1\sin(\omega_1 t)+V_2\sin(\omega_2 t)]$ 的输出响应近似为

$$V_0 \approx V_1\sin\left(\omega_1 t + \phi\right) + V_2\sin\left(\omega_2 t + \phi\right) \tag{7.24}$$

假设 $\Delta x \ll g_0$，则梁的位移近似为

$$\Delta x(t) = \frac{\Delta F_e}{k} = \frac{1}{2k} \frac{\varepsilon_0 A}{g_0^2} V_1 V_2 \sin(\omega_1 - \omega_2)t \tag{7.25}$$

位移的峰值为$\Delta x = (\varepsilon_0 A/2kg_0^2)V_1 V_2$。由式（7.23）～式（7.25）可将输出响应化为

$$V_0 \approx V_1 \sin(\omega_1 t + \phi_0) + V_2 \sin(\omega_2 t + \phi_0) +$$
$$\frac{\phi_0 \Delta x}{2g_0}\left(V_1 \sin(2\omega_1 - \omega_2)t + V_2 \sin(2\omega_2 - \omega_1)t\right) \tag{7.26}$$

若 $V_1 = V_2$，则频率为$(2f_1 - f_2)$和$(2f_2 - f_1)$的交调分量的功率之比为

$$P = \frac{P_{sideband}}{P_{signal}} = \left(\frac{\phi_0 \Delta x}{2g_0}\right)^2 = \left(\frac{\Delta\phi}{2}\right)^2 \tag{7.27}$$

交调功率与k^{-2}成反比，同样外力下的弹性系数越小，位移越大，电容变化越大，交调功率越大。另外，交调功率还与g_0^{-8}有关，因为高度越小，力越大，位移越大，电容变化越大。

7.2 RF MEMS 开关的电磁模型

RF MEMS 开关（以下简称"MEMS 开关"）在高频毫米波电路中的应用有两种基本的开关形式：并联开关和串联开关。对于理想的串联开关，当不加偏置电压时（开关处在 up 态），传输线呈现开路；当加上偏置电压时（开关处于 down 态），传输线呈现短路。理想的串联开关在 up 态时有无限高的隔离度，在 down 态时没有插入损耗。对于并联开关，在传输线和地之间，根据所加偏置电压，或者使传输线不受干扰，或者连接到地。理想的并联开关在未加偏置电压时（up 态）呈现零插入损耗；在加载了偏置电压后（down 态），有无限高的隔离度。并联开关适用于更高的频率（5～100GHz）。

7.2.1 MEMS 电容并联开关的电磁模型

典型 MEMS 电容并联开关（以下简称"MEMS 并联开关"）的剖视图、俯视图和等效电路如图 7.3 所示，传输线上有一层厚度为t_d、介电常数为ε_r的电介质，开关梁悬在电介质上方，两者之间的距离为g。开关长L、宽w、厚t。传输线的宽度是W。衬底材质可以是 Si、GaAs、LTCC（低温共烧陶瓷）或石英等。

MEMS 并联开关可以集成在共面波导（CPW）或微带线拓扑结构中。在 CPW 系统中，MEMS 并联开关通过锚区连接到 CPW 的地线上。在微带线系统中，一只锚连接到 1/4 波长开路短截线上，相当于该梁短路；另一只锚不连接或连接到偏置电阻上。

当直流电压加载在 MEMS 梁和微带线之间时，产生的静电力使得 MEMS 梁下塌至介质层，开关电容会增大 30～100 倍。这个电容将传输线连接到地线上，形成了微波频率的短路，相当于一个反射开关。当不加偏置电压时，由于梁的弹性回复力，MEMS 并联开关将回到初

始状态。

开关的典型尺寸如下：与所用的氮化物材料相关，介质层厚度为 1000～1500Å（1Å=10⁻¹⁰m），相对介电常数为 5.0～7.6；根据所要求的开关电容的大小，梁的高度为 1.5～5μm，长度为 250～400μm，宽度为 25～180μm。由于驱动电压会随着梁长度的减小而急剧升高，所以梁的长度一般不小于 200μm；而为了使 MEMS 梁和传输线之间有一个平坦的接触区，梁的实际宽度应该限制在 200μm 以内。

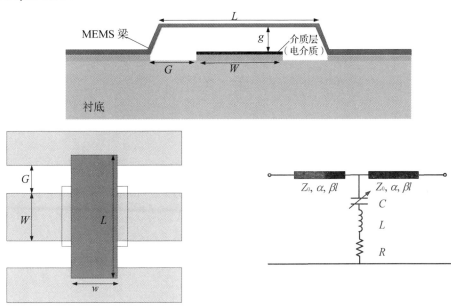

图 7.3 典型 MEMS 并联开关的剖面图、俯视图和等效电路

MEMS 并联开关的模型由两部分组成，一是传输线模型，二是梁的集总 RLC 模型。其中，在梁的集总 RLC 模型中，电容值随着开关的状态（up 或 down）不同而不同。在梁的集总 RLC 型中，传输线部分的长度为 $[(w/2)+l]$，l 是参考面到 MEMS 梁边缘的距离。毫米波段开关 RLC 模型的典型值为：$C=35fF$（2.8pF），L 为 6～12pH，串联电阻 R 为 0.2～0.3Ω。X 波段开关 RLC 模型的典型值为：$C=70fF$（5.6pF），L 为 4～5pH，R 为 0.1～0.2Ω。

根据图 7.3 给出的等效电路，开关的并联阻抗可以写为

$$Z_s = R_s + j\omega L + \frac{1}{j\omega C} \tag{7.28}$$

根据梁的位置不同，电容 C 为一个可变值。其中，up 态电容标记为 C_u，down 态电容标记为 C_d。开关的 LC 串联谐振频率表达式如下：

$$f_0 = \frac{1}{2\pi\sqrt{LC}} \tag{7.29}$$

并联开关的阻抗可以近似为

$$Z_s = \begin{cases} 1/j\omega C, & f \ll f_0 \\ R_s, & f = f_0 \\ j\omega L, & f \gg f_0 \end{cases} \tag{7.30}$$

当工作频率低于 LC 谐振频率时，开关的集总 RLC 模型表现为一个电容；当工作频率高于谐振频率时，RLC 模型表现为一个电感。在谐振频率下，RLC 模型退化为 MEMS 梁的串联电阻。例如，对于 C_u=35fF，C_d=2.8pF，L=7pH，当开关分别处于 up 态和 down 态时，f_0 分别等于 322GHz 和 36GHz。因为在 up 态时，f_0=322GHz，所以，如果此时 f<100GHz，则梁的电感带来的影响可以忽略。因此，在 up 态时，MEMS 梁可看作一个接地的并联电容。反之，电感在 down 态时起着非常重要的作用。

截止频率定义为开关 up 态和 down 态阻抗之比降为 1 时的频率，即

$$f_c = \frac{1}{2\pi C_u R_s} \tag{7.31}$$

MEMS 并联开关在 up 态时的平行板电容为

$$C_u = \frac{\varepsilon_0 A}{g + \dfrac{t_d}{\varepsilon_r}} + C_f \tag{7.32}$$

在式（7.32）中，分母中的第二项取决于介质层的厚度。另外，由于边缘电场的耦合作用，MEMS 并联开关的边缘电容 C_f 是总电容的重要组成部分，为 up 态平行板电容的 20%～40%。

MEMS 并联开关在 down 态时的电容可以简单地用 $C_d=\varepsilon_0\varepsilon_r A/t_d$ 进行计算。电容比为 down 态电容与 up 态电容之比：

$$\frac{C_d}{C_u} = \frac{\dfrac{\varepsilon_0 \varepsilon_r A}{t_d}}{\dfrac{\varepsilon_0 A}{g + \dfrac{t_d}{\varepsilon_r}} + C_f} \tag{7.33}$$

由式（7.33）可以看出，尽量减小介质层的厚度可以增大电容比。然而，由于薄介质层中的针孔问题，淀积厚度不小于 1000Å，并且介质层应该承受激励电压（20～50V）而不发生击穿，所以目前制造的 MEMS 并联开关的介质层厚度一般为 1000～1500Å。

MEMS 并联开关的串联电阻包含两项，第一项是 R_{s1}，是由传输线损耗引起的电阻，可以用如下公式计算：

$$\alpha = \frac{R_{s1}/l}{2Z_0} \tag{7.34}$$

其中，α 是传输线损耗，单位是 Np/m。

第二项是 R_s，只与 MEMS 梁本身有关，梁的电阻 R_s 很难精确计算，一般可以从 down 态测出的 S 参量中提取。

另外，要建立 down 态开关电感模型，简单而又精确的方法是首先假设开关电容比较大，使开关在中心导线上呈现短路；然后通过仿真软件（如 IE3D、Sonnet、HFSS 等）模拟梁的电感。梁的电感主要取决于 CPW 间隔上方的那部分梁，而不是中心导线上方的梁，因为 CPW（或微带线）上的电流分布主要在导体的边缘。表 7.3 给出了几个不同宽度 MEMS 梁的电感值（梁长度 l=300μm，梁厚度 t=2μm）。

表 7.3 几个不同宽度 MEMS 梁的电感值（l=300μm，t=2μm）

w/μm	Sonnet 模拟电感值/pH	HFSS 模拟电感值/pH	实际测量电感值/pH
20	17.8	15.8	15
30	14.5	13.5	12.5
50	10.7	10.5	9.5
80	7.1	8	7
110	5.3	5.8	5.1

MEMS 并联开关的损耗有时用$|S_{21}|^2$表示，然而 S_{21} 的减小是由反射功率（$|S_{11}|^2$）的增大引起的，并不一定能说明开关功率损耗的变化。MEMS 并联开关的损耗最好用 $\boldsymbol{S}$ 参量表示：

$$L_{损耗} = 1 - |S_{11}|^2 - |S_{21}|^2 \tag{7.35}$$

损耗可以通过微波电路仿真软件（Agilent ADS）或测量值进行计算。MEMS 并联开关的损耗由两部分组成：①传输线的损耗；②MEMS 梁的损耗。

MEMS 梁的功耗为 $P_{loss}=I_s^2 R_s$，其中 I_s 是梁中的电流。MEMS 梁的损耗可表示为

$$L_{梁} = \frac{梁的功耗}{开关的输入功率} = \frac{I_s^2 R_s}{|V^+|^2 / Z_0} \tag{7.36}$$

根据传输线理论，在 up 态的反射系数（忽略 L、R_s）为

$$S_{11} = \frac{-j\omega C_u Z_0}{2 + j\omega C_u Z_0} \tag{7.37}$$

如果 $S_{11} \ll -10\text{dB}$ 或 $\omega C_u Z_0 \ll 2$，则

$$|S_{11}|^2 \approx \frac{\omega^2 C_u^2 Z_0^2}{4} \tag{7.38}$$

另外，在 down 态下，MEMS 并联开关简化为与传输线并联的 $R_s L$ 电路模型，其中 R_s 是接触电阻与梁电阻的总和，在大部分设计中，R_s 为 0.5～2Ω。在 down 态下，MEMS 并联开关的隔离度如下：

$$S_{21} = \frac{2(R_s + j\omega L)\|Z_0}{(R_s + j\omega L)\|Z_0 + Z_0} \approx \frac{2(R_s + j\omega L)}{Z_0 + R_s + j\omega L} \tag{7.39}$$

$$S_{21} \approx \begin{cases} \left(\dfrac{2R_s}{Z_0}\right)^2, & \omega L \ll R_s \\ \left(\dfrac{2\sqrt{2}R_s}{Z_0}\right)^2, & \omega L = R_s \\ \left(\dfrac{2\omega L}{Z_0}\right)^2, & \omega L \gg R_s \end{cases} \tag{7.40}$$

7.2.2 MEMS 电容串联开关的电磁模型

图 7.4 给出了常见的 MEMS 电容串联开关（以下简称"MEMS 串联开关"）的结构及等效电路，开关的尺寸定义和并联开关一样。当开关在 up 态时，在微波传输线中会形成一个 40～100μm 的间隙（开路），会有更高的隔离度；当开关被激励而落在传输线上时，在开路端之间形成短路。在大多数情况下，串联开关都是 DC 接触式的，可以工作在较低的频率（100MHz 或更低）上。由于 MEMS 串联开关被激励后与传输线直接接触，所以需要单独的电极来驱动开关，当移去偏置电压后，MEMS 梁在内在回复力的作用下回到初始状态。

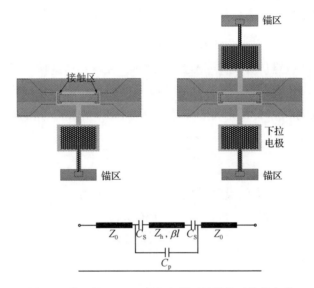

图 7.4 常见的 MEMS 电容串联开关结构及等效电路

MEMS 串联开关的 up 态电容由两部分组成，一是传输线和开关金属之间的串联电容 C_s，二是两个开路端之间的寄生电容 C_p。对于双接触（两个接触区）MEMS 串联开关，有

$$C_u = \frac{C_s}{2} + C_p \tag{7.41}$$

对于单接触 MEMS 串联开关，有

$$C_u = C_s + C_p \tag{7.42}$$

串联电容 C_s 由平板电容（$C_{pp}=\varepsilon A/g$）和边缘变容构成，寄生电容一般可通过软件（如 IE3D、Sonnet 或 HFSS）模拟得到。

MEMS 串联开关的串联电阻是由传输线小段的电阻 R_{s1} 和 DC 接触电阻组成的。接触点的电阻 R_c 的大小取决于接触区的尺寸、所受机械力，以及金属间的接触状况。在接触区，MEMS 串联开关的电阻 R_1 取决于开关的长度和宽度。根据如图 7.5 所示的 down 态下的等效电路，对于双接触 MEMS 串联开关，开关的总电阻为

$$R_s = R_{s1} + 2R_c + R_1 \tag{7.43}$$

对于单接触 MEMS 串联开关，开关的总电阻为

$$R_s = R_{s1} + R_c + R_1 \tag{7.44}$$

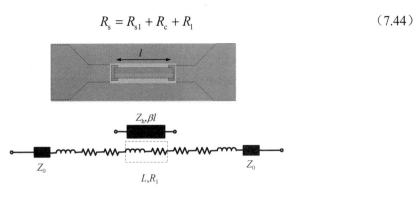

图 7.5　down 态下的等效电路

与 MEMS 并联开关类似，MEMS 串联开关的损耗也可以通过 RLC 电路得到。MEMS 串联开关的功耗 $P_{\text{loss}}=I_s^2 R_s$，其中 I_s 是开关中的电流，R_s 是上述分析中的电阻。MEMS 串联开关的本征损耗如下（忽略传输线损耗）：

$$L_{损耗} = \frac{4R_s Z_0}{\left|Z_s + 2Z_0\right|^2} \tag{7.45}$$

在 down 态下，$Z_s=R_s+\mathrm{j}\omega L$，损耗公式如下：

$$L_{损耗} = \frac{R_s}{Z_0} \quad (\omega L \ll Z_0) \tag{7.46}$$

在 down 态下，MEMS 串联开关可看作传输线的一部分，传输线（长度为 l）可以通过以下公式给出其串联电感值：

$$L = \frac{Z_h \beta l}{\omega} = \frac{Z_h l}{\upsilon_p}, \quad l < \frac{\lambda_g}{12} \tag{7.47}$$

其中，υ_p 为传输线中的相速。在实际设计中，若 l 为 60～100μm，g 为 1～2μm，则 down 态下的等效串联阻抗为 30～80pH。

MEMS 串联开关的模型是一个或两个串联的电容和一段长度为 l、阻抗为 Z_h、有效介电常数为 ε_{eff} 的高阻传输线。如果忽略接触区之间的高阻传输线，则 up 态下的隔离度如下：

$$S_{21} = \frac{2\mathrm{j}\omega C_u Z_0}{1 + 2\mathrm{j}\omega C_u Z_0} \tag{7.48}$$

如果 $S_{21} \ll -10\text{dB}$ 且 $2\omega C_u Z_0 \ll 1$，则有

$$\left|S_{21}\right|^2 \approx 4\omega^2 C_u^2 Z_0^2 \tag{7.49}$$

down 态下的等效串联电抗为

$$Z_s = R_s + \mathrm{j}\omega L \tag{7.50}$$

此时开关的反射系数如下：

$$S_{11} = \left(\frac{R_s}{2Z_0}\right) \tag{7.51}$$

7.3　RF MEMS 移相器

　　微波和毫米波移相器是电信与雷达中相控阵天线的关键组件，目前一般基于铁氧体材料、PIN 二极管或 FET 开关来实现。铁氧体移相器具有优良的性能并能够处理较大的 RF 功率，但是其制造成本昂贵、需要手动协调且消耗相对较大的直流功率。固态移相器作为平面型电路，在微波频率范围内具有良好的特性，并且广泛应用于现代相控阵系统中。基于 PIN 二极管的移相器相比于基于 FET 的移相器，会消耗更多的直流功率，但是其损耗较小，尤其在毫米波频率范围内。基于 FET 的移相器的优点是能与放大器集成在同一芯片上，可大大降低相控阵系统的组装成本。

　　移相器有两种基本的设计方法：模拟式和数字式。模拟式移相器由变容二极管构成，能够产生 0°～360°的连续可变的相位移动；数字式移相器通常由开关组成，能产生一组离散的相移。例如，3 位数字式移相器基于一组 45°/90°/180°的延迟网络来实现，并且能够利用不同位之间的组合来产生 0°、45°、90°、135°、180°、225°、270°和 315°的相移。相控阵天线的扫描分辨率和旁瓣水平与移相器的位数直接相关，大多数系统需要 3 位或 4 位移相器，某些高性能系统可能需要 5 位或 6 位移相器。

　　在移相器的应用中，有两点基本要求：①相位随频率稳定；②相位随着频率成线性变化。恒定的相位式移相器用于雷达、宽带通信系统与电路、高精密仪器系统中的信号处理，使用开关网络或负载技术可以很好地制造出来；线性相位式移相器主要用于实现实时延时相控阵，特别是那些覆盖较宽频带的相控阵。

　　在移相器的设计中，MEMS 开关使得移相器的损耗较小，尤其在 8～100GHz。同样，由于 MEMS 开关具有较小的 up 态电容，所以用 MEMS 开关设计的移相器与用固态器件设计的移相器相比，具有更宽的带宽。对于大型相控阵列，MEMS 移相器（RF MEMS 移相器）也显著地降低了直流功耗。另外，因为 MEMS 开关能与天线元器件一起集成制造在陶瓷、石英或特氟龙衬底上，所以降低了相控阵的成本。但是 MEMS 开关的开关时间比较长，通常在μs 量级，因此仅限于用在响应速度相对较慢的扫描阵列中。

7.3.1　反射线型移相器

　　N 位反射线型移相器可以在传输线上用一连串 MEMS 串联或并联开关来实现。与标准的移相器相比，反射线型移相器单位长度上的移相加倍，因此，开关之间的电隔离长度为最低分辨率位的一半。反射线型移相器的损耗与所使用的延迟位有关。

　　将 3dB 耦合器与反射线型移相器一起使用，形成一种"传输型"移相器，如图 7.6 所示。因为对于每个不同的相位位，耦合器的终端为不同的电抗，所以 N 位反射线型移相器的带宽比标准 50Ω 耦合器的带宽窄得多，并且带宽与相移有关。通常使用 Lange 耦合器实现相对较宽的带宽及较小的空间占用。

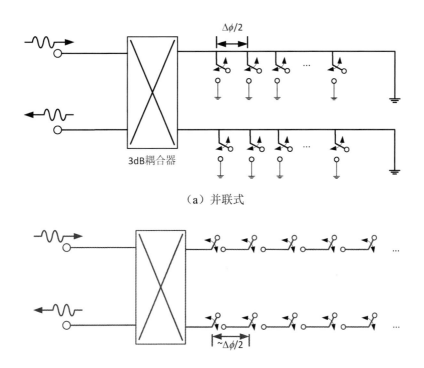

（a）并联式

（b）串联式

图 7.6　传输线型移相器

在硅或 GaAs 衬底上，能够精准设计频率高达 40GHz 的 2 位反射线型移相器，以及频率高达 X 波段的 4 位反射线型移相器。如果使用低介电常数衬底，则能独立设计频率高达 30GHz 的 4 位反射线型移相器。同样，能够将 4 位反射线型移相器分为两个独立的 2 位反射线型移相器串联的形式，便于用不同的 MEMS 并联或串联开关对每个 2 位移相器进行优化。

（1）由 MEMS 并联开关实现的 N 位反射线型移相器。

为了不影响移相器工作，MEMS 并联开关的 up 态电容值应该使得反射系数很低（S_{11}<−20dB）；而 down 态电容则必须足够大，使得反射系数很高（但没有隔离度要求），在 10GHz 与 30GHz 频率上，分别需要 3～15pF 和 1～2pF 的 down 态电容值。MEMS 并联开关需要使用宽带短路线或通孔技术接地。

如果要精确设计 N 位反射线型移相器，则必须在设计中考虑 MEMS 并联开关在 up 态位置的相移，这对于 3 位和 4 位反射线型移相器尤为重要，因为在 3 位或 4 位反射线型移相器中，MEMS 并联开关之间的增量延迟较小。up 态电容产生的相移可以表示为

$$\phi_{shunt} = -\tan^{-1}\left(\frac{\omega C_u Z_0}{2}\right) \approx \frac{\omega C_u Z_0}{2} \tag{7.52}$$

在 10GHz 频率上，典型的 up 态电容值为 C_u=60fF，将产生 5° 的相移。开关膜的宽度约为 140μm，在 Si 或 GaAs 衬底上会产生附加的 5° 传输线相移。因此，MEMS 并联开关在 up 态位置引起的总的相移量为 10°，这种开关能用于 2 位反射线型移相器。在用这种开关实现 2 位反射线型移相器时，开关之间的传输线相移为 35°，开关的相移为 10°。

在 down 态下，反射系数的相位依赖开关的电容值，一般来说，反射相位可表示为

$$\phi_{\text{shunt}} = 180 + \tan^{-1}\left(\frac{2}{\omega C_d Z_0}\right) \approx \pi + \frac{2}{\omega C_d Z_0} \quad\quad (7.53)$$

如果 down 态电容值为 4pF，则在 10GHz 频率上的反射相位为 189°。因为最后一位使用通孔短接于地，所以除最后一位外的每一位都有这样大小的相移。短路通常是感性的，在 10GHz 频率上，电感量为 50～100pH，反射相位为 165°～172°。因此，最后一位应该包括传输线的附加 8°～12°相移，以补偿 MEMS 并联开关与通孔之间的反射相位差。

同样，MEMS 并联开关的 up 态相移与参考面的距离成正比。然而，如果开关处在 down 态，则开关到参考相位平面的距离只有一半用于反射相位，Si 衬底上的每个开关在 10～30GHz 频率上有 2°～3°的相移偏差。上述分析表明，为了在 Si 和 GaAs 衬底上制作精确的 3 位或 4 位反射线型移相器，要求其精度达到±5°。应该精确地设计和优化移相器。

（2）由 MEMS 串联开关实现的 N 位反射线型移相器。

在由 MEMS 串联开关实现的移相器中，应该计算开关在 up 态和 down 态的不同位置产生的不同延迟。C_u 产生的反射相位可以表示为

$$\phi_{\text{series}} = -\tan^{-1}\left(2\omega C_u Z_0\right) \approx 2\omega C_u Z_0 \quad\quad (7.54)$$

down 态的延迟近似等于 MEMS 串联开关开路端间传输线的延迟。

7.3.2 开关线型移相器

最容易实现数字式移相器的方法之一是使用开关延迟线技术，如图 7.7 所示。在这种情况下，分别产生每个延迟位，并使用一连串相移值不同的位来构造 N 位移相器。通过开关接通一定数目的位来获得所需的相位延迟。例如，如果需要 90°的相移，则在电路中仅需要接通#2 位；如果需要 225°的相移，则需要同时接通#1 位和#3 位。同具有最小传输线漂移的所有延迟线技术一样，相移随频率线性增加。

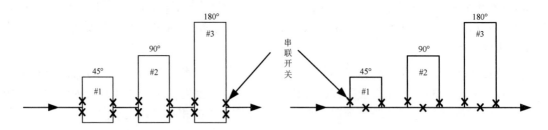

图 7.7 MEMS 串联开关延迟线技术实现开关线型移相器

开关线型移相器能够使用串联或并联单刀双掷开关来制作。由于 MEMS 开关的隔离度高，在串联开关线型移相器中，每一位由 3 个开关来实现。因为隔离度很高，所以串联开关线型移相器不会像二极管和 FET 开关锁实现的移相器一样出现 S_{21} 回波，并且如果开关靠近 T 型转接头，则移相器会有很宽的带宽（DC～50GHz）。一般来说，由于延迟位中存在非开关部分，因此，使用一小段高阻抗线来补偿短电抗性短截线。另外，微带线或 CPW 并联开关移相器带宽还受到单刀双掷 T 型接头带宽的限制，带宽约为 20%。开关线型移相器占用了很大的面积，

但同时易于设计和制作，特别是 Ka 波段移相器的设计，必须使用电磁模型来优化延迟长度、T 型接头和开关电容，以获得每一位的精确相移。

7.3.3　负载线型移相器

负载线型移相器早在 20 世纪 60 年代和 70 年代就已有广泛研究，其基本原理是用两种不同的阻抗来作为传输线负载，并使用匹配网络来保证在两种负载条件下移相器都能和 Z_0 匹配。通过调整负载阻抗值，能够精确控制两种不同负载情况下的相位差。在 X 波段到 W 波段，要实现能产生相移的容抗，需要使用开路传输线短截线；同样，如果采用 MMIC 技术，那么直到 30GHz 频率，都能使用带低电感通孔的集总电容器。如果要直到 Ku 波段均实现相位超前的感抗，则需要使用接地的传输线短截线。

对于小相移（11.25°、22.5°、45°），负载线型移相器有很好的响应。因为负载线型移相器产生的是很窄的频带响应，所以实际上不能实现 90°相移。带宽通常由相移在设计值的±2°内且反射系数小于−20dB 的频率范围来决定。由于负载线型移相器具有良好的匹配性，所以能够将它们级联起来，以实现任何所需的相移。带宽和相位延迟与所使用的负载类型有关，如果使用短截线负载，则带宽为 6%～16%；如果使用集总元器件负载，则带宽为 10%～30%。

图 7.8 给出了能使用这种技术制造的不同类型移相器（1 类、2 类、3 类），矢量 OD 表示由移相器长度造成的 S_{21} 的相位滞后，负载 B_1 和 B_2 的应用分别将这个矢量旋转到 OA 或 OB。1 类负载对应通常的情况，即使用两个 B_i 值，OA 和 OB 的对应相移量也非 0 且不相等；2 类负载对应于 $B_1=0$ 的情况，并且相移完全取决于 B_2，其长度必须为 $\theta=90°-\Delta\phi/2$；3 类负载对应于 $B_1=-B_2$ 的情况（复共轭），其线长必须为 $\theta=90°$，并且负载在该值附近将相位改变约 $\pm\Delta\phi/2$。在接通不同的负载时，复共轭将产生恒定的损耗。

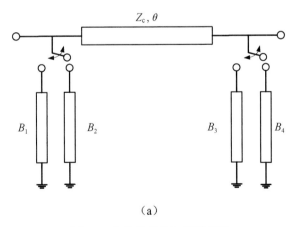

（a）

图 7.8　负载线型移相器原理图

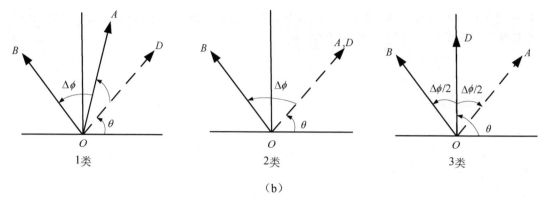

（b）

图 7.8　负载线型移相器原理图（续）

　参考文献

[1]　GARDNER J W，VIJAY K V．Microsensors MEMS and Smart Devices[M]．New York：John Wiley & Sons，Inc.，2001.

[2]　REBEIZ G M．RF MEMS THEORY，DESIGN，AND TECHNOLOGY[M]．New York：John Wiley & Sons，2004.

[3]　REBEIZ G M，JEREMY B M．RF MEMS Switches and Switch Circuits[J]．IEEE Microwave magazine，2001，2（4）：59-71.

[4]　DUSSOPT L，REBEIZ G M．Intermodulation Distortion and Power Handling in RF MEMS Switches，Varactors，and Tunable Filters[J]．IEEE Transactions on Microwave Theory and Techniques，2003，51（4）：1247-1256.

[5]　HAN J Z，LIAO X P．Third-Order Intermodulation of an MEMS Clamped-Clamped Beam Capacitive Power Sensor Based on GaAs Technology[J]．IEEE Sensors Journal，2015，15（7）：3645-3646.

[6]　PILLANS B，ESHELMAN S，MALCZEWSKI A，et al．Ka-band RF MEMS Phase Shifters[J]．IEEE Microwave and Guided Wave Letters，1999，9（12）：520-522.

[7]　CHI C Y，REBEIZ G M．Design of Lange-couplers and Single-sideband Mixers Using Micromachining Techniques[J]．IEEE Transactions on Microwave Theory and Techniques，1997，45（2）：291-294.

[8]　JANISZ K，SMOLARZ R，RYDOSZ A，et al．Compensated 3-dB Lange Directional Coupler in Suspended Microstrip Technique[C]．Xi'an：2017 7th IEEE International Symposium on Microwave, Antenna, Propagation, and EMC Technologies (MAPE)，2017：1-4.

习题

1．在 CPW 传输线中引入 MEMS 并联开关，将会引起阻抗失配，试分析通过什么设计方法可以实现传输线与开关之间的阻抗匹配？

2．影响 MEMS 开关开启电压的因素有哪些？其中哪些与工艺因素相关，哪些与尺寸设计因素相关？

3．对于 MEMS 并联开关，如何用测试所得的 S 参量曲线反推其串联电阻 R_s 的大小？

4．对于一个 MEMS 并联开关，已知其 C_u=35fF，C_d=2.8fF，L=7pH，试求其在 up 态和 down 态时，开关的 LC 串联谐振频率。

5．利用 MEMS 并联开关构造反射线型移相器，若开关的 up 态电容为 60fF，则在 10GHz 频率上，该电容在 up 态会产生多大的相移？

6．利用串联开关构造反射线型移相器，若开关的 up 态电容为 3fF，则在 10GHz 和 30GHz 频率处分别产生多大的反射相位？

7．3 位数字式移相器基于一组 45°、90°、180°的延迟线网络来实现，试问这种移相器利用不同位的组合可能产生多少种相移量？

第 **8** 章

射频与微波系统导论

本章主要讨论如何运用前述各章节阐述的理论和设计原理搭建具有新型功能的射频与微波系统，特别是两大类最常见的系统：通信和传感/雷达。由于已经有很多专著深入探讨过这两个专题，所以本章的目的不是小结该领域专著的主要内容，而是试图从简单的数学模型入手，让读者认识到该如何采用灵活、有创造性的方法对整个系统进行建模、分析，并对整体性能进行预测与评估，这有助于读者深入体会各种元器件相互之间互相影响、互相关联的设计哲学，并在工程应用中根据实际情况创新性地解决自己遇到的问题。

在通信和传感/雷达系统中，最重要的一点不同是信号不再沿着某种导行电磁波的导波结构传播，而是沿着自由空间传播，因此，系统中第一个重要的元器件就是天线，本章后续部分将分别讨论通信系统及传感/雷达系统，以及常用接收机的结构、级联系统的噪声系数和三阶非线性该如何估算，雷达测距、测速原理，并通过介绍雷达应用在生物医学工程领域的一个成功实例——人体生命体征检测结束全书。

8.1 天线

天线是现代射频与微波系统中不可或缺的一部分，实现了包含信号的电流在导波结构（如传输线）和自由空间中以电磁场与电磁波的形式进行传播的相互转换。它的性能对现代无线通信系统和雷达系统的性能有重大影响。前面提到，电磁能量可以沿着某种导波结构进行传播，如同轴线、微带线、波导等。然而，对于收发间距为 R 的情况，传输线的功率损耗正比于 $(e^{-\alpha R})^2$，其中 α 是传输线的衰减常数。但是如果使用天线在自由空间进行电磁能量的传输，则其功率损耗正比于 $1/R^2$。客观地说，在低频和短距离时，用传输线传送信号比较现实。但是当距离变长，频率升高时，使用传输线的成本变高、信号损耗变大，此时使用天线进行无线传播显然更有优势（光纤除外）。在某些场合，如为了实现移动通信或无线测距、测速，天线是必需的。

天线的工作特性由其电参数进行描述，用来衡量天线的性能。由于大多数天线是互易器件，既可以用于发射，又可用于接收，因而在定义天线参数时，不区分天线用于发射还是接收。天线的电参数主要有（辐射）方向图、方向性系数、增益、极化、阻抗和频带宽度、有效接收面积和等效噪声温度等。

下面首先介绍天线的分类及各自的特点，并着重讨论天线在射频与微波系统中工作时的最主要特征，包括方向图、方向性及增益。

8.1.1　天线的 4 种分类

天线有很多种分类方法，可根据其形状、工作带宽、激励方法等进行分类，但这些分类方法都不唯一，本书借鉴一种分类方法[1]，将天线分为 4 类，即电小天线、谐振天线、宽带天线和口径面天线。

（1）电小天线：尺度上远小于一个波长，如图 8.1 所示。它的优点是结构简单，缺点是输入电阻低、输入电抗高。如果要求此天线与发射机匹配，则必定要引入高电抗元器件来调谐，并且需要将小电阻变换为与发射机相匹配的阻值，这一系列的匹配电路将会带来很大的损耗，因此电小天线的效率较低。典型的电小天线有短振子天线和小环天线等。

（2）谐振天线：工作频带较窄、结构简单、主瓣宽、增益处于中等或低水平。由于天线工作在谐振时的输入电抗为 0，因而输入阻抗为实数。典型的谐振天线有半波振子、微带贴片天线（见图 8.2）和八木天线等。

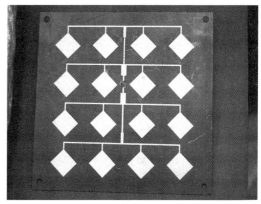

图 8.1　电小天线（路由器天线）　　　　图 8.2　典型谐振天线——微带贴片天线

（3）宽带天线：在很宽的频率范围内（上、下工作频率比超过 2:1 的带宽），天线的性能几乎不变，如方向图、增益和阻抗等。圆形的宽带天线具有周长为一个波长或延伸半波长的辐射有效区，由于在一定工作频率下，宽带天线只有一部分在辐射，所以增益很小。宽带天线是行波天线，输入阻抗为实数。典型的宽带天线有螺旋天线（见图 8.3）、对数周期天线和 Vivaldi 天线等。

（4）口径面天线：具有一个开放的、可定义的物理口径，天线的辐射来自口径面上的电磁场，如图 8.4 所示。口径天线的方向图主瓣较窄，因此增益较大，如抛物面天线。常见的喇叭天线可以看作张开的波导，将波导模式的电磁场转换为自由空间的电磁波，驻波比低且带宽中等（约 2:1）。

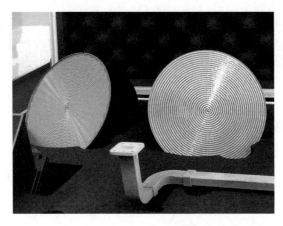

图 8.3　典型宽带天线——螺旋天线

图 8.4　喇叭天线和椭圆抛物面天线

8.1.2　天线的方向图

　　天线理论的基本问题是求解天线周围空间的电磁场分布，进而求得天线的电参数。对于这个问题，常用的解法是：先确定天线上的电流分布，或者包围天线的封闭面上的等效场源分布，这称为天线的内问题；再根据场源分布或等效场源分布求解空间电磁场，这称为天线的外问题。由于课程内容有限，若有读者想进一步探究天线的基本分析方法，可参考文献[1]。这里需要有这样一个概念，即天线的辐射来自天线上电流的辐射，根据基本辐射单元（电流元、磁流元）的分布进行远场的叠加，就可以得到整个天线的空间场。

　　下面介绍天线方向图的基本概念。实际天线辐射出去的电磁波是一个球面波[①]，但不是均匀球面波（理想全向天线除外）。方向图即天线周围辐射电平随角向的变化，是一个天线的辐射远场特性的图形化表示。

　　我们知道，距离天线越远，辐射场越小。不过辐射场随观察角度的变化是和天线本身有关

---

① 横电磁波（TEM 波）的电场和磁场都垂直于传播方向。有限天线的辐射是 TEM 波的特例，称为球面波。位于远场观察，因为球的半径特别大，所以在一小块区域的相位波前近似为一平面。

的，因此，这里定义的方向图是空间方向的函数，而不是空间距离的函数。为了去除空间距离对天线远场特性分析的影响，这里取与天线距离相等的球面上的各点来比较。这样，天线方向图就是以天线（由于距离较远，所以天线可看作一个点）为中心的远区球面上辐射场振幅与方向的分布曲线。

如图 8.5 所示，令远区球面上任意方向(θ,φ)某点处的场强振幅为$|\boldsymbol{E}(\theta,\varphi)|$，其最大值为$E_{\max}$，则描述方向图的函数可表示为（$r$ 为常量）

$$F(\theta,\varphi) = \frac{\left|\boldsymbol{E}(\theta,\varphi)\right|}{E_{\max}} \tag{8.1}$$

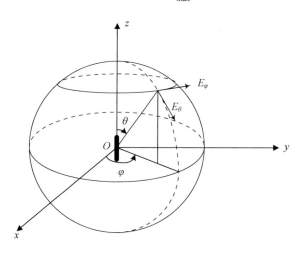

图 8.5　天线远区球面

式（8.1）称为归一化方向图函数（简称方向图），其最大值为 1。对于电流元，有

$$F(\theta,\varphi) = F(\theta) = \sin\theta \tag{8.2}$$

对于理想的各向同性点源天线，有

$$F(\theta,\varphi) = 1 \tag{8.3}$$

由每一个切面的方向图可以得到关于全部角度 φ 的立体方向图，如基本电流元的立体方向图，如图 8.6 所示。

工程中为了方便，通常取两个垂直的平面来描绘平面方向图，这两个平面分别是 E 面和 H 面[①]，用这两个主平面方向图来表达整个立体方向图。E 面是电场矢量所在并包含最大辐射方向的平面，H 面是磁场矢量所在并包含最大辐射方向的平面。对图 8.6 中的基本电流元来说，E 面可以取 yOz 面，H 面是 xOy 面。基本电流元的主平面方向图如图 8.7 和图 8.8 所示。

---

① 假设天线辐射的是线极化波。

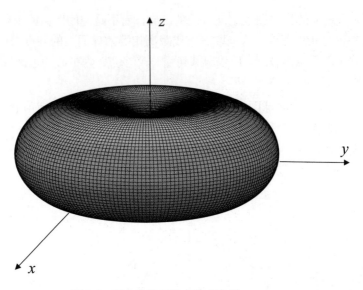

图 8.6　基本电流元的立体方向图

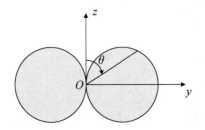

图 8.7　基本电流元的 E 面方向图

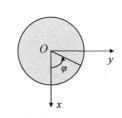

图 8.8　基本电流元的 H 面方向图

　　一般天线的方向图比基本电流元的方向图复杂，如图 8.9 所示。它通常有多个辐射峰值，即波瓣。主瓣（主波束）是包含最大辐射方向的瓣；副瓣是主瓣以外的其他瓣，由旁瓣和后瓣（与主瓣直接反向）组成。一些描述方向图的参量如下。

　　（1）旁瓣电平（Side Lobe Level，SLL）：旁瓣方向图峰值与主瓣方向图峰值之比，描述了功率集中于主瓣的程度，通常用分贝表示：

$$\mathrm{SLL} = 20\log\frac{\left|F(\mathrm{SLL})\right|}{\left|F(\mathrm{max})\right|}\,\mathrm{dB} \tag{8.4}$$

其中，$|F(\mathrm{max})|$ 和 $|F(\mathrm{SLL})|$ 分别是方向图幅度的最大值和最高旁瓣幅度的最大值。通常，我们希望旁瓣低些，以减小外来干扰通过旁瓣进入天线产生不利影响。

　　（2）半功率波束宽度/半波波瓣宽度（Half Power Beam Width，HPBW）：主瓣最大值两侧半功率点（场强为最大值的 0.707 倍）方向之间的夹角。一般来说，半功率波束宽度越窄，天线的方向性越强。

　　（3）前后比：主瓣最大值与后瓣最大值之比，通常用分贝表示。

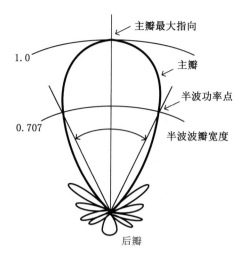

图 8.9 一般天线的方向图

8.1.3 天线的方向性和增益

天线的本质是一个空间放大器,即相对于其他方向,它能在多大程度上将能量集中辐射到某一方向,这就是天线的方向性。方向性系数定量描述了天线方向性的强弱。

为了定义天线的方向性系数,首先需要介绍辐射强度。辐射强度的定义为

$$U(\theta,\varphi) = \frac{1}{2}\mathrm{Re}(\boldsymbol{E}\times\boldsymbol{H}^*)\cdot r^2\hat{\boldsymbol{r}} = S(\theta,\varphi)r^2 \tag{8.5}$$

其中,$S(\theta,\varphi)$为(θ,φ)方向坡印廷矢量的幅值。

辐射强度是给定方向上单位立体角里的辐射功率,单位是每平方弧度(或立体弧度,sr)的瓦特数。采用辐射强度的优点是它与距离 r 无关。另外,辐射强度还可以表示为

$$U(\theta,\varphi) = U_\mathrm{m}\,|\,F(\theta,\varphi)\,|^2 \tag{8.6}$$

其中,U_m 为辐射强度的最大值;$|F(\theta,\varphi)|^2$ 是对$(\theta_\mathrm{max},\varphi_\mathrm{max})$方向最大值为 1 进行归一化的功率方向图。

总辐射功率可由辐射强度绕天线的所有角度进行积分得到,即

$$P = \iint U(\theta,\varphi)\mathrm{d}\Omega = U_\mathrm{m}\iint |\,F(\theta,\varphi)\,|^2\,\mathrm{d}\Omega \tag{8.7}$$

考虑到各向同性源的辐射强度在整个空间是不变的,其值为 U_ave,有

$$P = \iint U_\mathrm{ave}\mathrm{d}\Omega = U_\mathrm{ave}\iint \mathrm{d}\Omega = 4\pi U_\mathrm{ave} \tag{8.8}$$

式(8.8)对立体角在整个空间的积分为 4π,这是因为整个空间立体角为 4π sr。对于非各向同性源,辐射强度在整个空间不恒定,但可定义单位立体角的平均功率,即

$$U_\mathrm{ave} = \frac{1}{4\pi}\iint U(\theta,\varphi)\mathrm{d}\Omega = \frac{P}{4\pi} \tag{8.9}$$

也就是说，平均辐射强度 U_{ave} 等于输入同样功率 P 时，各向同性理想点源所辐射的辐射强度 $U(\theta,\varphi)$。现在可以定义方向性系数为给定方向上的辐射强度与平均辐射强度之比，即

$$
\begin{aligned}
D(\theta,\varphi) &= \frac{U(\theta,\varphi)}{U_{ave}} \\
&= \frac{U(\theta,\varphi)/r^2}{U_{ave}/r^2} \\
&= \frac{\frac{1}{2}\mathrm{Re}(\boldsymbol{E}\times\boldsymbol{H}^*)\cdot\hat{\boldsymbol{r}}}{P/4\pi r^2}
\end{aligned}
\tag{8.10}
$$

将式（8.9）代入式（8.10），得

$$
D(\theta,\varphi) = \frac{4\pi}{\Omega_A}\,|F(\theta,\varphi)|^2
\tag{8.11}
$$

其中，Ω_A 为波束立体角，其定义为

$$
\Omega_A = \iint |F(\theta,\varphi)|^2\,\mathrm{d}\Omega
\tag{8.12}
$$

波束立体角是这样一个立体角：假如单位立体角的功率（辐射强度）等于波束区的最大值，则全部功率将会从该立体角辐射出去，如图 8.10 所示。

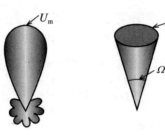

图 8.10　波束立体角

由式（8.7）和式（8.12）可得

$$
P = U_m\Omega_A
\tag{8.13}
$$

我们说的方向性系数 D 通常指最大值，即

$$
D = \frac{U_m}{U_{ave}} = \frac{4\pi}{\Omega_A}
\tag{8.14}
$$

方向性系数由天线方向图决定。当天线用于一个系统时，它并不能完全将输入功率转化为辐射功率，有一部分输入功率会损耗在天线本身和附近的物体上，这部分损耗是天线本身的金属损耗或介质损耗引起的耗散性损耗。因此，需要定义天线如何有效地把其终端接收的可用功率转化为辐射功率及其定向性，即增益 $G(\theta,\varphi)$（本节所说的增益，如果未特别指明，就是相对于最大辐射方向而言的[1]），该指标在方向性系数的基础上考虑了天线的转换效率：

$$
G(\theta,\varphi) = \frac{4\pi U(\theta,\varphi)}{P_{in}}
\tag{8.15a}
$$

_____

[1] 一般来说，如果没有指定方向，只是说增益，那么就是指最大辐射方向上的增益。

在最大辐射方向上，增益的最大值为

$$G = \frac{4\pi U_{\mathrm{m}}}{P_{\mathrm{in}}} \qquad\qquad (8.15b)$$

其中，P_{in} 为天线的输入功率。

为了描述天线把多少输入功率有效地辐射出去，定义辐射效率：

$$e_{\mathrm{r}} = P/P_{\mathrm{in}} \qquad\qquad (8.16)$$

则增益为

$$G = e_{\mathrm{r}}\frac{4\pi U_{\mathrm{m}}}{P} = e_{\mathrm{r}}\frac{U_{\mathrm{m}}}{U_{\mathrm{ave}}} = e_{\mathrm{r}}D \qquad\qquad (8.17)$$

也就是说，天线的增益等于方向性系数乘以辐射效率。注意：这里并没有考虑阻抗失配或极化失配产生的损耗。

关于增益或方向性系数的单位，因为它们都是功率比，所以可以用分贝来表示：

$$G(\mathrm{dB}) = 10\log G, \quad D(\mathrm{dB}) = 10\log D \qquad\qquad (8.18)$$

增益往往用来描述相对于某些标准天线的性能。当采用各向同性天线作为参考天线时，通常用 dBi 代替 dB；若采用半波振子（其方向性系数为 2.15dB）作为参考天线，则以 dBd 为单位。dB、dBi、dBd 的关系如下：

$$G = x\ \mathrm{dB} = x\ \mathrm{dBi} = (x - 2.15)\ \mathrm{dBd} \qquad\qquad (8.19)$$

8.2　无线通信系统

通信系统分为有线通信系统和无线通信系统，前者依靠导波结构（传输线）传输信号，后者借助电磁波在自由空间的传播。现代无线通信系统大多使用射频与微波信号，它们提供了较宽的带宽。由于频谱拥挤和更高数据传输速率的要求，现代无线系统致力于向更高的频带迈进。

现代射频与微波系统的发展，追溯到英国科学家麦克斯韦奠定的电磁理论基础，并预言了电磁波的存在，为现代射频与微波工业做好了理论准备[2]；德国科学家赫兹用实验证明了电磁波的存在与传播，客观上证实了麦克斯韦理论；意大利工程师马可尼发展了商用无线通信系统。如今，无线通信系统和人类息息相关，如蜂窝电话系统、无线局域网（WLAN）、无线广播和电视系统、全球定位系统（GPS、北斗）和射频识别系统（RFID）等。

无线通信系统可以根据用户的性质和分布分为点到点、点到多点、多点到多点系统[3]。点到点系统是单个发射机和单个接收机的通信，如蜂窝电话与中心交换局之间的连接，这类系统采用固定位置的高增益天线。点到多点系统将一个中心站和大量随机分布的接收机连接，如城市里的调幅 AM 和调频 FM 广播，中心站一般使用水平方向各向同性的天线，以达到宽广的覆盖范围。多点到多点系统（如蜂窝电话系统和 WLAN）为使各用户之间可以同时通信，主要依靠网格分布的基站提供用户之间的交叉连接。

本节介绍一些典型的无线接收机系统，并说明设计接收机系统时需要关注的一些因素；讨论无线通信中链路增益/损耗、影响输出信噪比的级联系统噪声系数的计算，以及衡量单个元器件和级联系统非线性特性的增益压缩与三阶交调的计算问题。

8.2.1　Friis 公式

一般的无线通信链路如图 8.11 所示。其中，P_t 为发射机的发射功率，G_t 为发射天线的增益，P_r 为传送到接收机匹配负载的功率，G_r 为接收天线的增益，发射天线与接收天线之间的距离为 R。

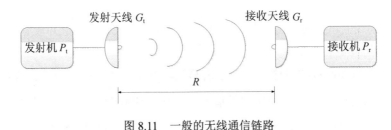

图 8.11　一般的无线通信链路

由 8.1 节可知，若发射天线为各向同性天线，那么距离 R 处的功率密度为

$$S_{\text{ave}} = \frac{P_t}{4\pi R^2} \tag{8.20}$$

由于一般的发射天线并不是各向同性的，而具有一定的方向性，并且考虑到辐射效率，因此，可以将式（8.20）乘以增益，得到任一发射天线辐射的功率密度：

$$S_{\text{ave}} = \frac{G_t P_t}{4\pi R^2} \tag{8.21}$$

接收天线能够接收的功率为

$$P_r = A_e S_{\text{ave}} \tag{8.22}$$

其中，A_e 为天线的有效面积，单位为 m^2，即接收天线可以从辐射功率密度中截获功率的能力。它的计算方法为

$$A_e = \frac{G_r \lambda_0^2}{4\pi} \tag{8.23}$$

由式（8.21）～式（8.23）可以得出接收功率：

$$P_r = \frac{G_t G_r \lambda_0^2}{(4\pi R)^2} P_t \tag{8.24}$$

式（8.24）为 Friis 无线链路公式，简称 Friis 公式，描述了自由空间传播的电磁波有多少被天线接收的根本问题，其中要注意区别功率密度的单位为 W/m^2，功率的单位为 W。事实上，式（8.24）应称为最大可能的接收功率，因为它没有考虑天线与发射机或接收机之间的阻抗失配、天线间的极化损耗、传输过程中某些效应导致的衰减和极化的变化，以及多径效应等会降低接收功率的潜在因素。

若考虑发射天线与发射机、接收天线与接收机之间的阻抗匹配状况，那么上面的 Friis 公式应乘以阻抗失配因子。阻抗失配因子（效率因子）定义为

$$\eta_{\mathrm{imp}} = \left(1-\left|\varGamma_{\mathrm{t}}\right|^2\right)\left(1-\left|\varGamma_{\mathrm{r}}\right|^2\right) \tag{8.25}$$

其中，$\varGamma_{\mathrm{t}}$ 为发射机处的反射系数；$\varGamma_{\mathrm{r}}$ 为接收机处的反射系数。该效率因子考虑了实际工程中天线与发射机和接收机阻抗匹配带来的影响。

发射天线与接收天线的极化是否一致也会影响实际接收的功率。比如发射天线为水平极化，那么接收天线为：①水平极化，可以接收到最大功率；②垂直极化，接收到的功率为零；③圆极化，接收到一半的功率。因此，为了使无线通信的传输效率更高，应使发射天线与接收天线极化匹配。

回顾 8.1 节的内容，至此，我们应该明白为什么天线的阻抗匹配和极化损耗不包括在天线增益 G 内，这是因为阻抗失配是天线与外部的源或负载没有匹配好，极化损耗也是由天线之间的极化不匹配造成的，这些都不是天线本身的特性。

为了将天线馈电匹配、指向误差、大气吸收和极化等损耗因素考虑在内，引入系统损耗 L_{sys}，此时，对于一个无线通信链路，Friis 公式可以写为

$$P_{\mathrm{r}} = P_{\mathrm{t}} G_{\mathrm{t}} G_{\mathrm{r}} \left(\frac{\lambda_0}{4\pi R}\right)^2 \frac{1}{L_{\mathrm{sys}}} \tag{8.26}$$

式（8.26）也称为链路公式，将其化为分贝量，有

$$10\log(P_{\mathrm{r}}) = 10\log P_{\mathrm{t}} + 10\log G_{\mathrm{t}} + 10\log G_{\mathrm{r}} - 20\log\left(\frac{4\pi R}{\lambda_0}\right) - 10\log L_{\mathrm{sys}} \tag{8.27}$$

即

$$P_{\mathrm{r}} = P_{\mathrm{t}} + G_{\mathrm{t}} + G_{\mathrm{r}} - \mathrm{SL} - L_{\mathrm{sys}}(\mathrm{dB}) \tag{8.28}$$

其中，SL 为空间损耗（Space Loss）：

$$\mathrm{SL}\ \mathrm{in}\ \mathrm{dB} = 20\log\left(\frac{4\pi R}{\lambda_0}\right) \tag{8.29}$$

根据式（8.29），可以列出一个表，考虑发射天线和接收天线、空间损耗及各种其他损耗，计算能够接收的功率，这就是通常所说的链路预算。

例 8.1　在 10GHz 频率上，地面站向距离它 2000km 的卫星发射 128W 的信号。地面天线增益为 31dB，指向误差损耗为 0.5dB；卫星天线增益为 38dB，指向误差损耗为 0.8dB；大气吸收损耗为 3dB，极化损耗为 1dB，链路预算裕量为 6dB。请计算卫星收信电平。

解：P_{t}=128W≈21.1dBW，G_{t}=31dB，G_{r}=38dB，λ_0=c/f=0.03m，R=2×10⁶m。

空间损耗 SL(dB)=20log(4πR/λ_0)≈178.5dB。

系统损耗 L_{sys}=0.5dB+3dB+1dB+0.8dB+6dB=11.3dB。

因此，P_{r}=P_{t}+G_{t}+G_{r}-SL-L_{sys}=21.1+31+38-178.5-11.3=-99.7(dBW)

链路预算表如表 8.1 所示。

表 8.1　链路预算表

参　　数	数　　值
地面发射功率	+21.1dBW（128W）
地面天线增益	+31dB
地面天线指向误差	−0.5dB
空间损耗	−178.5dB
大气吸收损耗	−3dB
极化损耗	−1dB
卫星天线增益	+38dB
卫星天线指向误差	−0.8dB
裕量	−6dB
收信电平	−99.7dBW

8.2.2　无线接收机结构

接收机作为无线通信系统中一个很重要的分系统，将传送来的有噪声和干扰的源信号可靠地恢复为需要的信号，应有下列一些考虑因素。

- 灵敏度：对弱信号（数字或模拟信号）的检测能力；对于模拟接收机，通常用信号-噪声比（SNR）来描述；对于数字接收机，通常用误码率（BER）来描述。

- 选择性：在接收期望信号的同时阻断相邻信道、镜像频率的干扰。

- 抑制寄生响应：对不想要的信道干扰的抑制，可以通过选择合适的中频及各种滤波器来实现。

- 抑制交调产物：接收机由于自身的非线性，在接收一个或多个射频信号时，会产生自身通道的干扰，这些干扰叫作交调产物。

- 频率稳定度：本振信号的稳定性对于相位噪声的影响是很重要的，稳定的本振源通常使用介质谐振器或锁相技术来实现。

- 辐射泄漏：接收机的本振信号很可能从混频器泄漏到天线，从而辐射到自由空间，这会对外界产生干扰，因此它泄漏的功率值需要小于无线电管理机构的规定。

一般的无线接收机的结构有以下几种形式。

（1）可调谐射频接收机：应用几级射频放大和可调谐带通滤波器，调谐方法较困难，选择性也不好，目前已经很少采用，因此本节不多做介绍。

（2）直接变频接收机：应用混频器和本振（LO）实现中频频率为 0 的频率下变换，由于本振频率和输入的 RF 信号的频率相同，所以本振将 RF 信号直接变换到基带，因此也称零中频接收机、自拍接收机。直接变频的优点是结构简单、价格低。因为混频器的差频是零，和频是两倍的 LO 频率，所以和频很容易被滤除，即直接变频的另一个优点是没有镜像频率。它的缺点是本振必须拥有高精确性和稳定度，特别是高 RF 信号，以免接收信号漂移。这种形式的接收机可应用于多普勒雷达、调频连续波雷达等，在这种场合下，高精度的本振由发射机直接耦合一部分到接收机作为接收机本振。

（3）超外差接收机：其结构和直接变频接收机的结构类似，如图 8.12 所示，但其本振频率不等于 RF 信号的频率，因此中频频率不等于零。双变频超外差接收机用两级下变频来避免由本振稳定性引起的问题，因此它有两个混频器和两个本振。在图 8.12 中，滤波器 a 为带通滤波器，主要功能是限制输入信号频带，以减小交调、寄生响应的影响，同时用于防止本振泄漏。理想情况下，混频器的 LO 端和 RF 端是完全隔离的，但由于混频器内部阻抗失配及耦合器的局限，常常造成一些本振功率耦合到 RF 端口，这对接收机是一个重要的潜在问题，因为该泄漏信号有可能通过接收机天线向外辐射，从而影响其他用户。在工业设计中，对此泄漏信号有严格的功率限制，而在天线和混频器之间采用带通滤波器，可以大大缓解这个潜在的问题。对 RF 放大器的要求是低噪声、高增益，因为级联系统的噪声系数在很大程度上由第一级决定，第二级的作用由于第一级的增益而减弱。由于 RF 放大器是非线性器件，所以会产生各次谐波；滤波器 b 的作用就是滤除 RF 放大器产生的谐波分量，并抑制第一混频器的镜像频率，以免使后级的混频器产生干扰。第一混频器会产生第一中频信号，被第一中频放大器充分放大，因此，第一中频放大器应该有较高的增益和较高的线性度（较高的三阶交调点）。

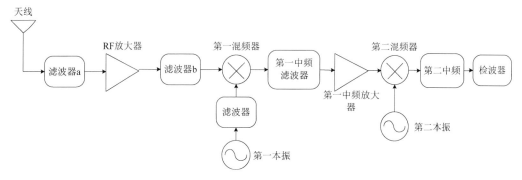

图 8.12 超外差接收机系统框图

8.2.3 系统前端级联噪声系数计算

微波电路中的噪声可由外部源传递到微波系统中，或者由系统本身产生。噪声通常由器件或材料中的电荷或载流子的随机运动产生，引起不同噪声来源的几种机制（如热噪声、散弹噪声、闪烁噪声、等离子体噪声和量子噪声等）都可能会造成这样一种随机运动。其中，热噪声是最基本的一种噪声，是由束缚电荷的热扰动造成的，其电压均方根值可近似为

$$V_n = \sqrt{4kTBR} \tag{8.30}$$

其中，k 为玻尔兹曼常数，其值为 1.38×10^{-23}J/K；T 为热力学温度，单位为 K；B 为系统带宽，单位为 Hz；R 为电阻，单位为 Ω。

这种噪声源的功率谱密度不随频率的改变而改变，因此也称为白噪声。

有噪电阻可以等效为由一个阻值为 R 的无噪电阻和电压均方根值为 V_n 的电压源串联而

成，其等效电路如图 8.13 所示。当温度为 T 时，来自有噪电阻的最大可用噪声功率为

$$P_n = I^2 R = (\frac{V_n}{2R})^2 R = kTB \tag{8.31}$$

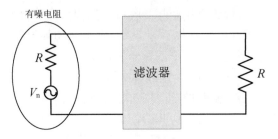

图 8.13　有噪电阻等效电路

　　带有噪声的微波元器件可用噪声系数 F 来表征，它是元器件的输入与输出信噪比递降的一种量度，定义为

$$F = \frac{S_i / N_i}{S_o / N_o} \tag{8.32}$$

其中，S_i 和 N_i 分别为输入信号和噪声功率；S_o 和 N_o 分别为输出信号和噪声功率。此定义暗含假定，即输入的噪声功率是由处于 $T_0=290\text{K}$ 下的匹配电阻产生的。

　　图 8.14 描述的是噪声功率 N_i 和信号功率 S_i 被馈送到一个有噪二端口网络。

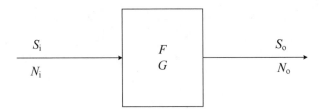

图 8.14　有噪二端口网络示意图

　　输入噪声功率为 $N_i=kT_0B$，输出噪声功率为输入噪声的放大与网络内部产生的噪声之和，即 $N_o=Gk(T_0+T_e)B$，其中 T_e 为网络的等效噪声温度（类似噪声系数 F，等效噪声温度 T_e 也是有噪微波元器件的一种表征）。输出信号功率为 $S_o=GS_i$。将上述结果代入式（8.32），得

$$F = \frac{S_i}{kT_0B} \frac{kGB(T_0 + T_e)}{GS_i} = 1 + \frac{T_e}{T_0} \tag{8.33}$$

即网络的等效噪声温度为

$$T_e = (F-1)T_0 \tag{8.34}$$

　　对于无源有耗二端口网络（如有耗传输线或衰减器），它带有一个匹配的源电阻，并保持在温度 T 下，如图 8.15 所示。有耗网络的增益 G 小于 1，损耗因子定义为 $L=1/G$。整个系统在温度 T 下处于热平衡状态，输出噪声功率 $N_o=kTB$，该功率来自源电阻和该网络自身产生的噪声，经推导可得

$$T_e = (L-1)T$$

$$F = 1 + (L-1)\frac{T}{T_0} \tag{8.35}$$

若传输线处于 $T=T_0$ 温度下，则 $F=L$。

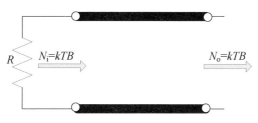

图 8.15　无源有耗二端口网络

对于级联系统噪声系数的求解，可以先考虑两个元器件的级联，如图 8.16 所示，其中，G 为增益，F 为噪声系数，T_e 为等效噪声温度。

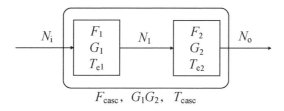

图 8.16　级联网络示意图

第一级的输入噪声功率为 $N_i=kT_0B$，输出噪声功率为

$$N_1 = G_1kT_0B + G_1kT_{e1}B \tag{8.36}$$

第二级输出噪声功率为

$$\begin{aligned} N_o &= G_2N_1 + G_2kT_{e2}B \\ &= G_1G_2kB(T_0 + T_{e1} + \frac{1}{G_1}T_{e2}) \end{aligned} \tag{8.37}$$

对于级联系统，把第一级和第二级看作一个整体，有

$$\begin{aligned} N_o &= GN_i + GkT_{casc}B \\ &= G_1G_2kT_0B + G_1G_2kT_{casc}B \end{aligned} \tag{8.38}$$

与式（8.37）进行比较，得到级联系统的等效噪声温度：

$$T_{casc} = T_{e1} + \frac{1}{G_1}T_{e2} \tag{8.39}$$

再根据式（8.34），将等效噪声温度转换为噪声系数，得到级联系统的等效噪声系数：

$$F_{casc} = F_1 + \frac{1}{G_1}(F_2 - 1) \tag{8.40}$$

将式（8.39）和式（8.40）推广到多级级联系统，可得

$$T_{\text{casc}} = T_{\text{e1}} + \frac{T_{\text{e2}}}{G_1} + \frac{T_{\text{e3}}}{G_1 G_2}$$

（8.41）

$$F_{\text{casc}} = F_1 + \frac{F_2 - 1}{G_1} + \frac{F_3 - 1}{G_1 G_2}$$

可以看到，级联系统的噪声特性以第一级的噪声特性对整个系统的贡献为主，后级的作用会因前级的增益而削弱。因此，在设计系统噪声特性时，要重点关注第一级的噪声特性和增益。

对于包括天线在内的整个系统，噪声温度对噪声系数的计算是很有用的。包括天线在内的整个系统的等效噪声温度为

$$T_{\text{S}} = T_{\text{A}} + T_{\text{casc}}$$

（8.42）

其中，T_{A} 为天线噪声温度。

例8.2 计算如图 8.17 所示的整个系统的等效噪声温度和等效噪声系数。

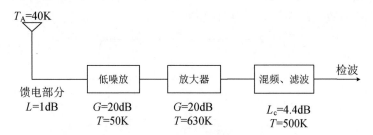

图 8.17　例 8.2 的系统框图

解： 由图 8.17 可得

$$F_1 = 1\text{dB}, \quad G_1 = -1\text{dB} = 0.79, \quad T_{\text{e1}} = (F-1)T_0 = 75.4\text{K}$$

$$G_2 = 20\text{dB} = 100, \quad T_{\text{e2}} = 50\text{K}$$

$$G_3 = 20\text{dB} = 100, \quad T_{\text{e3}} = 630\text{K}$$

$$G_4 = -4.4\text{dB} = 0.36, \quad T_{\text{e4}} = 500\text{K}$$

因此有

$$T_{\text{S}} = T_{\text{A}} + T_{\text{casc}}$$

$$= T_{\text{A}} + T_{\text{e1}} + \frac{T_{\text{e2}}}{G_1} + \frac{T_{\text{e3}}}{G_1 G_2} + \frac{T_{\text{e4}}}{G_1 G_2 G_3}$$

$$= 40 + 75.4 + \frac{50}{0.79} + \frac{630}{0.79 \times 100} + \frac{500}{0.79 \times 100 \times 100}$$

$$\approx 186.7\text{K}$$

$$F = 1 + \frac{T_{\text{S}}}{T_0} = 1 + \frac{186.7}{290} \approx 1.64 \text{ 或 } 2.16\text{dB}$$

8.2.4　增益压缩、最小可检测功率及动态范围

在混频器、放大器等其他一些元器件或接收机系统中存在一个范围，使得输出功率与输入功率成线性比例，该比例常数即增益或衰减，这个范围就是动态范围。在这个范围内，元器件或系统的输出与输入近似呈线性关系（注意：本节所讲的动态范围指线性动态范围，即低端为噪声所限，高端为增益压缩点所限。此外，还有无寄生响应动态范围，即低端为噪声所限，高端为交调失真所限）。图 8.18 描述了一个放大器的输入-输出功率曲线，可以看到，如果输入功率大于动态范围的高端，那么输出信号开始饱和；如果输入功率小于动态范围的低端，那么噪声就会淹没信号。

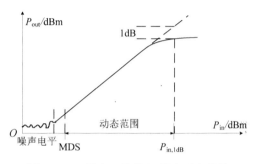

图 8.18　一放大器的输入-输出功率曲线

对于接收机系统，用最小可检测信号来定义动态范围是合适的，定义动态范围（Dynamic Range，DR）为 1dB 增益压缩点到最小可检测信号（Minimum Detectable Signal，MDS）之间的范围。

最小可检测信号是衡量接收机性能的主要参数之一，与接收机的噪声带宽和噪声性能有关，计入天线噪声，通常取噪声电平（噪底）以上 3dB 为 MDS。在室温下，每 1Hz 带宽的噪底为

$$N_i = 10\log(kTB) = 10\log(1.38\times10^{-23}\times290\times1) \approx -174(\text{dBm/Hz}) \tag{8.43}$$

对于一个噪声系数为 F（dB），系统带宽为 B（Hz）的系统，最小可检测信号为

$$\text{MDS} = -174\text{dBm/Hz} + 10\log B + F + 3\text{dB} \tag{8.44}$$

现在考虑一个放大器（混频器与之类似），当输入 RF 信号功率在动态范围的低端时，输出的信号在噪声之上勉强可以分辨出来；继续增大输入信号功率，输出信号功率也相应按线性规律增大；当输入信号功率增大到一个水平后，输出信号功率开始饱和，即转换损耗增加。当这个转换损耗增加达 1dB 时，称此时的输入功率为输入 1dB 增益压缩点（P1dB），它是动态范围的高端。如果输入 RF 信号功率高出动态范围的高端，那么转换损耗将更高，输入放大器的直流信号功率并不能转换为输出的 RF 信号功率，而是转化为热量和高阶交调产物。

在元器件或系统的线性区内，有

$$P_\text{in} = P_\text{out} - G \tag{8.45}$$

其中，G 为元器件或系统的增益，在上式中采用 dB 表示。

此时，1dB 增益压缩点为

$$P_{\text{in,1dB}} = P_{\text{out,1dB}} - G + 1\text{dB} \tag{8.46}$$

动态范围 DR 为

$$\text{DR} = P_{\text{in,1dB}} - \text{MDS} \tag{8.47}$$

其中，DR 的计量采用 dB 表示；$P_{\text{in,1dB}}$ 和 MDS 的单位为 dBm。

例 8.3 一台在室温下工作的接收机，噪声系数为 5.5dB，工作带宽为 4GHz，1dB 增益压缩点为+10dBm。请计算最小可检测信号电平（MDS）和动态范围（DR）。

解： 由题目可得

$$F=5.5\text{dB}\approx3.6 \quad B=4\times10^9\text{Hz}$$

因此有

$$\text{MDS} = 10\log\left(kTB\right) + 10\log B + F + 3\text{dB}$$
$$=-174\text{dBm/Hz} + 10\log B + 10\log F + 3\text{dB}$$
$$\approx -70\text{dBm}$$

$$\text{DR}=P_{\text{in,1dB}}-\text{MDS}=10\text{dBm}-(-70)\text{dBm}=80\text{dB}$$

例 8.4 一个接收机系统如图 8.19 所示。其中，$P_{\text{in,1dB}}$=+10dBm，IIP3=20dBm，接收机工作在室温下。请计算：①噪声系数（dB）；②动态范围（dB）；③当输入信噪比为 10dB 时，求输出信噪比；④1dB 增益压缩点处的输出功率（dBm）。

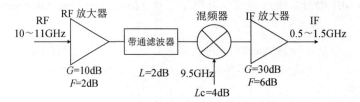

图 8.19 例 8.4 的接收机系统框图

解：

①由已知条件可得

$$F_1=2\text{dB}\approx1.58, \quad G_1=10\text{dB}=10, \quad F_2=2\text{dB}\approx1.58, \quad G_2=-2\text{dB}\approx0.63$$

$$F_3=4\text{dB}\approx2.51, \quad G_3=-4\text{dB}\approx0.4, \quad F_4=6\text{dB}\approx4, \quad G_4=30\text{dB}=1000$$

因此有

$$F = F_1 + \frac{F_2-1}{G_1} + \frac{F_3-1}{G_1G_2} + \frac{F_4-1}{G_1G_2G_3}$$
$$=1.58+\frac{1.58-1}{10}+\frac{2.51-1}{10\times0.63}+\frac{4-1}{10\times0.63\times0.4}$$
$$\approx 3.068 \text{ 或 } 4.87\text{dB}$$

②由已知条件可得

$$B=1\text{GHz}$$

因此有

$$\begin{aligned}
\text{MDS} &= 10\log\left(kTB\right) + 10\log F + 3\text{dB} \\
&= 10\log(1.38 \times 10^{-23} \times 290 \times 10^{9}) + 4.87 + 3 \\
&\approx -113.98 + 4.87 + 3 \\
&= -106.11\text{dBW} \approx -76.11\text{dBm}
\end{aligned}$$

$$\text{DR}=P_{\text{in,1dB}}-\text{MDS}=10-(-76.11)=86.11\text{dB}$$

③根据信噪比的公式，可得

$$S_{\text{o}}/N_{\text{o}}\ (\text{in dB}) = S_{\text{i}}/N_{\text{i}}\ (\text{in dB}) - F = 10-4.87=5.13\text{dB}$$

④由已知条件可得

$$G=G_1+G_2+G_3+G_4=10-2-4+30=34\text{dB}$$

因此有

$$P_{\text{out,1dB}}=P_{\text{in,1dB}}+G-1\text{dB}=10+34-1=43\text{dBm}$$

8.2.5 前端系统三阶交调及级联系统三阶交调的计算

对于一个非线性网络，输入电压为 v_{i}，输出电压为 v_{o}，v_{o} 一般可表示为 v_{i} 的多项式（注意：这里不一定是泰勒级数，虽然在数学形式上很类似）：

$$v_{\text{o}} = \alpha_0 + \alpha_1 v_{\text{i}} + \alpha_2 v_{\text{i}}^2 + \alpha_3 v_{\text{i}}^3 + \cdots \tag{8.48}$$

若输入信号为单音信号，那么输出信号就是输入的 n 次谐波（$n=0,1,2,\cdots$），这些谐波通常在元器件的通带外，因此一般不会干扰原基波信号。

若输入信号为双音信号 (f_1, f_2)，则会产生 mf_1+nf_2（$m,n=0,\pm1,\pm2,\cdots$）形式的谐频分量，称为交调（Intermodulation，IM）产物，产物的阶定义为 $(|m|+|n|)$，如谐频 (f_1+f_2) 为二阶交调产物，谐频 $(2f_1\pm f_2)$ 为三阶交调产物（IM3）。由于二阶交调产物距离我们期望的信号较远，所以比较好滤除；而三阶交调产物的频率距离输入信号的频率很近，不好滤除，带内的交调产物会造成输出信号失真。下面重点分析三阶交调失真（Third-Order-Intermodulation Distortion）。

现考虑一个混频器，其频谱图如图 8.20 所示。输入双音信号 (f_1, f_2)，本振频率为 f_{LO}，中频信号 $(f_{\text{IF1}}, f_{\text{IF2}})$ 是期望的中频输出，此时有

$$f_{\text{IF1}}=f_1-f_{\text{LO}}$$

$$f_{\text{IF2}}=f_2-f_{\text{LO}}$$

然而，三阶交调产物 $(f_{\text{IM1}}, f_{\text{IM2}})$ 同样会出现在输出端，它们由 f_1 和 f_2 组合产生，再经本振混频，得

$$f_{\text{IM1}}=(2f_1-f_2)-f_{\text{LO}}$$

$$f_{IM2}=(2f_2-f_1)-f_{LO}$$

那么双音信号 f_1 和 f_2 的频率差，以及三阶交调产物与中频之间的频率差都相同，即

$$\Delta=f_1-f_2=f_{IM1}-f_{IF1}=f_{IF1}-f_{IF2}=f_{IF2}-f_{IM2}$$

如果 Δ 很小，则可以发现，三阶交调产物和中频信号的频率靠得很近，很难加以滤除，因此对三阶交调产物要特别关注。

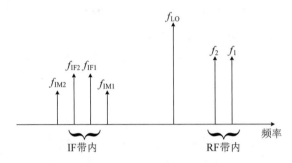

图 8.20　混频器的频谱图

若写出输出双音信号为输入信号的表达式，则会发现，一阶交调产物的输出功率正比于输入功率，即这种响应的直线斜率为 1（横、纵坐标以 dBm 为单位）；而三阶交调产物的输出功率按输入功率的立方增长（其系数为 $3\alpha^3/4$），即这种响应的直线斜率为 3。因此，对于小的输入功率，三阶交调产物较小，但当输入功率增大时，它会迅速增大。由于一阶和三阶交调产物具有不同的斜率，所以它们会相交，这个理论交点称为三阶交调点（Intercept Point Third-Order，IP3）或三阶截断点，可以参考输入功率（IIP3）或输出功率（OIP3）来表达。在 IP3 处，期望信号的幅度与三阶交调信号的幅度相等。若三阶交调点较高，则表明元器件或系统对不期望的交调产物的抑制能力较好。

对于一个非线性器件，计算输入三阶交调点的过程如图 8.21 所示。

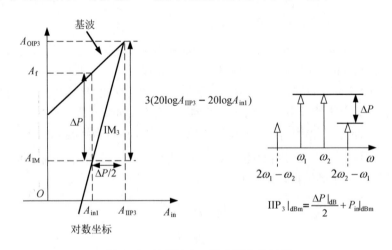

图 8.21　计算输入三阶交调点的过程

可以看出，期望的基波信号响应曲线的斜率为 1，三阶交调信号响应曲线的斜率为 3，这两者之差的斜率为 2。换句话说，在三阶交调点处，输出信号的基波与外延（因为在真实情况

下，器件在两者相交之前就饱和了）的三阶交调项功率相等；如果此时输入信号幅度减小至 A_{in1}，即输入信号功率减小为 IIP3(dBm)-P_{in1}，则在对数-对数坐标系下，三阶交调项的输出下降的斜率为 3，而基波输出下降的斜率为 1，故两者之差 ΔP 随之改变的斜率为 2，即 ΔP=2(IIP3-P_{in1})，因此可得

$$\text{IIP}_3 = \Delta P/2 + P_{\text{in}} \tag{8.49}$$

注意：这里的 IIP3 是 IP3 参考到输入端的三阶交调大小，其量纲为功率，与参考到输出端的三阶交调（OIP3）大小相差关系为 OIP3(dBm)=IIP3(dBm)+G(dB)。

例 8.5　当将功率为-8dBm 的双音信号输入一个放大器时，三阶交调产物（IM3)为-50dBm；放大器的增益为 10dB。请计算当输入的双音信号功率为-16dBm 时，输出的 IM3 的功率是多少，并估计此时 IM3 比期望信号低多少 dB。

解：求解此类问题的关键是先求出元器件的 IIP3 或 OIP3，因为这是元器件本身的物理属性，不会随着输入/输出的改变而改变。由题意可得

$$P_{\text{in}}=-8\text{dBm} \quad G=10\text{dB} \quad P_{\text{IM3}}=-50\text{dBm}$$

因此，输出的期望信号功率为

$$P_{\text{out}}=P_{\text{in}}+G=-8+10=2\text{dBm}$$

由此可得 IM3 比期望信号低的分贝数为

$$\Delta P=P_{\text{out}}-P_{\text{IM3}}=52\text{dB}$$

因而可求得输入三阶交调点为 IIP3=$\Delta P/2+P_{\text{in}}$=26-8=18dBm。

当 P_{in}=-16dBm 时，$P_{\text{out}}=P_{\text{in}}+G=-6$dBm，有

$$\Delta P=(18+16)\times2=68\text{dB}$$

因此 $P_{\text{IM3}}=P_{\text{out}}-\Delta P=-6-68=-74$dBm。

对于级联系统三阶交调点的计算，可以从一个 2 级系统级联的模型出发来考虑，3 级、4 级……系统的级联即 2 级级联后成为一个新的单元，与第三级相级联，成为一个新的单元后与第四级相级联，依次类推。

对于一个 2 级系统级联，其输出的三阶交调主要包含第一级基波经过第二级之后新产生的三阶交调，以及第一级产生的三阶交调经过第二级放大后，同相叠加（考虑最严重的情况）产生的三阶交调。另外，还包含第一级产生的二阶交调或二阶谐波和基波混合产生的新三阶交调，但通常幅度偏小，在计算时可以忽略[4,5]。

多阶系统总的三阶交调计算公式如下：

$$\frac{1}{\text{IIP3}^{\text{casc}}} = \frac{1}{\text{IIP3}_1} + \frac{G_1}{\text{IIP3}_2} + \frac{G_1 G_2}{\text{IIP3}_3} + \frac{G_1 G_2 G_3}{\text{IIP3}_4} + \cdots \tag{8.50}$$

其中，IIP3^{casc} 为级联系统的三阶交调点的输入功率，IIP3$_n$ 为各级输入三阶交调，单位都为 mW；G_n 为各级增益，无量纲。需要注意的是，无源器件不会产生新的频率分量，因此其三阶交调点为 ∞。

例 8.6　一台接收机的部分框图如图 8.22 所示，计算整个系统的三阶交调点的输入功率

IIP3，以 dBm 为单位。

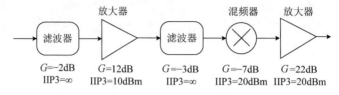

图 8.22　例 8.6 的接收机部分框图

解：已知 $G_1=-2\text{dB}=10^{-0.2}$，$G_2=12\text{dB}=10^{1.2}$，$G_3=-3\text{dB}=10^{-0.3}$，$G_4=-7\text{dB}=10^{-0.7}$，$G_5=22\text{dB}=10^{2.2}$，$\text{IIP3}_1=\infty$，$\text{IIP3}_2=10\text{dBm}=10\text{mW}$，$\text{IIP3}_3=\infty$，$\text{IIP3}_4=20\text{dBm}=100\text{mW}$，$\text{IIP3}_5=20\text{dBm}=100\text{mW}$，因此有

$$\frac{1}{\text{IIP3}}=\frac{1}{\text{IIP3}_1}+\frac{G_1}{\text{IIP3}_2}+\frac{G_1G_2}{\text{IIP3}_3}+\frac{G_1G_2G_3}{\text{IIP3}_4}+\frac{G_1G_2G_3G_4}{\text{IIP3}_5}$$

$$=\frac{1}{\infty}+\frac{10^{-0.2}}{10}+\frac{10^{-0.2}\cdot10^{1.2}}{\infty}+\frac{10^{-0.2}\cdot10^{1.2}\cdot10^{-0.3}}{100}+\frac{10^{-0.2}\cdot10^{1.2}\cdot10^{-0.3}\cdot10^{-0.7}}{100}$$

$$\approx0.123\text{mW}^{-1}$$

$$\text{IIP3}\approx8.13\text{mW}\Rightarrow10\log(8.13\text{mW})\approx9.1\text{dBm}$$

8.3　雷达系统

雷达是无线电测距（Radio Detection and Ranging，Radar）的英文字母缩写。它的工作原理是：发射机发送探测信号，电磁波首先被远处的目标部分反射，然后被灵敏的雷达接收机检测，回波信号包含了目标的距离、方位和速度信息。基本的雷达由发射机、接收机和收/发天线组成。只有一小部分发射能量会被目标截获并反射回来，反射回雷达的这部分信号被雷达接收、放大，并处理。目标的距离通过测量发射信号到达目标并返回到雷达接收机的时间确定；目标的速度通过测量回波信号的多普勒频移获得；目标的方位通过确定具有高指向性的雷达天线的方位确定；除此之外，回波的极化信息也包含了目标的丰富特征。

雷达的工作原理虽然非常简单直白，但是在工程实际中，雷达需要从复杂的场景中获取信息。一些复杂的雷达需要在恶劣的环境中搜索、探测和跟踪多个目标，或者从海陆杂波中识别目标，又或者根据大小和形状识别目标，故雷达信号处理比较复杂，因而成为一门单独的学科。

早期的雷达搜索和跟踪目标通过使用电动伺服马达机械扫描天线波束来对一块区域实现覆盖，速度很慢；现代雷达由于射频与微波元器件造价的大幅下降，大规模使用采用电子扫描的相控阵雷达系统，具有扫描速度快、跟踪目标多、威力大等显著优点。雷达的发明是在第二次世界大战期间为防御敌军的空袭而出现的。如今，它已经广泛应用于民用飞机、航空交通管制、安全系统和气象遥感等非军事领域。

根据雷达的部署位置、功能、应用领域和波形，可以对雷达进行分类[5]。

- 部署位置：机载、车载、舰载、星载等。
- 功能：搜索、跟踪、监视。

- 应用：航空交通管制、气象、导航、遥感、防撞或成像等。
- 波形：脉冲（Pulsed）、连续波（Continuous Wave，CW）、调频连续波（Frequency-Modulated Continuous Wave，FMCW）

本节首先研究雷达的基本工作原理，即雷达方程，再介绍几种常见的雷达系统。

8.3.1　雷达方程

根据雷达使用天线的方式，可将其分为单基地雷达和双基地雷达。单基地雷达的发射和接收可以使用同一副天线，发射和接收信号用双工器隔离。双基地雷达的发射和接收必须使用两副独立的天线，以提高发射机和接收机之间的隔离度。大多数雷达系统为单基地型。下面以单基地雷达为例来研究雷达方程，雷达系统示意图如图 8.23 所示。

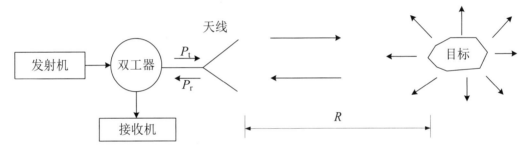

图 8.23　雷达系统示意图

由于这里考虑的是单基地雷达，天线收发合一，所以发射天线增益与接收天线增益相等，即 $G_t=G_r=G$；发射天线有效面积与接收天线有效面积相等，即 $A_{et}=A_{er}=A_e$。发射机的发射功率为 P_t，通过增益为 G 的天线（假设目标处于雷达天线主瓣波束的照射下），雷达发射机辐射到目标上的功率密度为

$$S_t = \frac{P_t G}{4\pi R^2} \tag{8.51}$$

其中，R 是雷达与目标之间的距离。目标会向各个方向散射入射到其上的功率，将在一给定方向上的散射功率与入射功率密度之比定义为雷达散射截面（Radar Cross Section，RCS）σ，即

$$\sigma = \frac{P_S}{S_t} = \frac{\text{向雷达反射回去的功率}}{\text{目标所处位置的功率密度}} \tag{8.52}$$

其中，P_S 为目标指向雷达方向散射的总功率，因此雷达截面具有面积的量纲，单位为 m^2。RCS 是目标本身的特性，不同的目标具有不同的 RCS，并且与入射角、反射角和入射波的极化状态有关。

由式（8.52）可得目标散射的总功率为

$$P_S = \sigma S_t = \frac{P_t G \sigma}{4\pi R^2} \tag{8.53}$$

返回到接收天线处的散射场的功率密度为

$$S_r = \frac{P_S}{4\pi R^2} = \frac{P_t G \sigma}{(4\pi R^2)^2} \tag{8.54}$$

此时被雷达接收的功率为

$$P_r = S_r A_e = \frac{P_t G^2 \lambda^2 \sigma}{(4\pi)^3 R^4} \tag{8.55}$$

其中，天线的有效面积为

$$A_e = \frac{G\lambda^2}{4\pi} \tag{8.56}$$

式（8.55）就是雷达方程。

由于天线接收的噪声和接收机产生的噪声，接收机会存在一个最小可检测功率，若这一功率为 P_{min}，则雷达的最大探测距离为

$$R_{max} = \left[\frac{P_t G^2 \sigma \lambda^2}{(4\pi)^3 P_{min}} \right]^{1/4} \tag{8.57}$$

当然，式（8.57）只是理想情况。事实上，诸如传播效应、外部干扰及信号检测过程的统计性质等因素都会使雷达的最大探测距离缩短。

例 8.7 某脉冲雷达的工作频率为 20GHz，天线增益为 30dB，发射功率为 2kW（脉冲功率）。目标的 RCS 为 12m^2，最小可检测信号为-90dBm，那么雷达的最大探测距离是多少？

解：因为 $G=10^3=1000$，$\lambda=c/f=0.015$m，$P_t=2000$W，$\sigma=12$m^2，$P_{min}=10^{-9}$ mW$=10^{-12}$ W，所以

$$R_{max} = \left[\frac{2000 \times 1000^2 \times 12 \times 0.015^2}{(4\pi)^3 10^{-12}} \right]^{1/4} \text{m} \approx 7222.6\text{m}$$

8.3.2 脉冲雷达

脉冲雷达通过测量射频与微波脉冲信号来回传输的时间以确定目标的距离。

如图 8.24 所示，脉冲雷达发射一系列矩形脉冲，脉冲的宽度为 τ，典型的脉冲持续时间在 50ns 至 100ms 之间，较短的脉冲给出好的距离分辨率（因为雷达的距离分辨率 $\Delta R = c\tau/2$）；对于较长的脉冲，接收机处理后能得到好的信噪比（因为有更多的发射信号照射到目标，从而能增强回波信号的能量）。脉冲周期为 $T_p = 1/f_p$，其中 f_p 为脉冲重复频率（Pulse Repetition Frequency，PRF）。占空比为 $\tau/T_p \times 100\%$。平均发射功率为

$$P_{av} = \frac{P_t \tau}{T_p} \tag{8.58}$$

其中，P_t 为峰值脉冲功率。

目标的距离决定于发射脉冲从发射到被雷达接收所需的时间，称这个时间为脉冲信号的往返时间 t_R，那么目标的距离为

$$R = \frac{ct_R}{2} \qquad (8.59)$$

其中，$c = 3 \times 10^8 \text{m/s}$。

为了防止距离模糊，最大的 t_R 应小于 T_p。那么避免距离模糊的最大距离为

$$R'_{\max} = \frac{cT_p}{2} = \frac{c}{2f_p} \qquad (8.60)$$

可以看到，最大无模糊距离随着 f_p 的降低而增大。典型的 f_p 在 100Hz 到 100kHz 之间，较高的 f_p 使单位时间返回更多的脉冲数，较低的 f_p 可以避免距离模糊。

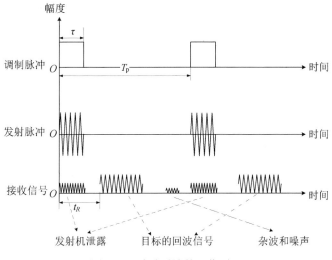

图 8.24　脉冲雷达的工作原理

典型的脉冲雷达系统框图如图 8.25 所示。

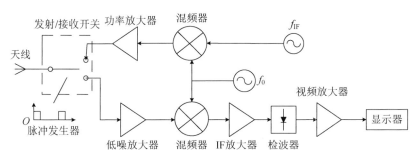

图 8.25　典型的脉冲雷达系统框图

发射机的混频器的作用是将输入中频信号（f_{IF}）通过本振（f_0）上变频到射频信号（$f_{IF}+f_0$），经过功率放大后，发射/接收开关形成脉冲串，这一脉冲信号由天线发射出去。在接收状态下，返回的信号用低噪放大器进行放大，与本振信号混频，下变频产生需要的中频信号，中频信号被放大和检波并送到显示器，通过计算机信号处理得到目标信息。

其中，本振在发射机中用于上变频，在接收机中用于下变频，这种雷达体制称为相干雷达（Coherent），可以有效地降低本振相位噪声引起的检测困难程度。此外，在脉冲雷达中，发射/接收

开关完成两项功能，一是形成发射脉冲串，二是在发射机和接收机之间转接天线，即双工。双工也可以用设计良好的环形器实现，但至少需要 20dB 以上的隔离度，因为发射机和接收机之间必须有很高的隔离度，以避免发射信号泄漏到接收机中（因为发射机的泄漏信号有可能淹没雷达回波或烧毁对小信号极其灵敏的接收机）。为了保护接收机，也可以在低噪放大器前加一个限幅器。

8.3.3 多普勒雷达

多普勒效应是指在波源接近观察者时，接收频率变高；在波源远离观察者时，接收频率变低；当观察者移动时也能得到同样的结论。一个声学里常见的例子是火车的汽笛：当火车迎面驶来时，汽笛声的音调会变高；而当火车远离时，音调又会变低；多普勒效应造成的发射和接收信号频率之间的差别称为多普勒频移。多普勒频移效应就是连续波多普勒雷达的理论基础。

现考虑一个雷达，发射信号为 f_0，目标运动速度为 v_r，目标与雷达的距离为 R，电磁波往返行程包含的波长个数为 $2R/\lambda_0$，那么电磁波的相位改变量为

$$\varphi = 2\pi \frac{2R}{\lambda_0} \tag{8.61}$$

如果目标相对于雷达有相对运动，那么 R 和 φ 就会持续改变，φ 随时间的变化率就是多普勒角频率的偏移，即

$$\omega_d = \frac{\mathrm{d}\varphi}{\mathrm{d}t} = \frac{4\pi}{\lambda_0} \frac{\mathrm{d}R}{\mathrm{d}t} = \frac{4\pi}{\lambda_0} v_r \tag{8.62}$$

故多普勒频移为

$$f_d = \frac{\omega_d}{2\pi} = \frac{2v_r}{\lambda_0} = \frac{2v_r}{c} f_0 \tag{8.63}$$

其中，f_0 为发射信号的频率；c 为光速；v_r 为目标相对于雷达的运动（径向）速度。

接收机接收的信号频率为 $(f_0 \pm f_d)$，靠近的目标取正号，远离的目标取负号。

若目标的运动速度与目标和雷达的连线不共线，如图 8.26 所示，那么式（8.63）的 v_r 应该写为

$$v_r = v\cos\theta \tag{8.64}$$

其中，v 为目标的运动速度；θ 为目标的速度与目标和雷达的连线之间的夹角。可以看出，当目标垂直于目标和雷达的连线运动时，多普勒频移为 0。

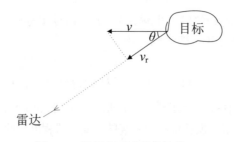

图 8.26 目标相对速度的计算

典型的连续波多普勒雷达系统框图如图 8.27 所示。它的结构比脉冲雷达简单，因为这里不需要脉冲调制，而采用连续波信号，所以这种雷达特别适合设计集成电路[6,7]。发射机与接收机之间的隔离可以采用环形器来实现双工。若采用集成天线技术而使用了非常小型化的天线，那么也可以采用两副天线，分别用来发射和接收，本章最后会讲述一个采用这种雷达技术在生物医学工程领域的应用。

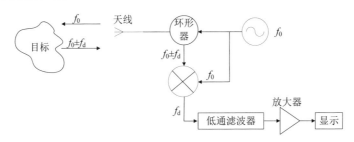

图 8.27　典型的连续波多普勒雷达系统框图

8.3.4　调频连续波雷达

未加任何调制的连续波雷达可以测量目标速度，但是没办法提供关于距离的任何信息，因为其发射信号的波形不带有时间标记。为了克服这一缺点，对发射波形进行频率调制，从而给雷达波形加上时间标记，以进行目标的距离的测量，采用这种技术的雷达即调频连续波（FMCW）雷达。脉冲雷达用振幅调制的波形作为时间标记，而 FMCW 雷达则利用频率调制，变化的频率就是时间标记，因此，可以由发射信号与接收信号的频率差得到发射时间。目前，先进的调频连续波雷达已经可以把整部雷达前端集成到一片介质基片上，实现深度集成的基片集成系统（System-on-Substrate，SoS）[6]。

调频连续波雷达系统框图如图 8.28 所示。其中，压控振荡器（VCO）用于产生调频信号；双天线系统用于改善收发隔离性能。返回的信号频率为 $f_1 \pm f_d$，其中，加号表示目标靠近雷达，减号表示目标远离雷达。下面分别考虑目标静止或运动的情形（发射信号的频率会以一种已知的调制方式随时间变化，在此假定它随时间线性变化，即对发射信号进行线性调制）。

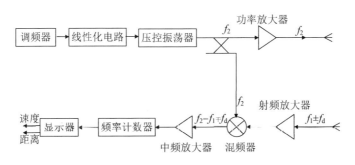

图 8.28　调频连续波雷达系统框图

对于静止目标，在这种情况下，多普勒频移 f_d 等于 0。发射信号与接收信号的频率随时间的变化如图 8.29（a）所示。发射与接收的时间差为 $t_R = 2R/c$。在 t_1 时刻，发射一信号的频率为

f_1，在 t_2 时刻，此信号被接收，而这时发射信号的频率已经变成了 f_2。那么这两个信号经相减取差值后，输出频率为 f_2-f_1 的差频信号 f_b[①]。因为目标是静止的，所以差频信号只与延迟（目标的距离）有关。

换句话说，发射的信号是频率随时间线性变化的连续波，其回波也是频率随时间呈同样变化规律的连续波；但是由于目标的距离会产生延迟，所以回波信号是发射信号延迟的拷贝。因此，发射信号和接收信号之间的时间差由于信号波形的频率被线性调制，转化为发射信号和接收信号之间的频率差。测量此频率差，即可得到发射信号和接收信号之间的时间差，即目标的距离。

如图 8.29（b）所示，有

$$f_b = f_R = f_2 - f_1 \tag{8.65}$$

回到图 8.29（a），信号频率随时间的变化率为

$$k = \frac{\Delta f}{\Delta t} = \frac{f_2 - f_1}{t_2 - t_1} = \frac{f_R}{t_R} \tag{8.66}$$

另外，在半个 T_m 周期内，频率的变化量为 Δf，信号频率随时间的变化率为

$$k = \frac{2\Delta f}{T_m} = 2f_m\Delta f \tag{8.67}$$

其中，$f_m = 1/T_m$，是调制频率。

联合式（8.66）和式（8.67），得

$$\frac{f_R}{t_R} = 2f_m\Delta f \tag{8.68}$$

因此

$$R = \frac{cf_R}{4f_m\Delta f} \tag{8.69}$$

其中，f_m 和 Δf 是在设计雷达波形调制方式时已知的，因此，可以通过测量 t_2 时刻的频率差来确定目标的距离。

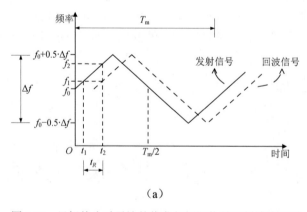

（a）

图 8.29　目标静止时雷达的收发与解调信号调制域波形图

---

① 也称拍频：两个有差拍的振荡频率之差，英语称 beat signal。

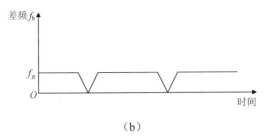

（b）

图 8.29 目标静止时雷达的收发与解调信号调制域波形图（续）

当目标运动时，回波信号的频率在原有的基础上叠加（或减少）相应的多普勒频移，故差频信号也会相应增加或减少多普勒频移。此时需要把多普勒频移与距离信息分离开来。混频滤波后的输出信号为$(f_2-f_1\mp f_d)$，其中，加号代表目标远离雷达，减号代表目标靠近雷达。

图 8.30（a）描述了目标靠近雷达时的发射与接收信号频率随时间的变化。在频率调制的线性增加段，差频信号的频率为［见图 8.30（b）］

$$f_b(\text{up}) = f_R - f_d \tag{8.70}$$

在频率调制的线性减小段，差频信号的频率为［见图 8.30（b）］

$$f_b(\text{down}) = f_R + f_d \tag{8.71}$$

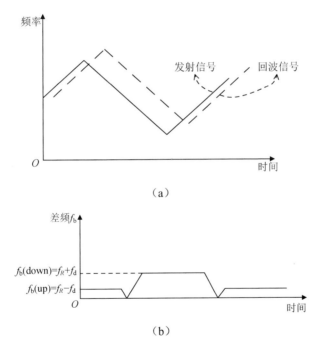

（a）

（b）

图 8.30 目标运动时雷达的收发与解调信号调制域波形图

将式（8.70）与式（8.71）相加，得到包含距离信息的差频信号频率，为

$$f_R = \frac{1}{2}\left[f_b(\text{up}) + f_b(\text{down})\right] \tag{8.72}$$

将式（8.70）与式（8.71）相减，得到包含速度信息的多普勒信号频率，为

$$f_d = \frac{1}{2}\left[f_b(\text{down}) - f_b(\text{up})\right] \tag{8.73}$$

由 f_R 得到目标的距离：

$$R = \frac{cf_R}{4f_m\Delta f} \tag{8.74}$$

由 f_d 得到目标速度：

$$v_r = \frac{cf_d}{2f_0} \tag{8.75}$$

类似地，对于目标远离雷达的情形，只是上面的 $f_b(\text{up})$ 和 $f_b(\text{down})$ 需要写成以下形式：

$$f_b(\text{up}) = f_R + f_d \tag{8.76}$$

$$f_b(\text{down}) = f_R - f_d \tag{8.77}$$

例 8.8　一个 FMCW 雷达的发射频率在 5.3～5.4GHz 之间线性调制，调制频率 f_m=5kHz。如果接收机检测到的差频信号频率为 10MHz，那么目标的距离是多少（此时目标的运动速度与目标和雷达的连线垂直）？

解：由题意可得

$$\theta = 90°$$

$$v_r = v\cos\theta = 0$$

$$f_m = 5\text{kHz}, \quad \Delta f = 0.1\text{GHz} = 100\text{MHz}, \quad f_R = 10\text{MHz}$$

因此

$$R = \frac{cf_R}{4f_m\Delta f} = \frac{3\times10^8\times10\times10^6}{4\times5\times10^3\times100\times10^6}\text{ m} = 1500\text{m}$$

8.3.5　人体生命体征检测

下面通过介绍一个多普勒雷达在生物医学工程领域应用的有趣案例来结束本书，即用于人体生命检测的多普勒雷达[7]。

乍一听到主题，读者可能略有意外：人体生命体征主要是指呼吸和心跳，这两个物理量可以通过雷达来测量吗？在回答这个问题之前，我们首先要回顾一下人体生命体征产生的机理，然后就不难理解了。人体呼吸的基本原理是，人在吸入空气时，肺部会扩张；人在呼出空气时，肺部会收缩。人体在不断地吸入与呼出空气的过程中，肺部不断地扩张与收缩，会引起人体胸腔的起伏。而胸腔的起伏运动是一种周期性的人体生理活动，如果用一束电磁波照射人体的胸腔，那么电磁波的回波必然被胸腔的周期性运动调制，这就是电磁波领域的多普勒现象。多普勒现象的物理产生规律非常类似于声学里的多普勒原理。例如，两列火车在交会时，乘客能轻易地分辨出列车在靠近时，汽笛声调在由低变高；列车在相互远离时，汽笛声调在由高变低。在电磁波领域，胸腔起伏运动引起雷达回波频率的改变即多普勒频率，通过检测此多普勒频率，即可测量人体生命体征。多普勒雷达人体生命体征检测原理如图 8.31 所示。

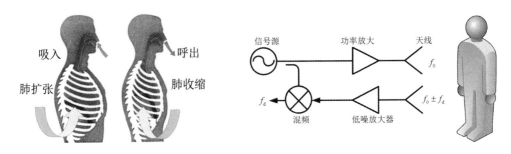

图 8.31 多普勒雷达人体生命体征检测原理

若雷达发射信号的频率为 f_0，则发射信号可以表示为 $A\cos 2\pi f_0 t$，简单起见，可令 $A=1$。经人体反射后到达接收天线的回波信号频率为 $f_0 \pm f_d$；经混频器混频后，输出信号为

$$\cos 2\pi f_0 t \cdot \cos 2\pi(f_0 \pm f_d)t = \frac{1}{2}\left[\cos(4\pi f_0 \pm f_d)t + \cos 2\pi f_d t\right] \tag{8.78}$$

其中，高频分量不需要，可以用低通滤波器滤除，剩余的 $\cos 2\pi f_d t$ 即多普勒频率分量。采用基片集成波导槽天线的多普勒雷达如图 8.32 所示[8]。

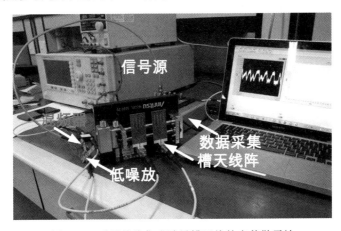

图 8.32 采用基片集成波导槽天线的多普勒雷达

实验实际测量得到的解调后的雷达回波即多普勒信号的时域波形，如图 8.33 所示。由图 8.33 可见，测量得到的人体生命体征虽然不规则，但其模式呈周期性变化，符合人体生命体征是一种周期性生理信号的物理规律。为了精确地测量人体的呼吸频率和心跳频率，将此时域波形做快速傅里叶变换（FFT），得到如图 8.34 所示的频域波形，即可清晰地分辨人体的呼吸频率和心跳频率。

由图 8.34 可见，人体的呼吸频率大约为 0.6Hz，心跳频率大约为 1.2Hz，即每分钟约 72 次，符合实验时人体呼吸和心跳的真实频率，从而确认雷达工作正常无误。好奇的读者也许会问，都是胸腔的起伏，为什么心跳信号的幅度比呼吸信号的幅度要小呢？这是因为心跳引起的胸腔起伏运动是叠加在呼吸引起的胸腔起伏运动之上的一个幅度较小的运动，因而其幅度比呼吸信号的幅度小。对此有兴趣的读者可以进一步深入阅读文献[8]。

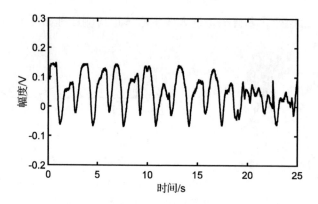

图 8.33　实测解调雷达回波信号时域波形

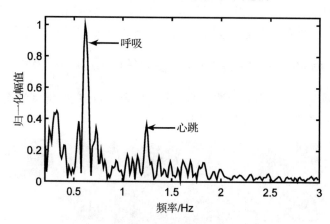

图 8.34　实测解调雷达回波信号频域波形

 参考文献

[1]　STUTZMAN W，THIELE G．天线理论与设计[M]．朱守正，安同一，译．2 版．北京：人民邮电出版社，2006.

[2]　麦克斯韦．电磁通论[M]．戈革，译．北京：北京大学出版社，2010.

[3]　POZAR D M．微波工程[M]．谭云华，周乐柱，吴德明，等，译．4 版．北京：电子工业出版社，2019.

[4]　RAZAVI B．射频微电子（英文版）[M]．2 版．北京：电子工业出版社，2012.

[5]　CHANG K．RF and Microwave Wireless System[M]．New York：John Wiley & Sons，2012.

[6]　LI Z L，WU K．24 GHz Frequency-Modulation Continuous-Wave Radar Front-End System-on-Substrate[J]．IEEE Transaction on Microwave Theory and Techniques，2008，56（2）：278-285.

[7]　LI C，LUBECKE V M，LIN J， et al．A review on recent advances in Doppler radar sensors for non -contact healthcare monitoring[J]．IEEE Transaction on Microwave Theory and

Techniques，2013，61（5）：2046-2060.

[8]　LI Z L．Vital Sign Radar with Optimum Antenna Strategy[J]．Singapore：　Proc. of IEEE Asia-Pacific Microwave Conference (APMC)，2019.

 习题

1．请设计一个工作在 1GHz 的半波振子天线，求出：①该半波振子的长度；②当用单极子代替半波振子时，单极子天线的长度；③如果天线发射的功率为 10W，则在距离天线 1km 处，功率密度是多少？电场强度的均方根值又是多少？

2．一台发射机发出的功率为 100W，它使用的天线是一个增益为 1.5 的极子天线。在距离发射机 1km 处，最大的电场强度的均方根值是多少？

3．如图 8.35 所示，计算整个系统的噪声系数和增益。

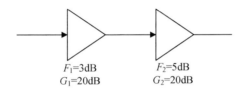

图 8.35　习题 3 的图

4．如图 8.36 所示，计算整个系统的噪声系数和增益（dB），假定系统在室温 290K 下。

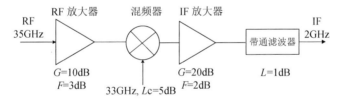

图 8.36　习题 4 的图

5．如图 8.37 所示，1dB 增益压缩点出现在输出 IF 信号功率为+20dBm 时。在室温下，请计算：①整个系统的增益或损耗（dB）；②整个系统的噪声系数；③RF 输入端的最小可检测信号（mW）；④动态范围（dB）。

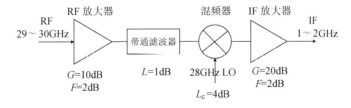

图 8.37　习题 5 的图

6．计算如图 8.38 所示的整个系统的 IIP3。

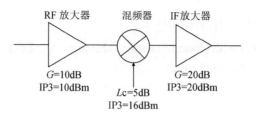

图 8.38　习题 6 的图

7．一台接收机工作在室温下，如图 8.39 所示，接收机的输入 1dB 压缩点为 10dBm，请求解：①接收机的总增益（dB）；②接收机的总噪声系数（dB）；③动态范围（dB）。

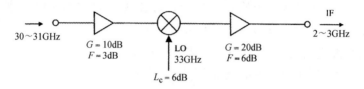

图 8.39　习题 7 的图

8．一射频与微波系统结构如图 8.40 所示，请求出：①系统的总增益（dB）；②系统的总噪声系数（dB）；③系统的总输入三阶交调（dBm）。

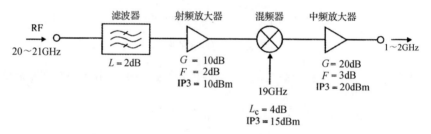

图 8.40　习题 8 的图

9．如图 8.41 所示，雷达发射频率为 10GHz 的信号，且飞机速度为 800km/h，求回波信号的频率。

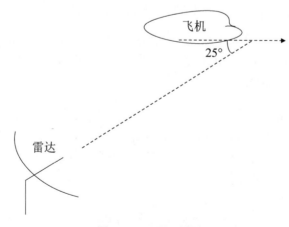

图 8.41　习题 9 的图

10．已知一调频连续波雷达发射信号和接收信号的频率随时间的变化关系如图 8.42 所示，这是一个静止目标。请求出当输出的中频信号频率分别为 25MHz、10MHz 时的目标的距离。

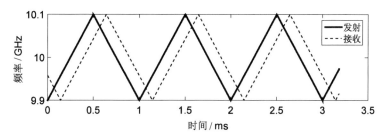

图 8.42　习题 10 的图